高等职业院校教学改革创新示范教材·软件开发系列

前端交互设计基础

主　编：赵丽梅　屈小杰
副主编：李　礁　蔡俊辉

U0225572

电子工业出版社
Publishing House of Electronics Industry
北京·BEIJING

内 容 简 介

教材以就业为导向、应用为目标、实践为主线、能力为中心，由校、企、研三方联合开发，将 JavaScript 和 jQuery 基础知识与基本技能点融入"校园志愿服务网站"的 9 个项目共 31 个任务，主要内容包括走进前端交互世界、移动的欢迎页、首页链接页、志愿项目、首页轮播图、首页注册页面、志愿风采、志愿之星和锦上添花。

未经许可，不得以任何方式复制或抄袭本书之部分或全部内容。
版权所有，侵权必究。

图书在版编目（CIP）数据

前端交互设计基础 / 赵丽梅，屈小杰主编. 一北京：电子工业出版社，2023.8
ISBN 978-7-121-46090-6

Ⅰ. ①前…　Ⅱ. ①赵…　②屈…　Ⅲ. ①人-机系统－系统设计－高等学校－教材　Ⅳ. ①TP11

中国国家版本馆 CIP 数据核字（2023）第 146895 号

责任编辑：康　静　特约编辑：李新承
印　　刷：河北鑫兆源印刷有限公司
装　　订：河北鑫兆源印刷有限公司
出版发行：电子工业出版社
　　　　　北京市海淀区万寿路 173 信箱　　邮编　100036
开　　本：787×1 092　1/16　　印张：21　字数：537.6 千字
版　　次：2023 年 8 月第 1 版
印　　次：2023 年 8 月第 1 次印刷
定　　价：59.00 元

《前端交互设计基础》教材为具有 HTML 和 CSS 相关知识技能的、想通过 1+X Web 前端职业技能等级认证的、有志成为前端开发工程师的学习者提供 JavaScript 与 jQuery 的学习引领。

教材以"任务描述、思路整理、代码实现、创新训练、知识梳理、思考讨论、自我检测、挑战提升"为主要体例模式展开内容陈述。其中,"任务描述、思路整理、代码实现"强调学习方向和学习任务是什么、完成思路是什么、如何完成;"创新训练"是教材的特色之一,首先提出问题引导学习者观察与发现,然后继续深化问题引领学习者多思、多想、多行动,体验在尝试与解决问题的过程中积累经验的快乐。教材通过情境激发创新动机、营造创新氛围,引发好奇心、探索欲,培养有洞察力、思考力的创新者。

"知识梳理"完成任务实现过程以外的知识体系化介绍,拓学内容旨在拓宽学习者的学习视野,带动学习者深耕前端交互技术的沃土。

教材深挖思政融合点,融入音频、视频等多媒体素材,以正品德、树形象、寻典范、讲故事等形式将社会主义核心价值观具体化、生动化;以"润物细无声"方式完成精神指引,培养学习者的家国情怀、民族自豪感与工匠精神,同时提升职业素养。

教材由中国工程物理研究院计算机应用研究所的工程师屈小杰和绵阳职业技术学院的赵丽梅、李礁、蔡俊辉、代英明、马玉婷、杨茜、杨飞、张米共同完成。其中项目一、项目五由赵丽梅与屈小杰共同编写,项目二由赵丽梅与张米共同编写,项目三由蔡俊辉编写,项目四以及任务 6-3~任务 6-5 由代英明编写,任务 6-1、6-2、8-7 以及项目九由马玉婷与杨茜共同编写,项目七由杨茜编写。任务 8-1~任务 8-6 由杨飞、李礁共同编写。同时致谢绵阳职业技术学院裴文翠、谌丹阳两位教师参与教材思政音频资源制作。由于编者水平有限,教材难免存在不足之处,敬请广大读者不吝赐教,以便进一步完善。

教材为四川省"课程思政"、"创新创业"教学示范课程"前端交互设计基础"的配套教材,同名课程同时上线"超星学习通"和"中国大学 MOOC"两个教学平台,课程中配有教学视频、微课、音频、PPT、项目任务单、源代码、习题库、试卷库、课程标准、教学日历等丰富的数字化资源,供在线学习及资源下载。

超星学习通课程二维码

中国大学 MOOC 网课程界面图

编 者

2023 年 3 月

Contents 目录

项目一 走进前端交互世界

任务 1-1　前端技术的演进——IT 人的担当与奋斗

知识目标
- ❏　了解 Web 前端技术几十年的发展历程
- ❏　了解前端工程师的知识树

技能目标
- ❏　了解前端工程师的技能点
- ❏　具有前端工程能力提升的规划能力

素质目标
- ❏　培养吃苦耐劳的敬业精神
- ❏　培养 IT 人的职业担当精神
- ❏　培养工程技术人的拼搏奋斗精神

重点
- ❏　了解 Web 前端技术几十年的发展历程
- ❏　了解不同级别前端工程师的技能点

难点
- ❏　了解前端工程师应该具备的知识体系

一、任务描述

（1）Web 前端技术几十年的发展历程。
（2）IT 人的担当与奋斗。
（3）前端工程师的知识体系。

二、思路整理

1. Web 前端技术几十年的发展历程

不同历史时期的前端技术如图 1-1-1 所示，相应时期的前端技术有自己的代表性图标，例如图 1-1-2 所示的图标分别代表 1990 年（静态页面）、1995（动态页面）年前后的前端技术。

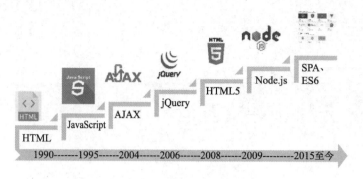

图 1-1-1　前端技术的演进历程

图 1-1-2　静态（左）、动态（右）
页面技术代表性图标

2. IT 人的担当与奋斗

了解 IT 人的拼搏奉献精神。

3. 前端工程师的知识体系

了解前端知识体系、前端开发技术与流程。

三、前端技术的演进

从 1990 年开始出现 Web 前端技术至今已有几十年的历史，前端技术从简单的 HTML 演进到 SPA 框架，经历了非常艰辛的技术创新、攻坚克难的阶段。扫描二维码 1-1-1 查看 Web 前端技术的演进。

二维码 1-1-1
Web 前端技术的演进

1. 静态页面阶段

1990 年 12 月 25 日，Tim Berners-Lee 在他的 NeXT 计算机上部署了第一套"主机-网站-浏览器"构成的 Web 系统，这标志 BS 架构的网站应用软件的开端，也是前端工程的开端。

这个阶段的网页还非常原始，以 HTML 技术为主，是纯静态的只读网页。静态页面网页效果如图 1-1-3 所示。

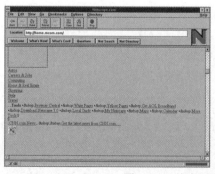

图 1-1-3　静态页面网页效果

2. 动态页面阶段

1995 年，Netscape 公司的工程师 Brendan Eich 设计了 JavaScript 脚本语言，并集成到了 Navigator 2.0 版本中。JavaScript 诞生之初就给网页带来了跑马灯、浮动广告之类的特效和应用，让网页动了起来。动态页面网页效果如图 1-1-4 所示。

这时以 Google 为代表的搜索引擎和各种论坛出现，万维网开始飞速发展。

图 1-1-4　动态页面网页效果

3. AJAX 的流行开启 Web 2.0 时代

2004 年之前的动态页面都是由后端技术驱动的，每一次的数据交互都需要刷新一次浏览器，频繁的页面刷新非常影响用户的体验。

2004 年 Google 应用 AJAX 技术开发的 Gmail 和谷歌地图的发布实现了异步 HTTP 请求，这让页面无须刷新就可以发起 HTTP 请求，用户也不用专门等待请求的响应，而是可以继续网页的浏览或操作，网页效果如图 1-1-5 所示。AJAX 技术的流行开启了 Web 2.0 的时代。

图 1-1-5　Web 2.0 时代的网页效果

4. 前端兼容性框架的出现

Netscape 在第一次浏览器"战争"中败给了 IE 之后创办了 Mozilla 技术社区，该社区发布了著名的遵循 W3C 标准的 Firefox 浏览器，和 Opera 浏览器一起代表 W3C 阵营与 IE 开始了第二次浏览器"战争"。

不同的浏览器技术标准有不小的差异，不利于兼容开发，这催生了 Dojo、MoolTools、YUIExtJS、jQuery 等前端兼容框架，其中 jQuery 的应用最为广泛。

5. HTML5 的出现及第二次浏览器"战争"

2008 年 1 月 22 日，HTML5 草案正式发布。在 HTML5 新规范的指引下，各个浏览器厂商都为了支持 HTML5 而不断改进浏览器，第二次浏览器"战争"走向了良性竞争。值得注意的是，Google 以 JavaScript 引擎 V8 为基础研发的 Chrome 浏览器发展迅猛。

现在大家常用的 360 浏览器、搜狗浏览器和 QQ 浏览器大多基于 Chrome 内核研制。主流浏览器的图标如图 1-1-6 所示。

2014 年 10 月 28 日，W3C 正式发布 HTML 5.0 推荐标准。

图 1-1-6　主流浏览器的图标

6. Node.js 爆发

2009 年，Ryan Dahl 以 Chrome 的 V8 引擎为基础开发了基于事件循环的异步 I/O 框架 Node.js。

Node.js 使得前端开发人员可以利用 JavaScript 开发服务器端程序，深受前端开发人员的欢迎。很快，大量的 Node.js 使用者就构建了一个用 NPM 包管理工具管理的 Node.js 生态系统。

Node.js 也催生了 node-webkit 等项目，拓展了 JavaScript 开发跨平台的桌面软件的能力。Node.js 爆发阶段的代表性图标如图 1-1-7 所示。

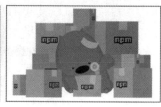

图 1-1-7　Node.js 爆发阶段的代表性图标

7. ECMAScript 6.0 发布及 SPA 时代的开启

2015 年 6 月，ECMAScript 6.0（ES6）发布，该版本增加了很多新的语法，极大地拓展了 JavaScript 的开发潜力，以前用于后端的 MV*框架也开始出现在前端部分，Angular、React、Vue 相继出现。这些框架的运用使得网站从 Web Site 进化成了 Web App，开启了网站应用的 SPA（Single Page Application）时代。该时代的主要技术图标如图 1-1-8 所示。

图 1-1-8　SPA 时代的主要技术图标

8. 当今前端技术的技术系统

当今前端技术已经组成一个大的技术系统，形成了以 GitHub 为代表的代码管理仓库；NPM 为代表的包管理工具；ES6 为代表的脚本体系；HTML5、CSS3 和相应的前端技术；React、Vue 为代表的前端框架；Webpack 为代表的打包工具；KOA 为代表的后端框架。当今的前端技术代表性图标如图 1-1-9 所示。

图 1-1-9　当今的前端技术代表性图标

四、创新训练

社会的进步、民族的富强、国家的发展离不开 IT 人的担当与奋斗。
扫描二维码 1-1-2 查看 IT 人的担当与奋斗。

二维码 1-1-2
IT 人的担当与奋斗

1. 奋斗精神，最重要的是立足本职做贡献

习近平总书记指出，每一项事业，不论大小，都是靠脚踏实地、一
点一滴干出来的。在本职岗位上以自己所学的专长"撸起袖子加油干"
就是最好的爱国行动。

1999 年阿里巴巴成立，2000 年互联网泡沫破裂，18 位创始人不畏压力，开启人才培养的
"百年计划"；在创业初期马云"坚决不给回扣"拒绝行业"潜规则"，坚持正确的价值观；
2003 年 5 月"非典"时期，在居家隔离的情况下阿里人做出了"不要让客户错过我们"的选
择，在困境中奋斗，诞生了淘宝；2004—2005 年支付宝推出"你敢付，我敢赔"的信任口号；
2008 年发生了金融危机，"不仅不能让自己倒下，还要有保护客户的责任"的阿里人，给客
户福利，给员工加薪，赢得了更多中小企业的信任，这是责任担当，是 IT 人的使命。

阿里人将"客户第一、团队合作、拥抱变化、诚信、激情、敬业"作为企业价值观，再
次印证了 IT 人尊重他人、服务至上、共享共担、合作互助、勇于挑战、勇于担当、诚实正直、
胸怀坦荡、积极乐观、热爱生活、信念执着、专业求精、敢于担当、攻坚克难的无畏气魄。

2. 奋斗精神，最迫切的是激发创新活力

科技创新能够推动技术的进步与发展，科技创新不仅是新技术发明，也是现有技术的改
进与优化，把科技创新这个强大引擎发动起来，养成科技攻关的精神。核心关键技术是有钱
也买不来的，只能靠我们自己奋起直追。

1993 年深大毕业的马化腾从软件工程师起步，1998 年 11 月与同学张志东合作，开始了
腾讯人的创业之路，也开始了艰辛的科技创新之路。两个人通过半年多的研发，在 1999 年推
出 QQ，凭借用户资料存储与云服务器、离线消息发送、隐身登录、个性化头像的功能与技术
创新赢得了即时通信软件的主阵地，成为中国互联网史上第一家有互联网思维的企业。

2003 年企业版 QQ——TM 通过一系列的技术创新战胜了 MSN，这些新技术包括文件的
UDP 传送方式、文件的断点续传、文件的直接拖放窗口、文件夹的共享、屏幕截图、好友分组、
聊天备份和快查、短信互通、视频会议，以及网络硬盘、软键盘的密码保护和个人名片等。

3. 敢于担当，要有攻坚克难的无畏气魄

腾讯无数应用软件的功能创新与新技术研发、奇虎 360 的强大、华为的 ICT（信息与通
信）技术的全球领先，包含无数科技人员的奋斗与拼搏，无数 IT 人的开拓与担当，他们立足
改革发展全局，抢抓机遇，逢山开路，遇河搭桥，勇于总结革新，攻坚克难，扛起责任，勇
攀技术高峰，尽心尽力干事业，创造了今日中国互联网的辉煌。

作为未来的前端工程师，如何继续担起这份使命呢？从现在做起，正确评估自己，了解
专业方向、课程目标，了解创新、创业相关知识，做好职业规划，直面挑战，无畏艰辛，爱
党、爱国，勇担科技兴国之使命。

五、知识梳理

1. 什么是前端开发

软件产品与用户交互的部分都可以称为软件产品的前端，但是通常前端也特指网站运行

的前台部分，是在计算机和移动设备等的浏览器上展现给用户浏览的网页的集合。

前端技术可分为前端设计和前端开发，前者指网页的视觉设计，后者指前端功能的代码实现。前端开发是指网页前台功能的代码实现。前端开发技术主要包括 3 个基本要素——HTML、CSS 和 JavaScript，还包括进阶的 AJAX、Vue 和 React 等。

2. 前端开发任务

网站设计：网站规划；

网页界面开发：布局与功能展示；

前端数据绑定：前端数据的获取；

前台的逻辑实现：前端工作逻辑。

3. 前端开发的类别

Web 前端，针对计算机进行的前端开发；移动前端，针对移动端进行的前端开发；特殊前端，特定应用的交互设计，例如嵌入式系统，由于这类应用的交互简单，所以这部分交互一般不纳入前端开发。

4. 网络应用的工作体系结构

网络应用的工作体系结构如图 1-1-10～图 1-1-12 所示。

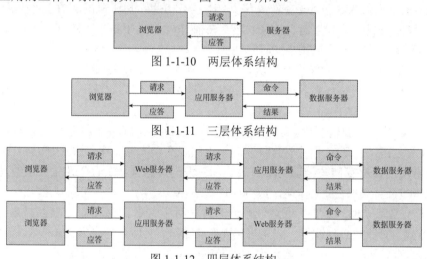

图 1-1-10   两层体系结构

图 1-1-11   三层体系结构

图 1-1-12   四层体系结构

5. 知识推荐

1）书籍推荐

- 必读《JavaScript 高级程序设计（第 4 版）》或《JavaScript 权威指南》（原书第 7 版）。
- 关于 JS 原型与类、this、作用域与闭包深入的读物：《你不知道的 JavaScript（上卷）》。
- 数据结构与算法：《学习 JavaScript 数据结构与算法（第 3 版）》。
- 设计模式：《JavaScript 设计模式与开发实践》。
- 函数式编程思想：《JavaScript 函数式编程指南》。

2）网站推荐

- 首推 MDN Web Docs，其中有最新且最详细的前端技术，非常推荐入门者学习。
- 菜鸟教程，所有基础内容都会涉及。

3）工具推荐

前端开发工具包括原型工具、图像工具、动画工具、代码编辑工具、第三方工具等。

- HBuilder：DCloud（数字天堂）推出的一款支持 HTML5 的 Web 开发 IDE。
- WebStorm：最智能的 JavaScript IDE，是一个适用于 JavaScript 和相关技术的集成开发环境。
- Webpack：前端构建工具，解决原生 ES6 模块不支持的问题。
- NPM：Node 包管理器，用户可以从中找到自己想要的库，发挥想象力。
- Flow：给 JavaScript 加上类型注解，因此可以避免发生隐藏错误。

六、思考讨论

（1）名词讨论：桌面端、移动端、后端。

（2）HTML、CSS、JavaScript 是前端开发最基本也是最核心的技术。

（3）所有用户终端产品与视觉和交互有关的部分都是前端工程师的专业领域。你对此如何看？

（4）前端是一个比较新的行业，从 2005 年开始，前端工程师角色被行业认可，伴随着移动时代的到来，前端工程师的地位越来越重要。你认为前端工程师的发展方向有哪些？

（5）革新、创造、改变是创新吗？

（6）过程改变、方法革新属于创新吗？

七、自我检测

1. 单选题

（1）HTTP 代表（　　）。

    A. 用安全套接字层传送的超文本传输协议　B. 超文本传输协议资源

    C. 文件传输协议　　　　　　　　　　　D. Telnet 协议

（2）以下（　　）是一个 HTML 元素。

    A. <title>

    B. <title>欢迎来到课程首页</title>

    C. <title></title>

    D. </title>

（3）以下说法中错误的是（　　）。

    A. HTML 与 CSS 配合使用，是为了内容与样式分离

    B. 如果只使用 HTML 而不使用 CSS，网页是不可能有样式的

    C. JavaScript 可以被嵌入在 HTML 语言中作为网页源文件的一部分存在

    D. CSS 表示层叠样式表，可以用来添加页面的样式，规定网页的布局

（4）下列（　　）不是专业的前端开发工具。

    A. HBuilder　　　　B. WebStorm　　　　C. Sublime Text　　　　D. PyCharm

（5）以下关于浏览器的描述中错误的是（　　）。

    A. 主流的浏览器有 Chrome、Firefox、IE 等

    B. 不同浏览器厂商的浏览器一定有不同的内核

    C. 不同版本的浏览器的差别可能很大，对 Web 技术的支持度也会不同

    D. Chrome 浏览器可以在进行 Web 前端开发时用于调试和测试

2. 判断题

（1）URL 的含义是统一资源定位符。　　　　　　　　　　　　　　　　　（　　）

（2）URL 由两部分组成，第一部分是模式/协议，第二部分是文件所在的服务器名或 IP 地址以及到达该文件的路径和文件名。　　　　　　　　　　　　　　　　　（　　）

（3）网址常以 WWW 开头，这里的 3 个 W 分别是 World、Wide、Web 的缩写，代表万维网。　　　　　　　　　　　　　　　　　（　　）

（4）在超文本标记语言中，标记区分大小写。　　　　　　　　　　　　　（　　）

（5）Web 系统前端是指系统中用户接触到的部分。　　　　　　　　　　　（　　）

八、挑战提升

项目任务工作单

课程名称　前端交互设计基础　　　　　　　　　　　　**任务编号**　　1-1

班　级　＿＿＿＿＿＿＿＿＿＿　　　　　　　　　　　**学　期**　＿＿＿＿＿＿＿＿

项目任务名称	创业项目选题：××网站的设计	学 时	
项目任务目标	根据团队成员的共同创业愿景确定项目选题。		
项目任务要求	××网站设计的选题： （1）团队通过集体协商确定本学期课外完成的拓展项目选题。 （2）选题建议选择养老、环保、扶贫、红色旅游、文化传承等，有益于创业且内容积极向上。 （3）题目最终需经教师审核批准。 ××网站设计的需求、主题和内容： （1）需求规划评估。明确设计开发网站的目的和用户需求，从而做出切实可行的设计规划；弄清所开发网站具有哪些功能，目标用户群体有哪些，各个用户有哪些不同的需求等，为网站设计提供可靠的依据；确保产品功能真正符合用户需求，让产品实现其价值。 （2）完成主题定位。主题是网站所要表达的主要内容，也是网站的灵魂，它决定了网站的内容和风格，内容要为主题服务，尽量选用与主题相关的内容。在进行主题定位时一般要选择自己最擅长的题材，主题要小而精，切忌兼容并包，且贵在创新，例如定位助农、社区养老、红色旅游等主题。另外，要求网站的主题鲜明突出，要点明确。 （3）内容选择。根据选题与主题定位，仔细斟酌并确定各模块的内容。 （4）参考推荐。 ① 参考四川久远银海软件股份有限公司的布局和交互效果，重点思考企业文化的展现。愿景：成为智慧民生领军企业；使命：可以服务民生；核心价值观：为客户创造价值，员工实现自我价值；企业精神：创新、奋斗、共赢。 ② 参考四川奇石缘科技股份有限公司的布局和交互效果，重点思考企业文化的展现。依托军工，为民服务；持续改进，精益求精；精准测控，全球共享。		
评价要点	（1）内容完成度（60 分）。 （2）文档规范性（30 分）。 （3）拓展与创新（10 分）。		

项目二 移动的欢迎页

任务 2-1 问候语的写入

知识目标

- ❑ 掌握变量的命名、声明与初始化
- ❑ 了解数据类型的分类
- ❑ 了解 if...else...语句的语法规则
- ❑ 了解 Date 对象的作用

技能目标

- ❑ 灵活运用弱类型变量
- ❑ 能够验证数据类型
- ❑ 会使用 Date 对象的常用方法

素质目标

- ❑ 具有拓展学习的能力
- ❑ 养成规范意识和工程意识
- ❑ 具有调试 JS 代码的能力
- ❑ 培养发现问题、分析问题、解决问题的能力
- ❑ 具有关注社会、服务社会、奉献爱心的精神

重点

- ❑ JS 语言的语法描述规则
- ❑ 弱类型变量的使用
- ❑ 对象型数据的使用
- ❑ Date 对象常用方法的使用

难点

- ❑ 对不同对象的属性、方法、事件的理解
- ❑ 对 undefined 数据类型的理解
- ❑ 浏览器、JS 解析器的工作原理

一、任务描述

以"奉献、友爱、互助、进步"为内容的志愿服务精神体现了中华民族的传统美德，反映了社会发展进步的时代要求，为响应国家号召，推进志愿者服务活动，本教材中设计研发了校园志愿服务网站。

在网站首页中具有移动、动态调整功能的消息推送页，这里称为欢迎页。扫描二维码 2-1-1 查看移动的欢迎页运行效果。

如图 2-1-1 所示的欢迎页在移动展示的过程中具有以下动作效果：

（1）鼠标移入，停止移动；

（2）鼠标移出，继续移动；

（3）单击关闭按钮，欢迎页消失；

（4）动态调整问候语的内容，根据进入首页的时间段给出不同的问候语，例如晚上浏览本页，问候语则是"晚上好！"。

本次任务完成上面的效果，向欢迎页中写入可动态调整的问候语。

二维码 2-1-1　移动的欢迎页运行效果

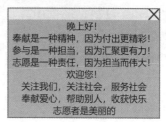

图 2-1-1　问候语的交互静态效果

二、思路整理

1. 用 JavaScript 实现前端交互

移动、停止、继续、关闭不同时间段的问候语都属于网页的交互现象。手机、平板等移动设备的 App 界面中也存在很多交互，无论是计算机中的网页交互还是移动端的界面交互都称为前端交互，浏览器端而非服务器端称为前端，前端交互包括与服务器的数据交互和与用户体验的交互。

在图 2-1-1 所示的欢迎页中关闭按钮、文字以及承载文字内容的容器属于网页结构和内容，由 HTML 完成，例如图 2-1-2 中的 18～28 行所示；文字和容器的色彩修饰、几何特征的呈现属于网页的表现形式，由 CSS 实现，例如图 2-1-2 中框内的代码所示；在任务中获取进入首页的时间、问候语的输出等属于交互现象，由 JavaScript 负责实现。

2. JavaScript 语言

JavaScript 简称 JS，JavaScript 不仅应用于前端，实现不同浏览器的兼容，满足适配不同终端设

```
1   <!DOCTYPE html>
2   <html>
3       <head>
4           <meta charset="UTF-8">
5           <title>欢迎词的移动</title>
6           <style>
7               #hellow {
8                   width: 300px;
9                   height: 300px;
10                  left: 0px;
11                  top: 0px;
12                  background: #ffaa7f;
13                  position: absolute;
14                  text-align: center;
15              }
16          </style>
17      </head>
18      <body>
19          <div id="hellow">
20              <p>奉献是一种精神，因为付出更精彩！</p>
21              <p>参与是一种担当，因为汇聚更有力！</p>
22              <p>志愿是一种责任，因为担当而伟大！</p>
23              <p>欢迎您！</p>
24              <p>关注我们，关注社会，服务社会</p>
25              <p>奉献爱心，帮助别人，收获快乐</p>
26              <p>志愿者是美丽的</p>
27          </div>
28      </body>
29      <script> ... </script>
50  </html>
51
```

图 2-1-2　欢迎页的 HTML+CSS 代码（部分）

备的屏幕大小的要求,打造炫美的视觉盛宴和带来良好的用户体验,伴随着大量框架的涌现,Node.js 的兴起,它还可以进行服务器端编程。JS 包括以下 3 个部分的内容。

(1) ECMAScript:描述 JavaScript 语言的语法和基本对象。

(2) DOM:文档对象模型,描述处理网页内容的方法和接口。

(3) BOM:浏览器对象模型,描述与浏览器交互的方法和接口。

JavaScript 属于脚本语言,代码可以在编辑器(例如 HBuilder)中实时生成和执行。

3. 代码位置

script 标签和其他标签一样,被称为 HTML 元素。script 标签对用于嵌入或引用可执行脚本,如图 2-1-3 所示。

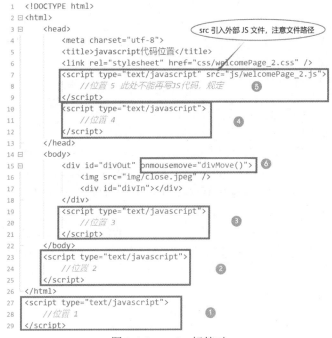

图 2-1-3 script 标签对

代码嵌入分为行内嵌入和文档内嵌入。

(1)行内嵌入:在图 2-1-3 中位置①~④为文档嵌入,在 HTML 文件中可以嵌入多个 script 标签对,分布在不同位置,虽不建议,但不违规,具体位置取决于浏览器和 JS 解析器的解析顺序。

(2)文档内嵌入:位置⑥属于文档内嵌入,适用于代码行内容极少的情况。

(3)指向引用:位置⑤属于指向引用。用 src="路径+文件名"形式实现将 HTML 文件的外部 JS 文件引入,浏览器解析至此,会将 JS 文件交给 JS 解析器完成解析工作,这是引用外部文件大多写在 head 标签对内的原因。在实际工程中推荐使用指向引用。

外部引用类似 CSS 文件的外部引入,但一个使用 rel,一个使用 src,请大家注意区别。值得强调的是在引入外部文件的 script 标签对中不能写入其他 JS 代码行。一个 HTML 文件可以同时引入多个外部 JS 文件,但每个外部文件只能由一对 script 标签对包裹。

JS 语言运行在浏览器的支持环境中,为解释型语言,JS 解析器的解析主要以"自上而下加预解析"为原则。

三、代码实现

1. 网页内容的实现

网页元素设计如图 2-1-4 所示，其包括两个 div、一个 img，元素位置层次关系的实现如下。

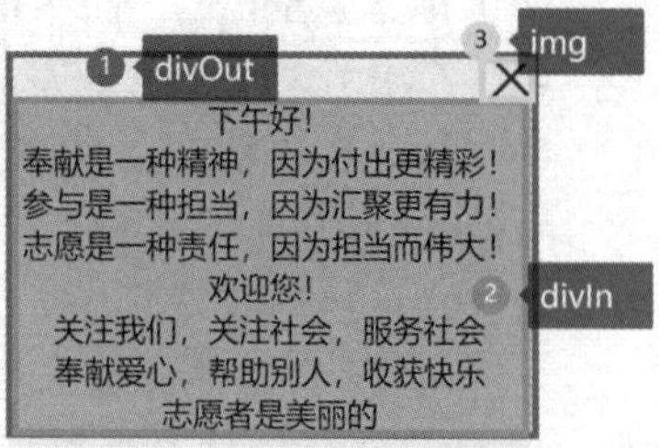

图 2-1-4 网页元素设计

```
<div id="divOut">
    <img src="img/close.jpeg"/>
    <div id="divIn"></div>
</div>
```

2. CSS 表现形式

扫描二维码 2-1-4，观察<style>标签对内代码。

3. JS 交互实现——问候语的写入

说明：此部分代码写在图 2-1-2 中 29～49 行的 script 标签对内。

（1）获取与保存网页元素，用 JS 认识的语法描述。

```
//1、网页元素的获取与保存
var divOut = document.getElementById("divOut");
var divIn = document.getElementById("divIn");
//单行注释，/* */多行注释
```

script 标签对中的代码要遵循 ECMAScript 规则，即 JavaScript 语法规则，HTML 元素必须以 JS 方式获取后使用，例如 document.getElementById("divOut")表示获取 id 值为"divOut"的网页元素为 JS 对象，这个 JS 对象和 HTML 中的 DIV 对象具有同样的属性；同时将此 JS 对象以赋值的形式存入声明的变量 divOut 中。

这里 divOut、divIn 变量分别代表外层、内层两个 DIV 对象，所以这两个变量的数据类型为 object（对象）类型。JavaScript 是基于对象的语言，一切皆可视为对象。不同对象有各自特有的属性与方法。

（2）系统时间的获取与保存。

```
//2、获取系统时间
var oDate = new Date();          //日期时间型（Date）对象
var hour = oDate.getHours();     //获取系统时间的小时值
```

声明变量 oDate 并赋值，new Date()无参数，oDate 代表系统日期时间对象；new Date()有参数，oDate 代表指定的日期时间对象。

getHours()是每个 Date（日期时间）对象都有的方法（或者说函数），具有获取对象本身小时值的功能。Date 对象还有获取年、月、日等的方法，即 getFullYear()、getMonth()、getDate()等。

变量 hour 保存的就是系统时间的小时值。

思考：变量 hour 的数据类型是什么？

（3）判断时间段获取问候语。

```
//3、判断时间段获取问候语
var s;       //声明变量，数据类型由未来赋值的类型决定
if (hour >= 6 && hour < 8) {
    s = "早上";
    } else if (hour >= 8 && hour < 12) {
    s = "上午";
    } else if (hour >= 12 && hour < 14) {
    s = "中午";
```

```
    } else if (hour >= 14 && hour < 18) {
      s = "下午";
    } else if (hour >= 18 && hour < 24) {
      s = "晚上";
    } else if (hour >= 0 && hour < 6) {
      s = "凌晨";
    }
s = s + "好! ";
s += '<br>奉献是一种精神，因为付出更精彩！';
s += '<br>参与是一种担当，因为汇聚更有力！';
s += '<br>志愿是一种责任，因为担当而伟大！';
s += '<br>欢迎您！';
s += '<br>关注我们，关注社会，服务社会';
s += '<br>奉献爱心，帮助别人，收获快乐';
s += '<br>志愿者是美丽的';
```

① if…else if…结构的语句。if 语句的使用方法与其他语言中的相同，用于解决不同时间段变量 s 赋予什么值的问题。

```
if (条件表达式 1) {
      …
    } else if (条件表达式 2) {
      …
    } else if (条件表达式 3) {
      …
    }
```

② +=运算符。该运算符用于实现字符串的连接。

（4）div 的交互输出。

```
//4、写入问候语
divIn.innerHTML = s;
```

s 的值赋给 divIn 对象的属性 innerHTML，完成网页中 div 内容的呈现。扫描二维码 2-1-2 查看其在浏览器中的运行效果。

二维码 2-1-2
在浏览器中的运行效果

（5）运行与调试。

① 内置浏览器的调试。在此环境下保存即运行，方便及时调试，具体如图 2-1-5 所示。

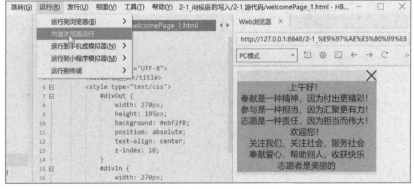

图 2-1-5 内置浏览器运行

扫描二维码 2-1-3 和 2-1-4 进行查看。

二维码 2-1-3　内置浏览器运行　　　二维码 2-1-4　运行分析

② 在浏览器环境下运行。使用开发者工具进行调试，不同浏览器略有区别。

四、创新训练

1. 观察与发现

从模仿开始，仔细观察，用心思考，发现问题，拓展完善。
为移动页做一些修改，如图 2-1-6 所示：（1）添加日期、星期、时间的显示；（2）添加动态边框修饰，例如上午 12 点之前边框为颜色 1，之后为颜色 2。

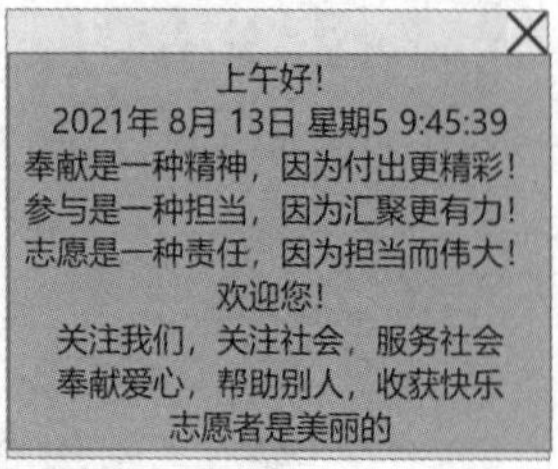

图 2-1-6　日期与边框的添加

2. 探索与尝试

分析问题，解决问题，尝试改变，在探索中求发展，积累的是经验，收获的是快乐。

（1）尝试用 Date 对象的其他方法获取系统时间的年、月、日等信息，如图 2-1-7 所示。

```
//2、获取系统时间
var oDate = new Date(); //日期时间型对象
var hour = oDate.getHours(); //获取系统小时值
var y = oDate.getFullYear();
var m = oDate.getMonth() + 1;    ❶
var d = oDate.getDate();
var hour = oDate.getHours();
var minu = oDate.getMinutes();
var sec = oDate.getSeconds();
```

图 2-1-7　不同日期时间的获取

问题：语句"var m = oDate.getMonth() + 1;"中为什么+1？

（2）挑战字符串连接表达式，实现日期时间的融入，如图 2-1-8 所示。

```
s = s + "好! ";
s += '<br>' + y + '年 ' + m + '月 ' + d + '日' + ' ' +
❶  '星期' + (oDate.getDay() == 0 ? '天' : oDate.getDay()) + ' ' +
   hour + ':' + (minu > 9 ? minu : '0' + minu) + ':' +
   (sec > 9 ? sec : '0' + sec);    ❷
s += '<br>奉献是一种精神，因为付出更精彩! ';
s += '<br>参与是一种担当，因为汇聚更有力! ';
s += '<br>志愿是一种责任，因为担当而伟大! ';
s += '<br>欢迎您! ';
s += '<br>关注我们，关注社会，服务社会';
s += '<br>奉献爱心，帮助别人，收获快乐';
s += '<br>志愿者是美丽的';

//4、写入问候语
divIn.innerHTML = s;    ❸
```

图 2-1-8　文字呈现日期时间的融入

代码关键点分析：

对于三目运算符"? :"，构成的表达式为(条件)?表达式 1:表达式 2，等价于 if (条件) {表达式 1} else{表达式 2}。

示例：oDate.getDay()==0 ? '天' : oDate.getDay()

当 oDate.getDay()的值为 0 时，表达式的值为星期天，否则表达式的值为 oDate.getDay()。

两者相比，? :是运算符，形成表达式；if 构成的是语句。通常能用? :表达式解决的不用 if 语句。

（3）探索解决 JavaScript 中 DIV 对象的边框（border）颜色、宽度等属性的描述形式和赋值问题的方法，如图 2-1-9 所示。注意边框样式的 JS 描述方式和赋值。

```
if (hour >= 6 && hour < 8) {
    s = "早上";
    divOut.style.border = 'solid  1px #c2c8cc';        ①
    divIn.style.border = 'solid  1px #c58072';
} else if (hour >= 8 && hour < 12) {     7   8    9
    s = "上午";
    divOut.style.border = 'solid 1px #989c9f';         ②
    divIn.style.border = 'solid 1px #996359';
} else if (hour >= 12 && hour < 14) {
    s = "中午";
    divOut.style.border = 'solid  1px #b2ccc8';        ③
    divIn.style.border = 'solid  1px #c5a072';
} else if (hour >= 14 && hour < 18) {
    s = "下午";
    divOut.style.border = 'solid  1px #879a97';        ④
    divIn.style.border = 'solid  1px #967a57';
} else if (hour >= 18 && hour < 24) {
    s = "晚上";
    divOut.style.border = 'solid  1px #73c0f3';        ⑤
    divIn.style.border = 'solid  1px #b2d045';
} else if (hour >= 0 && hour < 6) {
    s = "凌晨";
    divOut.style.border = 'solid  1px #65aad5';        ⑥
    divIn.style.border = 'solid  1px #9bb33b';
}
```

图 2-1-9　边框的实现

DIV 对象的边框样式的描述形式为 divOut.style.border，用 solid　1px　#879a97 对边框的线型、宽度、颜色进行设置。

试一试：欢迎页中的关闭按钮是用 img 实现的，大家还记得&times 的作用吗？

JS 代码：

```
var span = document.getElementById('span');
divOut.onclick = function() {
    divOut.style.display = "none";
}
```

想一想：为什么关于样式的代码不写在 CSS 文件中？

这是一个很有工程意识的问题，根据 s 的不同赋值，边框（border）样式不同，这样的交互由 JS 负责。

3. 职业素养的养成

（1）学而思，批判、探讨性学习是一个好的学习习惯。

（2）优秀的程序员从写好注释开始。

对于研发者，好的代码本身就是最好的说明文档。注释只应出现在无法用程序语言正确表达意图和需要在开发伙伴之间传递信息的地方。优秀的程序员首先是有职业操守的程序员。

对于学习者，阅读别人的代码是快速提升、积累编程经验的最佳学习方法，写注释是阅读代码中最重要的一个步骤。

扫描二维码 2-1-5 查看互联网改变市场。

二维码 2-1-5
互联网改变市场

五、知识梳理

1. 变量

所谓变量是指在程序运行过程中其值可能会发生变化的量，在程序设计过程中，正是让变量值不断发生变化才能使计算结果最终满足实际的需要，具有通用性。当程序需要把值保存起来以备将来使用时，便将其赋给一个变量（variable）。变量是一个值的符号名称，可以通过名称来获得对值的引用。合理地使用变量可以提高程序的可读性，而且有利于对程序进行扩充修改。扫描二维码2-1-6学习变量的内容。

二维码2-1-6 变量

1）变量的命名

命名方法：只要有意义、易理解即可，例如 total_customers、BoxString。建议采用匈牙利命名法，即变量名=类型+对象描述，例如 number_r。

命名规则：首字符要求为英文字母或下画线，由英文字母、数字、下画线组成，长度范围为0～255个字符；禁用关键字、保留字。

示例：

```
8th FirstName              //不合法，首字符不能是数字
Frist-Name                 //不合法，不能包含+、-、*、/
Frist  Name                //不合法，不能包含空格
Sin                        //不合法，不能使用保留字或关键字做变量名
JavaScriptOfFirstName      //合法，建议不要过长
FirstName                  //合法
```

2）变量的声明

计算机在执行程序时就要为变量提供相应的内存存储空间，当程序需要时就可以从内存中提取数据以供使用，因此对于编程语言来说，在使用变量前要先定义。

格式：var <标识符> [=<值>];

说明：

（1）var：用于定义变量类型，可以是基本数据类型，也可以是对象型数据类型。

（2）<标识符>：即变量名。

（3）<值>：可以通过直接量（常量）、有值的变量或表达式的值来初始化一个变量，但要注意在初始化时必须与变量要求的数据类型保持一致。

注意：

（1）JavaScript 变量是弱类型的。变量可以被赋予任何类型的值。同样一个变量也可以被重新赋予不同类型的值。

（2）在 JavaScript 语言中，对于变量，用户最好先声明后使用。

（3）JavaScript 语言严格区分字母大小写，即大写字母与小写字母是完全不同的，例如 ABC 和 abc 就是两个不同的变量。若要声明多个变量，则可以使用多个 var 进行定义。

示例：

```
var number_r=1.524e2;      //number_r变量为number型，值为1.524×10²
var number_pi=3.14;        //number_pi变量为number型，值为3.14
var Ch1=' string '         //Ch1变量为string型，值为' string '
var boolearn_tag=true;     //boolearn_tag变量为boolean型，值为真
var number_area=number_pi * number_r * number_r      //number_area变量为number型(值的
                                                     //类型)，值为表达式的值
```

```
var  example;                 //定义变量但不赋值，系统会给它一个特殊的值——undefined，即未定义
var  first_variable=null;  //变量的值为"空值"
```

3）变量的作用域

JavaScript 和其他程序设计语言一样，所有变量都有其自身的作用范围，它详细地定义该变量的可见性和生命周期。

（1）全局变量与局部变量。

全局变量：在函数体外定义的变量，或在函数体内部定义的无 var 声明的变量。其在任何位置都可以调用。

局部变量：在函数体内使用 var 声明的变量，或函数的参数变量。其只能在当前函数体内部使用。

优先级：局部变量、参数变量优于同名的全局变量；局部变量优于同名的参数变量。

作用域：内层函数可以访问外层函数局部变量，外层函数不能访问内层函数局部变量。

（2）生命周期。全局变量除非被显式删除，否则一直存在；局部变量自声明起至函数运行完毕或被显式删除。

2. 数据类型

计算机程序的运行要对值进行操作。在编程语言中，能够表示并操作的值（value）的类型称为数据类型（type），编程语言最基本的特性就是支持多种数据类型。扫描二维码 2-1-7 学习数据类型。

JavaScript 数据类型如图 2-1-10 所示，包括基本数据类型（又称原始数据类型）与引用数据类型。其中 number、string 和 boolean 被称为基本数据类型。

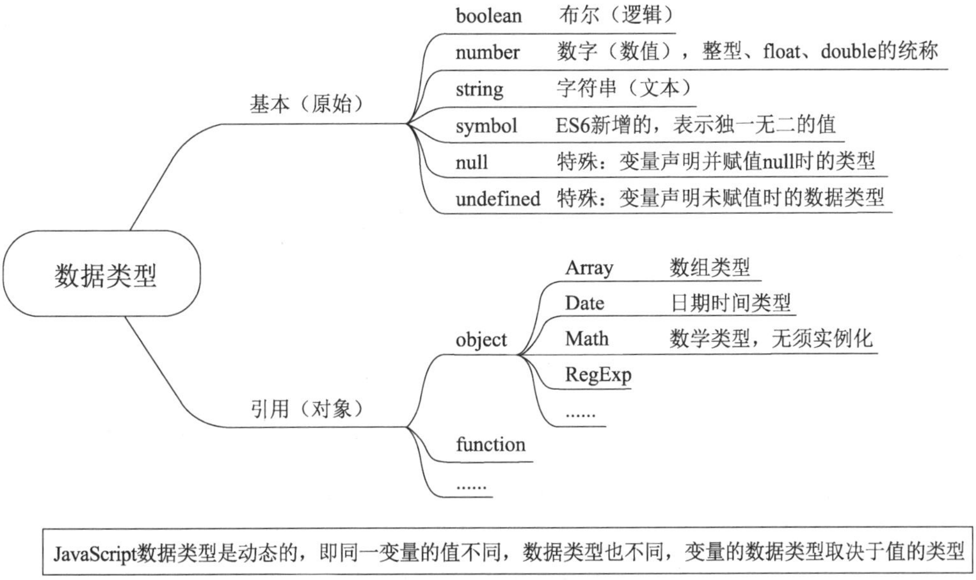

图 2-1-10　JavaScript 的数据类型

number 型：又称为数字型或数值型，和其他编程语言不同，JavaScript 不区分整数值和浮点数值，所有数字均用浮点数值表示。采用 IEEE754 标准定义的 64 位浮点格式表示数字（IEEE 为美国电子电气工程师协会，754 标准是一个关于浮点数算术的标准）。

string 型：又称为字符串型或文本型，值是由单引号或双引号括起来的字符序列。

boolean 型：又称为布尔型或逻辑型，其只有 true 和 false 两个值。

引用数据类型也就是对象类型，JavaScript 允许用户自定义一个普通的 Object 对象，同时为其定义若干个属性并赋值，也可以为其创建多个具有不同功能的方法以供使用。

JavaScript 是一种面向对象（或基于对象）的语言。JavaScript 对象是其语言中固有的组件，而且与 JavaScript 的执行环境无关，所以无论在什么环境下都可以访问其对象。

在 JavaScript 对象中有一些是与基本数据类型平行的对象，例如表示字符串的 String、表示布尔值的 Boolean 以及表示数字的 Number，这些对象封装了基本类型，并在其基本功能上进行了一定的扩展。

JavaScript 还有 3 种提供其他功能的内建对象，即 Math、Date 和 RegExp。Math 和 Date 分别提供了数学运算和日期的功能，RegExp 则提供了正则表达式的功能。正则表达式通过提供模式匹配的功能可以对字符串进行精确的查找或匹配。

Array 对象又称为数组对象，是另外一个内建的集合型对象。事实上，JavaScript 中的所有对象都是数组，只是在实际使用中并没有将对象当成数组来访问而已。

同时，JavaScript 还定义了另一种特殊对象——函数，函数是具有与它相关联的可执行代码的对象，通过调用函数来运行可执行代码并返回运算结果。

Error 对象是一个错误对象。错误指程序中非正常运行的状态，在其他编程语言中称为"异常"或"错误"，JavaScript 解释器会为每个错误情形创建并抛出一个 Error 对象，其中包含错误的描述信息。

值得注意的是还有两个特殊的类型 null 与 undefined，null 是 object（对象）型，undefined 类型表示未定义的数据类型。

3. 初始对象

（1）案例欣赏。

```
<!DOCTYPE html>
<html>
    <head>
        <meta charset="utf-8"><title>宿主对象</title>
    </head>
    <body>
        <div id="context">你好</div>
    </body>
    <script type="text/javascript">
        var oDiv=document.getElementById("context");      //对象 oDiv 代表网页元素 div
        document.write(typeof oDiv);                       //oDiv 的数据类型为 object
    </script>
</html>
```

运行效果如图 2-1-11 所示。

在 body 标签对中有一个 id 为 context 的 div 网页元素，在 script 标签对中通过 document 的 getElementById()方法获取网页元素 context，然后将其赋值给变量 oDiv，可以把 oDiv 代表的网页元素 div 寄生在 JS 中，为此称为宿主对象，而非 JS 原生对象。

（2）什么是对象？

现实生活中的一本书、一首歌、一名学生、一位教师都可以

图 2-1-11 运行效果

称为一个对象，这些对象有共同的属性特征值，例如名字，也有不同的属性特征值，例如书的作者、歌曲的时长、学生的性别、教师的职称，这些属性是有值的，如某学生的名字="XXX"。

当然这些对象也有不同的行为（或者说是行为能力），例如书可以被阅读和重复、歌曲可以被欣赏和演唱、课程可以被学习和讲解、汽车可以被驾驶和修理、学生可以学习或交流、教师可以教学也可以写书或学习，这些行为在程序中是要用代码段来实现的。

JS 对象可以是变量、图像、文档、表单、按钮等。每个 JS 对象可以有一个或多个属性、方法与事件。对象的属性用来描述对象的特征，对象的每个属性都是有名字和值的；对象的方法用来实现对象的某种动作；对象的事件是发生在对象上的"事情"，这个"事情"就是通过事件处理程序来执行并得到完成的，事件处理程序可用于处理和验证用户输入、用户动作和浏览器动作。

Document 在 JS 中代表网页文档对象，它的 write()方法可以将变量 oDiv 的类型显示在网页文档中，object 说明 oDiv 的数据类型是对象。

JS 对象有 3 种，即自定义对象（用户自己定义的）、宿主对象、内置对象（JS 原生的），在后面会陆续学习。

扫描二维码 2-1-8 初识对象。

二维码 2-1-8
初识对象

4. Date 对象

ECMAScript 提供了 Date 类型来处理时间和日期。Date 类型内置了一系列获取和设置日期时间信息的方法。

1）Date 是什么

ECMAScript 中的 Date 类型使用从 UTC（协调世界时）1970 年 1 月 1 日午夜（零时）开始经过的毫秒数来保存日期。在使用这种数据存储方式的条件下，Date 类型保存的日期能够精确到 1970 年 1 月 1 日之前或之后的 285616 年。

扫描二维码 2-1-9 了解 Date 是什么。

二维码 2-1-9
Date 是什么

JS 提供了内置对象 Date，用于处理日期和时间。Date 对象有自己的属性和方法。

2）Date 对象的初始化

（1）声明与初始化。创建一个日期对象，使用 new 运算符和 Date 构造方法（构造函数）。

语法：var d = new Date()   //创建一个日期对象

说明：

Date 对象会自动把当前日期和时间保存为其初始值。

```
var d1 = new Date()                      //未指定日期对象格式，初始值为系统当前日期和时间
var d2 = new Date("Oct,13,2019,11:13:00")  //Oct 也可写成 October
var d3 = new Date(19,9,13,11,33,0)       //年用两位数字时表示 19xx 年
var d4 = new Date(2019,9,13)             //日期指定，时间 00：00：00
```

（2）设置。

```
var d5 = new Date();                     //声明对象 d5，初始值为系统当前日期和时间
d5.setFullYear(2018,9,13);               //d5 设置为 2018-10-13（月份值 0～11）
d5.setDate(d5.getDate()+1);              //d5 的日设置为 13 日的后一天（2018-10-14）
```

注意：

无论是在初始化时还是在二次设置时，JS 通常默认接受的日期格式如下。

● '月/日/年'：例如'10/13/2019'（需要用引号引起来，单、双引号均可）。

● '英文月名 日，年'：例如 'Oct 13, 2019'（需要用引号引起来，单、双引号均可）。

● '英文星期几 英文月名 日 年 时:分:秒 时区'：例如 'Sun Oct 13 2019 00:00:00 GMT+0800'（需要用引号引起来，单、双引号均可）。

- 年,月,日,时,分,秒：例如 19,9,13,11,33,0（不需要用引号引起来）。
- 年,月,日：例如 2019,9,13（时、分、秒省略，默认为 0，这里也不需要用引号引起来）。
- 毫秒数：例如 1568304000000（不需要用引号引起来）。

3）Date 的常用方法

（1）获取日期时间的方法，见表 2-1-1 中以 get 开头的方法。

（2）设置日期时间的方法，见表 2-1-1 中以 set 开头的方法。

表 2-1-1　Date 对象的常用方法

名　　称	描　　述
getFullYear()	获取表示年份的 4 位数字，例如 2020
setFullYear(value)	设置年份
getMonth()	获取月份，范围为 0～11（表示 1～12 月）
setMonth(value)	设置月份，范围为 0～11（表示 1～12 月）
getDate()	获取月份中的某一天，范围为 1～31
setDate(value)	设置月份中的某一天，范围为 1～31
getDay()	获取星期，范围为 0～6（表示星期日～星期六）
getHours()	获取小时数，范围为 0～23
setHours(value)	设置小时数，范围为 0～23
getMinutes()	获取分钟数，范围为 0～59
setMinutes(value)	设置分钟数，范围为 0～59
getSeconds()	获取秒数，范围为 0～59
setSeconds(value)	设置秒数，范围为 0～59
getMilliseconds()	获取毫秒数，范围为 0～999
setMilliseconds(value)	设置毫秒数，范围为 0～999
getTime()	获取自 1970 年 1 月 1 日至今的毫秒数
setTime(value)	setTime()方法以毫秒设置 Date 对象

（3）将日期格式化为字符串的方法，见表 2-1-2。

表 2-1-2　Date 对象的常用方法（日期转换为字符串）

名　　称	描　　述
toSource()	返回该对象的源代码
toString()	把 Date 对象转换为字符串，以特定格式显示星期、月、日、年、时、分、秒和时区
toTimeString()	把 Date 对象的时间部分转换为字符串，以特定格式显示时、分、秒和时区
toDateString()	把 Date 对象的日期部分转换为字符串，以特定格式显示星期、月、日和年
toUTCString()	根据协调世界时把 Date 对象转换为字符串，以特定格式显示完整的 UTC 日期
toLocaleString()	根据本地时间格式把 Date 对象转换为字符串，以特定地区格式显示年、月、日、时、分、秒
toLocaleTimeString()	根据本地时间格式把 Date 对象的时间部分转换为字符串，以特定地区格式显示时、分、秒
toLocaleDateString()	根据本地时间格式把 Date 对象的日期部分转换为字符串

在上面的方法中有带 UTC 的，也有不带 UTC 的。UTC 日期指在没有时区偏差的情况下的日期值，如表 2-1-3 所示。

表 2-1-3　Date 对象的常用方法（关于 UTC）

名　　称	描　　述
getUTCDate()	返回一个月中的一天（协调世界时）
setUTCDate()	设置一个月中的一天（协调世界时）
……	……
getTimezoneOffset()	获取本地时间与格林威治标准时间（GMT）的分钟差
UTC()	根据协调世界时获取 1970 年 1 月 1 日到指定日期的毫秒数
valueOf()	获取 Date 对象的原始值

表 2-1-1 中所有关于获取（get）与设置（set）的方法都可以带 UTC 格式，如表 2-1-3 所示。

拓展：

（1）GMT：格林威治标准时间（英文全称为 Greenwich Mean Time）是指位于伦敦郊区的皇家格林威治天文台的标准时间，本初子午线被定义为通过那里的经线。

（2）UTC：协调世界时（英文全称为 Universal Time Coordinated），又称为世界统一时间、世界标准时间、国际协调时间。

表 2-1-4 给出了 Date 对象的属性，大家在后续学习中会有更深的理解。

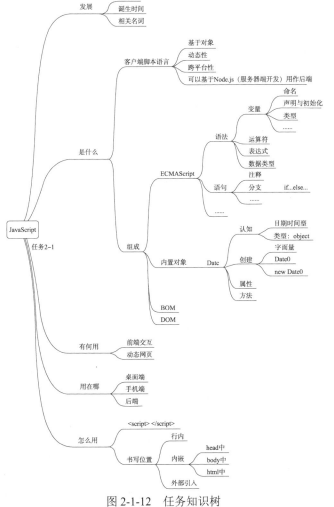

表 2-1-4　Date 对象的常用属性

名　　称	描　　述
constructor	返回对创建此对象的 Date 函数的引用
prototype	使用户有能力向对象添加属性和方法

5. 任务总结

（1）任务知识树如图 2-1-12 所示，形成知识体系。

（2）对象模型如图 2-1-13 所示，形成对象认知模型。

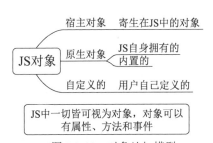

图 2-1-12　任务知识树　　　　图 2-1-13　对象认知模型

6. 拓学内容

（1）HTML<script>；

（2）浏览器引擎；

（3）JavaScript 引擎解析；

（4）驼峰命名法、匈牙利命名法。

六、思考讨论

（1）浏览器与 JS 解析器的关系是怎样的？

（2）变量可以存储数值、布尔值，在该任务中还用变量存储了对象，找一找任务中有哪些对象用变量存储过？用变量存储后的对象的属性是如何描述的？

（3）在任务代码中变量 oDate 与变量 divOut 都是 object 对象，有什么不同？

七、自我检测

1. 单选题

（1）下面声明变量的语句中正确命名变量的是（　　）。

    A. var for   B. var txt_name

    C. var myname myval   D. var 2s

（2）在 JS 中需要声明一个整数类型的变量 num，以下语句中能实现该要求的是（　　）。

    A. number num;   B. int num;

    C. integer num;   D. var num;

2. 判断题

（1）JS 不会检测函数所传递的实际参数和形式参数的类型和数量。　　　　　　（　　）

（2）在 JS 中可以用十六进制数表示浮点数常量。　　　　　　　　　　　　　（　　）

（3）JS 规定在使用任何变量之前必须先用 var 声明它。　　　　　　　　　　（　　）

（4）字符串变量使用单引号表示。　　　　　　　　　　　　　　　　　　　　（　　）

（5）在定义 JavaScript 变量时一定要指出变量名和值。　　　　　　　　　　（　　）

（6）在 JS 中变量不区分大小写。　　　　　　　　　　　　　　　　　　　　（　　）

（7）如果定义有 "var x=true, y=false;"，那么 x&&y 的结果是 true。　　　　（　　）

八、挑战提升

项目任务工作单

课程名称　<u>前端交互设计基础</u>   **任务编号**　<u>　2-1　</u>

班　　级　<u>　　　　　　</u>   **学　　期**　<u>　　　　　　</u>

项目任务名称	创建 JavaScript 浏览器应用程序	学　时	
项目任务目标	（1）熟悉 JavaScript 开发环境。 （2）熟悉 JavaScript 的调试运行。		

项目任务要求	任务 1　HBuilderX（或任选其他）编辑器的使用： （1）软件的下载。 （2）软件的安装。 （3）熟悉软件界面，并且阐述该编辑器的优点。 （4）选择语言：如何选择 HTML 及 JavaScript？选择了意味着什么？ （5）建立一个简单（含一个按钮或文本框元素）的 HTML 文件，记录多种运行方法。 （6）运行该 HTML 文件，记录多种运行方法，截图显示运行结果。 （7）设置首选项：记录选择的项目，同时说明你的选择意味着什么。 （8）设置语言格式：记录选择的项目，同时说明你的选择意味着什么。 （9）编辑：总结在 JavaScript 和 HTML 环境下进行单行与多行注释的快捷键。 （10）有能力的同学可以参考软件使用指南写出更好的程序。 任务 2　JavaScript 在 HTML 中的嵌入（建议在文本编辑器中完成）： （1）创建或打开一个简单的 HTML 网页模板文件并运行，要求做好必要的代码注释，建议使用文本编辑器完成。 （2）在 HTML 文件中嵌入 JavaScript 代码，记录多种嵌入方法（直接嵌入代码，或嵌入文件）与嵌入位置（head 中、body 中、html 标签内、head 与 body 外），并分析利弊。 （3）在多个不同的浏览器中运行，体会解析过程。 总要求： （1）以 Word 文档形式完成项目报告。 （2）对上面的两个任务分别录屏（录屏过程或加字幕或含声音讲解）。 （3）完成后以优秀作品形式展示分享，永远保留在课程中。
评价要点	（1）完成了项目的所有功能（50 分）。 （2）代码规范、界面美观（30 分）。 （3）结题报告书写工整等（20 分）。

任务 2-2　欢迎页的移动

知识目标

❑ 理解函数的封装功能以及内置函数与自定义函数的区别

❑ 理解函数定义与调用的意义

❑ 理解函数的解析与执行过程

❑ 理解内置对象 Math

❑ 理解内置函数的调用方式

技能目标

❑ 掌握函数的命名规则

❑ 灵活运用内置对象 Math 的内置函数

❑ 恰当使用函数的多种声明与调用方式

❑ 能够使用鼠标的单击、移入、移出事件

素质目标

❑ 培养应用意识、工程意识

❑ 了解设计开发模式

❑ 体验用多种方法解决问题的快乐

- 提升自我评价、自我认可的信心

重点

- 函数的声明与调用
- 自定义函数
- 内置对象的内置函数（或方法）

难点

- 一切皆对象，function、Math 都是对象
- 变量封存函数
- 函数封装思想

一、任务描述

在网站中，负责消息推送的欢迎页在首页内自由移动，欢迎页在移动的过程中实现几个交互动作，包括初始移动、鼠标移入悬停、移出继续和单击关闭。网站运行与任务运行效果分别如图 2-2-1 和图 2-2-2 所示。扫描二维码 2-2-1 和 2-2-2 进行查看。

图 2-2-1　网站运行效果图

图 2-2-2　移动的欢迎页

二维码 2-2-1　网页效果

二维码 2-2-2　任务效果

二、思路整理

1. 项目开发意识与模块化思想

技术提升源于思想提升，在项目开发过程中要培养自己的工程意识，例如将 HTML 文件引入 CSS、JS 文件中就是工程意识的体现。不同文件各司其职，这也是科学管理文件的需要。

在项目开发中不仅仅要实现功能技术点，更注重的是要提升团队开发的高内聚、低耦合性，以及系统维护和升级的便捷性，工作的效率性。

项目模块化就是根据项目复杂的功能将主项目拆分成子项目。模块化思想解决了多人开发、多文件、多代码、多重复的问题。

模块化编程思想可以降低开发难度，有利于团队开发，提升开发效率。函数封装是模块化思想的技术体现。

2. 函数封装

在 JS 中函数封装的实现从创建函数对象（即定义函数）开始，创建函数的语法格式比较简单，图 2-2-3 中标出了声明函数时需要注意的关键点，包括函数名、参数、函数体、函数返回值，函数体由实现函数功能的若干行代码组成，不可缺少，其余要素（例如函数名、参数、返回值）都可以省略，参数可以有零个或多个。

这里以问候语的写入为例了解函数封装，在图 2-2-3 中，function 是定义函数的关键字；getHello 为函数名；后面小括号内为函数的形参列表，根据需要可以有零个或多个参数；大括号内为函数体，即封装的函数功能代码段，然后通过调用函数 getHello()完成程序的执行。

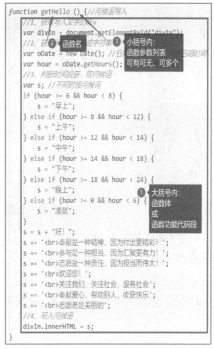

图 2-2-3 函数封装示意图

3. 行为分析

在项目实战中怎样拆分模块取决于功能和代码的复杂度。本任务从交互功能的角度思考有哪些对象？发生了什么？做了什么动作？对象发生动作（称为事件），动作由函数来完成。通过分析发现，欢迎页的移动涉及以下内容：

（1）首页打开时写入问候语；

（2）首页打开时 divOut 移动；

（3）鼠标移入，divOut 停止；

（4）鼠标移出，divOut 继续；

（5）鼠标单击，divOut 关闭。

从代码复杂度进行分析，移动的实现过程还可以拆分，具体见下面的移动原理。

4. 移动原理

欢迎页的移动实际上是 div 在浏览器窗口中的移动，是初始位置到目标位置的移动，然后连续改变目标位置形成的移动。仔细观察图 2-2-4 可以发现，伴随着移动，divOut 的 left 和 top 值一直在发生变化，可扫描二维码 2-2-3 进行查看。

二维码 2-2-3 移动观察

结合图 2-2-5 中的浏览器窗口坐标系（称为 Window 坐标系），思考下面几个问题：

（1）宽与高。

浏览器窗口的宽与高：window.innerWidth、window.innerHeight。

移动 divOut 的宽与高：offsetWidth、offsetHeight。

（2）移动范围。divOut 的移动完全可以看成 A 点的移动，A 点的坐标为(x,y)。div 在浏览器窗口中移动的极限值确定 x、y 的移动范围为 0～xw、0～yh。

注：本书涉及较多代码，故本书中的变量均采用正体。

```
xw = window.innerWidth - div.offsetWidth;
yh = window.innerHeight - div.offsetHeight;
```

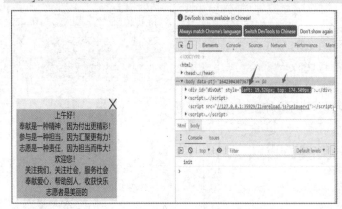 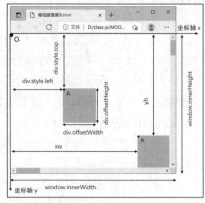

图 2-2-4 移动观察   图 2-2-5 移动原理分析

（3）div 初始位置随机，即 A 点位置随机。

```
A点坐标值 x = xw * Math.random();y = yh * Math.random();
```

（4）移动方向变量 xdir、ydir。使 A 点坐标变大的移动方向为+1 方向，反之为–1 方向。初次移动的方向取决于随机数，大于 0.5 为+1 方向，反之为–1 方向，即：

```
xdir = Math.random()>0.5 ? 1 : -1;
ydir = Math.random()>0.5 ? 1 : -1;
```

（5）位置描述。div 的呈现非常简单，注意其写法与 CSS 样式的写法有所区别，例如不能直接给 left 赋值，而要给 style.left 赋值，因为只有这样写 JS 解析器才认识，即：

```
div.style.left = x + 'px';
div.style.top = y + 'px';
```

（6）目标位置坐标。呈现之后，A 点的坐标在现有 x、y 值的基础上累加一个包含方向的移动步长值，将移动步长值乘以随机数，实现每次移动距离的不同。

```
x += xstep * Math.random() * xdir;
y += ystep * Math.random() * ydir;
```

（7）边界回弹。为防止移动视窗移出窗口的范围，要进行边界判断，如果超过边界，进行移动方向的改变，即修改移动方向变量的正负值。

```
左：x<0 右移，x = 0;xdir = 1;
右：x>xw 左移，x = xw;xdir = -1;
上：y<0 下移，y = 0;ydir = 1;
下：y>yh 上移，y = yh;ydir = -1;
```

仔细分析，寻找规律，重复上面的步骤（5）～（7），实现连续移动。

5. 思路总结

以函数封装实现模块开发，以功能、代码复杂度、重复调用需求为依据，进行模块拆分。将欢迎页移动模块拆分为问候语写入、变量声明与初始化、目标位置呈现与数据修改、连续移动、鼠标移入处理、鼠标移出处理、鼠标单击处理等模块。

三、代码实现

保持清醒的头脑、平静的心，整理思路，开始代码的实现。

1. 文件的组织

首先进行项目文件组织结构的规范化，如图 2-2-6 所示为对项目文件夹下的文件进行分类管理。

图 2-2-6　文件结构

（1）welcomePage.html。采用从外部引入 JS 文件的形式实现网页交互思想，引入的代码写在<script>标签内。

```
<script type="text/javascript" src="js/welcomePage.js">
</script>
```

（2）welcomePage.css。扫描二维码 2-1-4，将<style>标签对内代码作为该文件内容。

2. JS 实现

JS 文件实现交互的总体思想是将 JS 文件内容封装成一个无参数也不需要返回值的函数 pageMove()，下面的所有代码为该函数的函数体。

```
function pageMove() {                    //实现移动
    /*------变量说明------
    * winWidth,winHeight    浏览器窗口的宽与高
    * x, y                  A 点的坐标
    * xw, yh                最大移动范围
    * xstep, ystep          移动步长
    * xdir, ydir            移动方向
    * interval              setInterval()函数的返回值
    * delay                 延迟时长
    */
    //变量的声明与初始化
    var divOut = document.getElementById("divOut");
    var winWidth, winHeight, x, y, xw, yh, xdir, ydir, interval;
    xstep = ystep = 2;                   //与 "var xstep = ystep = 2;" 写法有什么区别
    delay = 10;
    winWidth = window.innerWidth;        //浏览器窗口的宽度
    winHeight = window.innerHeight;
    xw = winWidth - divOut.offsetWidth;  //最大移动范围
    yh = winHeight - divOut.offsetHeight;
    x = xw * Math.random();              //初始位置随机
    y = yh * Math.random();
    xdir = Math.random() > 0.5 ? 1 : -1; //初次移动方向随机
    ydir = Math.random() > 0.5 ? 1 : -1;
    var targetPoint = function() {       //目标点呈现
        divOut.style.left = x + 'px';
        divOut.style.top = y + 'px';
        x += xstep * Math.random() * xdir;//目标点坐标
        y += ystep * Math.random() * ydir;
        /*------临界修正------*/
        if (x < 0) {                     //右移
            x = 0;
            xdir = 1;
        }
        if (x > xw) {                    //左移
```

```
        x = xw;
        xdir = -1;
        .1
    }
    if (y < 0) {                              //下移
        y = 0;
        ydir = 1;
    }
    if (y > yh) {                             //上移
        y = yh;
        ydir = -1;
    }
}
function getHello() {                         //写入问候语
    //1、网页元素的获取与保存
    var divIn = document.getElementById("divIn");
    //2、获取问候语，组成字符串
    var oDate = new Date();                   //日期时间型对象，系统日期时间
    var hour = oDate.getHours();              //获取系统小时值
    //3、判断时间段获取问候语
    var s = null;                             //不同时间段的问候语
    if (hour >= 6 && hour < 8) {
        s = "早上";
    } else if (hour >= 8 && hour < 12) {
        s = "上午";
    } else if (hour >= 12 && hour < 14) {
        s = "中午";
    } else if (hour >= 14 && hour < 18) {
        s = "下午";
    } else if (hour >= 18 && hour < 24) {
        s = "晚上";
    } else if (hour >= 0 && hour < 6) {
        s = "凌晨";
    }
    s = s + "好！";
    s += '<br>奉献是一种精神，因为付出更精彩！';
    s += '<br>参与是一种担当，因为汇聚更有力！';
    s += '<br>志愿是一种责任，因为担当而伟大！';
    s += '<br>欢迎您！';
    s += '<br>关注我们，关注社会，服务社会';
    s += '<br>奉献爱心，帮助别人，收获快乐';
    s += '<br>志愿者是美丽的';
    //4、写入问候语
    divIn.innerHTML = s;
}
getHello();                                   //问候语写入调用
/*------事件处理------*/
interval = setInterval(targetPoint, delay);   //移动调用
divOut.onmouseover = function() {             //鼠标移入停止
    clearInterval(interval);
```

```
        }
        divOut.onmouseout = function() {              //鼠标移出继续
            interval = setInterval(targetPoint, delay);
        }
        document.getElementById('img').onclick = function() { //单击关闭
            divOut.style.display = 'none';
        }
    }
    window.onload = pageMove;
```

（1）变量的声明。函数体首先要对变量代表的含义进行注释说明，在工程中经常将这种变量说明和功能阐述以注释的形式进行描述，这是良好的开发习惯和职业素养的表现。变量声明采用最小全局变量原则，变量的作用域够用即可，不宜大，以避免全局变量造成的污染和命名冲突，同时做好必要的注释，以方便程序的阅读与维护。变量的命名需要遵守命名规则。

（2）变量的初始化。Math.random()返回 0～1 的随机数，Math 是 JS 内置的数学对象，random()为随机函数，是 Math 的方法。利用随机函数解决初始位置和初次移动方向随机的问题。

（3）目标位置呈现与数据修改。目标位置呈现与数据修改函数 targetPoint()主要解决两个问题：①初始位置随机，初次移动方向随机，开始移动后移动增量随机，left、top 的赋值实现呈现。②移动临界值修正，即到达上、下、左、右边界修改移动方向。

通过 div 的 style.top、style.left 属性值可以获取位置坐标，并且可以通过设置改变位置，而属性 offsetTop、offsetLeft 是只读的，只能获取不能设置。

目标点的坐标在原位置的基础上做方向性和增量的改变，同时增量考虑了随机性，即实现移动距离和角度都随机。

var targetPoint =function() {}采用表达式声明函数的方式将匿名函数赋值给变量实现功能封装。这种声明方式将匿名函数看成对象赋值给变量，变量的类型是 function 型。

匿名函数即无名函数，其在实际开发中的使用频率非常高。

（4）封装问候语写入功能。function getHello() {…}形式封装了问候语写入功能。

（5）调用问候语写入函数。"getHello();"完成函数调用，表示函数内的代码被执行。

（6）移动的实现。targetPoint()只解决一次目标位置呈现，若想实现连续移动需要重复调用该函数，setInterval()可以实现重复调用。

setInterval()具有定时器的功能，其两种语法格式如下。

```
setInterval(函数名, 延迟时间)
setInterval(function() {…}, 延迟时间)
```

该函数返回一个 ID，即唯一标识时间间隔的定时器 ID。时间间隔以毫秒为单位。

语句"interval = setInterval(targetPoint, delay);"表示每隔 delay 毫秒重复调用一次函数 targetPoint()。该函数的返回值赋值给变量 interval，常称 interval 为计时器变量。

（7）鼠标移入停止。

```
divOut.onmouseover = function() {              //鼠标移入停止
        clearInterval(interval);
    }
```

clearInterval()的功能是删除指定 ID 的定时器，格式为"clearInterval (ID 变量);"。

function(){…}是匿名函数，直接复制给网页元素对象 divOut 的鼠标移入事件——onmouseover 事件，凡是被赋值给事件的函数都称为事件处理函数。

当 divOut 的 onmouseover 事件发生时，匿名函数被调用而被执行，删除已经启动的 ID 为 interval 的计时器。

（8）鼠标移出继续。

```
divOut.onmouseout = function() {          //鼠标移出继续
    interval = setInterval(targetPoint, delay);
}
```

表示在 divOut 鼠标移出事件 onmouseout 发生时调用匿名函数，再次开启一个新的计时器，仍然用 interval 保存计时器返回的 ID 值，同时 interval 作为未来 clearInterval 关闭计时器的描述依据。

（9）单击关闭。

```
document.getElementById('img').onclick = function() {
    divOut.style.display = 'none';
    }
```

document.getElementById('img')获取网页元素 ID 值为 img 的对象，即图标为"X"的 img 对象，当该对象的 onclick（鼠标单击）事件发生时，设置 divOut 不可见。

（10）子模块封装与调试。pageMove()封装了所有代码段，这个函数如何得到执行呢？方法有两个：

① 在 pageMove()函数外，添加代码行"window.onload = pageMove;"，window 表示浏览器顶级对象（后续会详细学习），onload 是 window 的事件，会在页面或图像加载完成后立即发生，发生后再调用函数 pageMove()。

② 在 HTML 文件的</body>后添加一行代码"<script>pageMove(); </script>"，实现对 pageMove()的调用。

四、创新训练

1. 观察与发现

质疑知识描述，质疑技术实现，寻找更好的解决途径，细心观察，静心思考，从质疑开始，从知识迁移起步，批评性学习，改变学习习惯，探索创新，尝试创造。思考坐标系中 A 点的坐标变量、移动方向变量能否建立联系？

2. 探索与尝试

尝试摆脱环境的限制，开阔思路，换一个角度看问题，解决问题，收获尝试过程的快乐。用变量对的形式表示坐标，让 A（x, y）点的两个坐标建立联系，即采用数组法。这是思维方式的改变，变量代表的不再是一个数值，而是有两个元素的数组对象。

```
/*------ 变量说明------
 * winSize[winwidth,winHeight]        浏览器窗口的宽与高
 * pointA[x, y]                       A点的坐标
 * maxMoveSize[xw, yh]                最大移动范围
 * moveStep[xstep, ystep]             移动步长
 * moveDir[xdir, ydir]                移动方向
 * interval                           setInterval()函数的返回值
 * delay                              延迟时长
*/
var divOut = document.getElementById("divOut");
```

```
var win = new Array();              //浏览器窗口的宽与高
var pointA = new Array();           //A 点的坐标
var maxMoveSize = new Array();      //最大移动范围
var dir = new Array();              //移动方向
var step = new Array();             //移动步长
step[0] = step[1] = 10;
var interval;                       //setInterval()函数的返回值
var delay = 10;                     //延迟时长
```

"var pointA = new Array();"表示声明了一个变量 pointA，pointA 代表 Array 对象，JS 中数组的数据类型是 Array 型，和 Date 对象都属于 JS 内置对象，数组对象一般表示有某种联系的数据集合。数组的长度（即元素个数）和每个元素的类型都不是固定的。数组中每个元素的类型可以不同，由赋值决定。

```
/*---数据的初始化---*/
moveStep[0] = moveStep[1] = 10;
delay = 10;
winSize[0] = window.innerWidth;                      //浏览器窗口的宽度
winSize[1] = window.innerHeight;
maxMoveSize[0] = winSize[0] - divOut.offsetWidth;    //水平最大移动范围
maxMoveSize[1] = winSize[1] - divOut.offsetHeight;
pointA[0] = maxMoveSize[0] * Math.random();          //初始位置随机
pointA[1] = maxMoveSize[1] * Math.random();
divOut.style.left = pointA[0] + 'px';                //初始位置呈现
divOut.style.top = pointA[1] + 'px';
moveDir[0] = Math.random() > 0.5 ? 1 : -1;           //初次移动方向（随机）
moveDir[1] = Math.random() > 0.5 ? 1 : -1;
function targetPoint() {                             //目标位置呈现
  divOut.style.left = pointA[0] + 'px';              //目标点呈现
  divOut.style.top = pointA[1] + 'px';
  pointA[0] += moveStep[0] * Math.random() * moveDir[0]; //目标点坐标
  pointA[1] += moveStep[1] * Math.random() * moveDir[1];
  /*------临界修正------*/
  if (pointA[0] < 0) {                               //右移
    pointA[0] = 0;
    moveDir[0] = 1;
  }
  if (pointA[0] > maxMoveSize[0]) {                  //左移
    pointA[0] = maxMoveSize[0];
    moveDir[0] = -1;
  }
  if (pointA[1] < 0) {                               //下移
    pointA[1] = 0;
    moveDir[1] = 1;
  }
  if (pointA[1] > maxMoveSize[1]) {                  //上移
    pointA[1] = maxMoveSize[1];
    moveDir[1] = -1;
  }
}
```

思考：Array 是什么？如何使用？哪里能用到？怎么使用？

用数组的思维组织数据，改变 targetPoint()函数内的描述方法，其他程序调用与事件处理程序保持不变，运行效果相同。

有改变就有对比，例如认知结构的对比、算法的对比、内存空间利用的对比，对比后从中收获知识，提高技能。

名词推荐：隧道视野效应。

隧道视野效应是指身处隧道的人的视野里只是前后的狭窄。只有拥有远见和洞察力，开阔视野，博学善思，才能志存高远。

3. 职业素养的养成

做有责任担当的程序员。扫描二维码 2-2-4 查看软件从业者的职业素养。

二维码 2-2-4
软件从业者的职业素养

降低维护成本：一段代码，一个工程项目刚刚结束，该项目的程序结构、实现思路在团队开发者的头脑中还很清晰，发现 bug，修复相对容易，代价小；但随着时间的推移，开发团队会遗忘部分设计，或新的团队完成 bug 的修复、升级维护，均需要付出时间学习和理解工程项目代码，这成为开发后的维护成本。维护成本的高低取决于开发者的代码规范能力。

开发新的项目与维护原有项目相比，带给开发团队或个人的幸福指数是不同的，如果要让维护的工作量更少，需要开发者更优秀、更有责任心。

工程项目代码具有可读性、团队开发的思路统一、代码规范、有必要的备注记录等，都会提升项目维护者的满意度和幸福感。做一名有担当的程序员应该是大家共同的追求。

五、知识梳理

1. 函数认知

（1）函数用来做什么？

函数用来封装具有特定功能的代码段，即定义一次却可以调用或执行任意多次的代码段（重用性）。用户在使用时只需关心其参数、返回值和功能。

（2）函数的分类。

① 内置函数。JS 内置函数包括常规、数组、日期、数学等类的函数，这些函数以某对象的形式使用，例如 window.alert()、new Array().push()、new Date().getDate()、Math.sin(x)等，不用通过任何函数库引入就可以直接使用。

② 自定义函数。用户根据功能需要自定义完成的函数。

（3）函数的声明。JS 把函数看成 function 对象，通过 "console.log(typeof 函数名);" 可以将一个函数的类型通过控制台输出。

二维码 2-2-5
函数的声明与调用

扫描二维码 2-2-5 查看函数的声明与调用。

① 自定义函数声明的语法格式。

```
function 函数名([参数1，参数2，…])
{
    函数体
}
```

② 考虑的因素。函数的定义由以下几个部分组成。

function：定义函数的关键字。

函数名：可以由大/小写字母、数字、下画线（_）和$符号组成，但是函数名不能以数字开头，且不能是关键字。

参数：外界传递给函数的值，它是可选的，多个参数之间使用","分隔。

函数体：专门用于实现特定功能的主体，由一条或多条语句组成。

返回值：若想在调用函数后得到处理结果，在函数体中可以用 return 关键字返回。

- 无参函数：适用于不需要提供任何数据即可完成指定功能的情况。
- 有参函数：适用于函数体内的操作需要用户传递数据的情况。
- 形参：形式参数，具有特定的含义，定义有参函数时设置的参数。
- 实参：实际参数，即具体的值，函数调用时传递的参数。

③表达式声明函数方式。

语法格式：var func=function() { };

这种声明方式将匿名函数看成对象赋值给变量，变量的类型是 function 型。

方式一：var fun1=function(){var m=1;};　　　　//匿名函数方式
方式二：var fun2=new function('var m=1;');　　 //构造函数方式
方式三：function fun3(){var m=1;} ;　　　　　 //有名函数方式

fun1、fun2、fun3 都指向了这段函数代码块在内存中存储的首地址，类型也都是 function 型。

（4）函数的调用。声明的函数只有在被调用后才能发挥作用；函数声明与调用的顺序不分前后。调用方式包括直接调用、表达式中调用、超链接中调用、事件调用。调用格式为函数名称([参数 1，参数 2, …])。

说明：

- [参数 1，参数 2, …]：可选，用于表示形参列表，其值可以为零个或多个。
- 参数：可以是直接量（常量）、有值的变量或表达式，还可以是函数，用函数名做参数。

2. Math 对象

案例欣赏：Math.html。

运行下面的代码，观察后思考 Math 是什么？

```
<!DOCTYPE HTML>
<html>
<head>
    <meta charset="utf-8"> <title> Math </title>
</head>
<body>
</body>
<script type="text/javascript">
var a = Math.max(4, 5, 54, 66, 16);
document.write("<br>(4, 5, 54, 66, 16)最大值: " + a); //66
document.write("<br>(8, 54, 51, 15, 78)最小值: " + Math.min(8, 54, 51, 15, 78)); //8

document.write("<br>Math.ceil(0.4)向上取整="+Math.ceil(0.4)); //1
```

```
document.write("<br>Math.floor(0.6)向下取整="+Math.floor(0.6)); //0
document.write("<br>Math.floor(-1.1)向下取整="+Math.floor(-1.1)); //-2

document.write("<br>产生 0~1 的一个随机数="+Math.random());
document.write("<br>产生 8~18 的一个随机数="+(Math.random() * 10 + 8));

document.write("<br>sin30° : " + Math.sin(30 * Math.PI / 180));
document.write("<br>cos60° : " + Math.cos(60 * Math.PI / 180));
document.write("<br>tan45° : " + Math.tan(45 * Math.PI / 180));

document.write("<br><br>圆周率为: "+Math.PI); //3.141592653589793
document.write("<br>以 10 为底的 e 的对数: "+Math.LOG10E); //0.4342944819032518
document.write("<br>2 的平方根的倒数: " + Math.SQRT1_2); //0.7071067811865476
</script>
</html>
```

document.write()用于输出括号内的内容。

Math 是数学对象，是不需要实例化的对象。扫描二维码 2-2-6 了解 Math
对象。

二维码 2-2-6

Math 对象

在涉及动画、算法研究、各种特性等高级编程时经常会用到 Math 对象，
Math 对象和 Date 对象不同，不能像 new Date()那样构造类对象，Math 对象只
能使用它的属性和方法完成数学任务。

注意：Math 的第一个字母要大写。

Math 对象的属性和方法如表 2-2-1 所示。

表 2-2-1　Math 对象的属性和方法

分　类	名　称	描　述
属性	E	返回算术常量 e，即自然对数的底数（约等于 2.718）
	LN2	返回 2 的自然对数（约等于 0.693）
	LN10	返回 10 的自然对数（约等于 2.302）
	LOG2E	返回以 2 为底的 e 的对数（约等于 1.414）
	LOG10E	返回以 10 为底的 e 的对数（约等于 0.434）
	PI	返回圆周率（约等于 3.14159）
	SQRT2	返回 2 的平方根（约等于 1.414）
	SQRT1_2	返回 2 的平方根的倒数（约等于 0.707）
方法	max(a, b, ..., n)	返回一组数中的最大值
	min(a, b, ..., n)	返回一组数中的最小值
	sin(x)/cos(x)	正弦/余弦
	asin(x)/acos(x)	反正弦/反余弦
	tan(x)/atan(x)	正切/反正切
	floor(x)/ceil(x)	向下取整/向上取整
	random()	生成随机数函数，返回[0, 1)的值

3. 视图属性

（1）document 文档视图属性。

① document.documentElement.clientWidth：浏览器窗口可视区的宽度（不包括浏览器控制台、菜单栏、工具栏、滚动条）；

② document.documentElement.clientHeight：浏览器窗口可视区的高度（不包括浏览器控制台、菜单栏、工具栏、滚动条）；

③ document.documentElement.offsetHeight：获取整个文档的高度（包含 body 的 margin）；

④ document.body.offsetHeight：获取整个文档的高度（不包含 body 的 margin）；

⑤ document.documentElement.scrollTop：返回文档滚动 top 方向的距离（当窗口滚动时值发生改变）。

⑥ document.documentElement.scrollLeft：返回文档滚动 left 方向的距离（当窗口滚动时值发生改变）。

（2）元素视图属性。

① offsetWidth 水平方向：width +左右 padding +左右 border-width；

② offsetHeight 垂直方向：height +上下 padding +上下 border-width；

③ clientWidth 水平方向：width +左右 padding；

④ clientHeight 垂直方向：height +上下 padding；

⑤ offsetTop：获取当前元素到定位父节点的 top 方向的距离；

⑥ offsetLeft：获取当前元素到定位父节点的 left 方向的距离；

⑦ scrollWidth：元素内容真实的宽度，内容不超过盒子高度时为盒子的 clientWidth；

⑧ scrollHeight：元素内容真实的高度，内容不超过盒子高度时为盒子的 clientHeight。

（3）window 视图属性。

① innerWidth：浏览器窗口可视区的宽度（不含浏览器控制台、菜单栏、工具栏）；

② innerHeight：浏览器窗口可视区的高度（不含浏览器控制台、菜单栏、工具栏）。

4. 任务总结

（1）任务知识树如图 2-2-7 所示。

（2）对象模型如图 2-2-8 所示。

5. 拓学内容

（1）标准内置函数；

（2）JavaScript 内存管理机制；

（3）JavaScript 函数命名原则；

（4）LHS 查询与 RHS 查询。

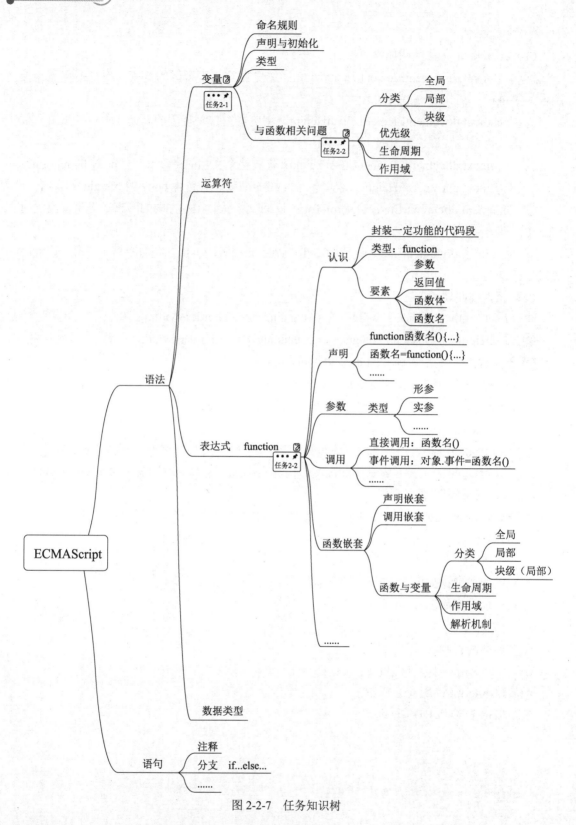

图 2-2-7　任务知识树

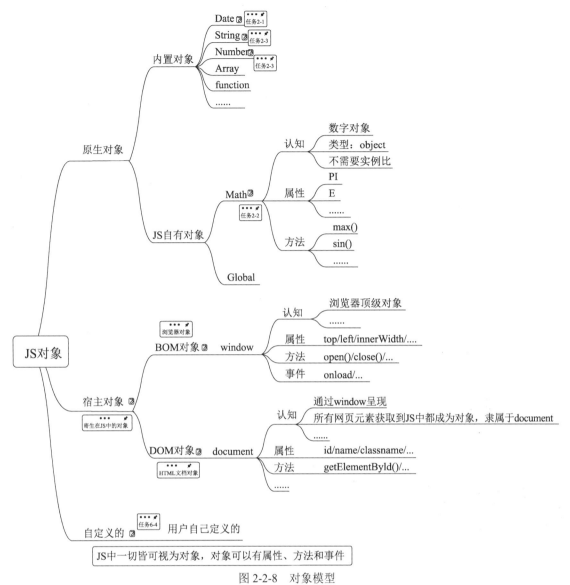

图 2-2-8 对象模型

六、思考讨论

（1）在 JavaScript 中 var、let、const 关键字有什么区别？

（2）var 声明变量和 function 声明函数存在哪个优先提升吗？如何通过代码验证你的结论？

（3）var 声明的变量同名，function 声明的函数同名，或 var 声明的变量与 function 声明的函数同名，会出现同名覆盖还是被忽略呢？如何设计你的代码，验证你的猜测，得出正确的结论呢？如何发挥团队成员一起进行多维度验证呢？

（4）简述函数的声明方式与区别。

（5）JS 中的视窗类属性还有哪些？

七、自我检测

1. 单选题

（1）要输出字符串"chenbing"，以下 JavaScript 语句合法的是（ ）。

    A. document.write(chen+bing) ;   B. document.write("chen+bing");

    C. document.write('chen+bing');   D. document.write("chen"+"bing");

（2）在 JavaScript 中用下面（ ）关键字来定义变量。

    A. int   B. document

    C. char   D. var

（3）下面 JavaScript 语句中能正确输出"H2O"字符串的表达式是（ ）。

    A. str="2" ; document.write("H"+str.sub()+"O");

    B. str="2" ; document.write("H"+str.sup()+"O");

    C. str="2" ; document.write(H+str.sub()+O);

    D. str="2" ; document.write(H+str.sup()+O);

（4）下面（ ）语句定义了一个名为 Myval 的变量并为其赋值 2205。

    A. var myval=2205   B. var MyVal=2205

    C. var Myval=2205   D. Myval=2205

2. 多选题

（1）在下列变量名中合法的是（ ）。

    A. $someVariable   B. _someVariable

    C. 1Variable   D. some_variable

    E. somevariable   F. function

    G. some*variable

（2）下面 JS 语法格式中错误的是（ ）。

    A. echo"I enjoy JavaScript";   B. document.write(I enjoy JavaScript);

    C. response.write("I enjoy JavaScript");   D. alert("I enjoy JavaScript");

3. 判断题

（1）在用 var 声明一个变量后，如果没有赋值，那么它的值是 null。   （ ）

（2）在使用 var x=1 声明变量 x 后，赋值语句 x="我喜欢 JS"将会出错。   （ ）

（3）字符串变量使用单引号表示。   （ ）

八、挑战提升

项目任务工作单

课程名称	前端交互设计基础		任务编号	2-2
班　　级			学　　期	

项目任务名称	创业项目选题：XX 网站规划	学　时	
项目任务目标	根据项目选题完成网站规划。		

项目 任务 要求	××网站的风格与结构规划： （1）规划网站的整体风格。网站的整体风格是网站给浏览者的综合感受。它应该是网站与众不同的特色，包括网站页面中字里行间透露出的作者或企业的文化品位和行事风格。整体风格应与网站的主题相匹配。网站的风格通过各个页面体现，包括页面的版式结构、色彩搭配、图像动画等。在各页面中最主要的是主页。 （2）绘制网站结构。在制作网站之前最好先规划好各页面文件的存放位置、各关键网页之间的关联。在存放位置上，尽量不要将所有文件都存放在根目录下，可根据网站中各文件的性质决定是否分类存放到不同的文件夹中，例如图片文件、动画文件、脚本文件、某一栏目的文件、公共文件等。目录的层次也不宜过深，最好不要超过 4 层。 ××网站的网页设计： （1）规划网站的整体风格。 （2）站点的规划及草图的绘制，如图 2-2-9 所示。 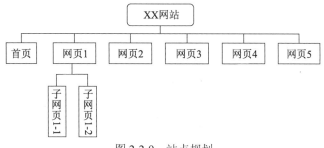 图 2-2-9　站点规划 （3）网页的版式设计。绘制所有网页版式图。网页的版式设计是网页设计的核心，主要内容包括网页整体布局设计和导航样式的设计。
评价 要点	（1）内容完成段（60 分）。 （2）文档规范性（30 分）。 （3）拓展与创新（10 分）。

任务 2-3　问候语的写入与调试

知识目标

❑ 认识原始的数据类型

❑ 进一步认识 object 类型的对象

❑ 全面认识 String 对象

技能目标

❑ 掌握程序调试方法

❑ 熟练浏览器调试工具的使用方法

素质目标

❑ 养成理论与实践相结合的学习习惯

❑ 以问题、验证、兴趣学习法培养思考型学习者

❑ 养成学习时做归纳的好习惯

重点
- ❑ 原始数据类型
- ❑ 对 String 对象的全面认识
- ❑ 对程序调试能力的培养

难点
- ❑ 对不同 object 类型的理解
- ❑ 断点调试法

一、任务描述

图 2-3-1 展示了在"校园志愿服务网站"首页的实现过程中用于辅助的后台调试，包括界面静态内容的检测、风格样式的展示以及交互过程中动态内容的输出等。

内容的设计与后期代码的调试往往是相辅相成的，一个合适的调试工具与方法会使代码的实现事半功倍。本任务通过学习多种方法调试 JS 程序，学会通过代码调试发现问题、解决问题，通过代码调试求真、求证，解答心中疑惑。

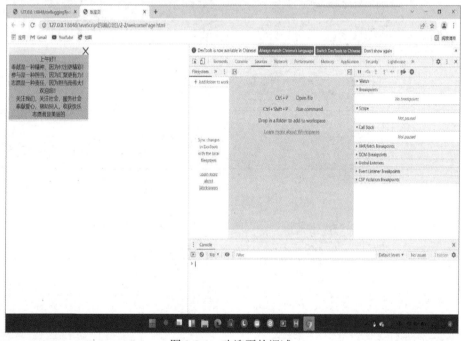

图 2-3-1　欢迎页的调试

二、思路整理

程序调试是指用手工或编译等方法对程序进行测试，解决代码中的 bug，确保异常中断和编码错误被检测到并纠正，保证程序稳定运行。在修正语法错误和逻辑错误的同时能够帮助学习者做好对学习中质疑点的验证。

程序调试是每位程序员必须进行的操作，程序调试需要调试者清楚程序的功能、编程逻辑，这样在 bug 发生时才能够初步预判问题的根源。

伟大的科学家爱因斯坦曾经说过：成功=艰苦的劳动+正确的方法+少谈空话。正确的方法是成功的重要组成元素，程序的调试方法包括注释调试法、输出调试法和工具调试法。大家要争取学会每种调试方法，以便在调试过程中选择最适合的。

1. 注释调试法

给代码段添加注释符号，使其成为不被 JS 解析器解析执行的代码。注释调试法是一种很好的调试方法。当然无论哪种调试方法，都需要结合与错误征兆有关的提示信息，确定合理的调试方案，比如注释掉哪些代码等。

2. 输出调试法

输出调试是根据数据追踪需要，再依据输出结果分析数据，JS 常用的输出方法有以下 4 种。

- window.alert()：弹出警告框。
- document.write()：将内容写到 HTML 文档中。
- innerHTML：写入 HTML 元素。
- console.log()：写入浏览器的控制台。

3. 工具调试法

工欲善其事，必先利其器。各浏览器都为开发者配备了相应的开发者调试工具，通过使用开发者调试工具，用户会发现调试代码是一件简单又有趣的事情。

问题是思维的源泉，是创造的种子。多数人是遇到问题才会深入思考，善于抓住问题并一追到底，这是发现问题的重要方法。善于发现问题是思考型学习者的特征，优秀的人，其发现的问题会层出不穷。

三、代码实现

1. 案例 1：console.log()输出

对任务 2-1 的 HTML 文件进行调试，文件中的第 45、46 行对 divIn 变量的内容及类型进行控制台输出（console.log()），然后按 F12 键打开浏览器自带的开发者调试工具，在控制台面板中会看到图 2-3-2 左侧所示的第 45 行的输出，告诉用户该变量代表 id="divIn"的网页元素 div，第 46 行的输出表示变量为 object 类型。展开箭头所指的折叠三角形，可以看到很多 divIn 对象的相关属性信息，如图 2-3-3 所示。

同理，oDate 变量及类型的控制台输出如图 2-3-4 所示，发现 new Date()定义的变量 oDate 是 object 类型，代表系统日期对象。注意箭头所指处的大写字母 D。

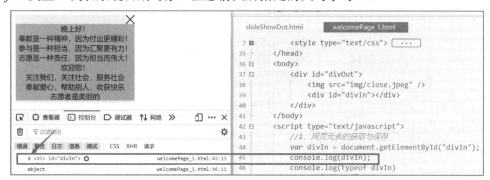

图 2-3-2　divIn 的控制台输出

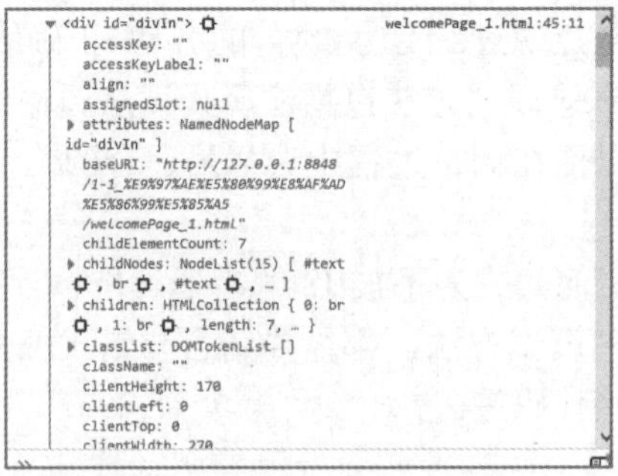

图 2-3-3 divIn 对象的相关属性信息

图 2-3-4 oDate 变量及类型的控制台输出

图 2-3-5 中使用相同的方法测试变量 hour，值为 22，数据类型为 number 型。

图 2-3-5 hour 变量及类型的控制台输出

2. 案例 2：alert()输出

图 2-3-6 对第 50、51 行代码采用注释调试法，注释掉这两行代码，改用 alert()对变量 hour 做同样的输出测试，发现程序的运行停止在第 52 行，divIn 内没有文字写入，变量的值仍为 22。

图 2-3-6 用 alert()输出 hour 的值

alert()是交互式输出函数，等待用户单击"确定"按钮后继续执行后续语句，输出 hour 的数据类型 number，如图 2-3-7 所示。

对比结论：

console.log()：控制台输出不影响程序的正常运行。

alert()：输出暂停程序的运行，等待交互确认后继续运行。

图 2-3-7　用 alert()输出 hour 的数据类型

想一想：如果 var y=alert(typeof hour)，变量 y 的值和类型又是什么？你会测试吗？

为了测试变量 s，在声明不赋值、赋空值、赋值字符串 3 种情况下值和类型分别是什么？图 2-3-8～图 2-3-12 给出了测试结果。

图 2-3-8　s 未赋值时的控制台输出

图 2-3-9　s=null 时的控制台输出

图 2-3-10　s 声明并赋值后的控制台输出

图 2-3-11　s 未声明且未赋值的控制台输出

图 2-3-12　s 未声明但赋值的控制台输出

通过整理得出如表 2-3-1 所示的结论。

表 2-3-1　s 变量的结论

变 量	声 明	赋 值	变 量 值	变量类型	作 用 域
s	声明	未	undefined	undefined	局部
s	声明	赋值：null	有：null	object	局部
s	声明	赋值：字符串	有：字符串	string	局部
s	未	未	报错：没有定义	未定义	不存在
s	未	赋值	有	string	全局

3. 案例 3：innerHTML 输出

图 2-3-13 将变量 s 的值借助 innerHTML 属性在指定的网页元素 divIn 中输出，实现了问候语的写入。

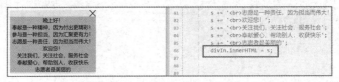

图 2-3-13　s 的 innerHTML 输出

4. 案例 4：write()输出

图 2-3-14 用 document.write()方法在网页文档中输出变量 a 的值与类型，write()和 writeln()方法都在文档中输出，后者同时多输出一个空格，如图 2-3-15 所示。用此法输出容易与网页的原有内容产生输出冲突，建议大家谨慎使用或不用。

图 2-3-14　a 的值与类型的 write()输出

图 2-3-15　a 的值与类型的 writeln()输出

5. 案例 5：工具调试

在浏览器中进入调试界面有 3 种方法，即按 F12 键或按 Ctrl+Shift+I 组合键，或单击鼠标右键，然后选择"检查"命令。

在图 2-3-16 中，Elements 选项卡用于提供网页元素信息；箭头按钮用于在页面中选择一个元素查看它的相关信息，它有两个状态——有效和无效，单击使其有效，然后移动鼠标选择元素，在网页展示区中会有相关提示信息。

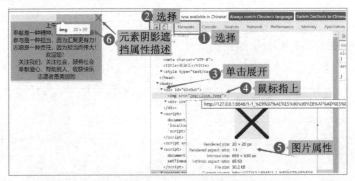

图 2-3-16　Elements 选项卡界面

单击图 2-3-17 中的设备图标,进行移动端和计算机端的开发模式切换,不同的移动端设备可以选择不同的尺寸比例。

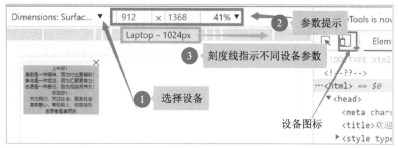

图 2-3-17　设备图标界面

图 2-3-18 所示的 Console 选项卡有很多功能,常用于程序代码的调试及查找问题。

图 2-3-18　Console 选项卡界面

图 2-3-19 所示的 Sources(源代码)选项卡有 3 个区域,其中资源区选择要调试的文件;工作区设置调试断点;观察区包括在遇到异常时暂停、监视、断点、作用域、调用堆栈等功能,同时提供调试按钮。

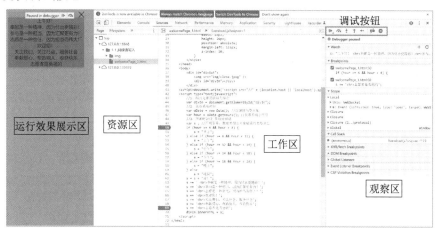

图 2-3-19　Sources 选项卡界面

图 2-3-20 给出了断点的调试步骤:

(1)在资源区选择被调试的文件。

(2)选定文件的工作区出现。

(3)单击行号设置或取消断点设置。

(4)添加监视变量,例如变量 s。

(5)观察中断点。

(6)单击"单步调试"按钮,开始调试。

(7)在调试过程中可以随时停止调试,恢复正常运行。

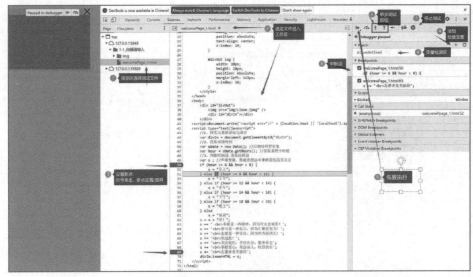

图 2-3-20　断点调试界面

JS 程序简单来说是由函数堆砌起来的，程序的运行就是函数的执行过程。通过调试可以直观地追踪到函数的执行顺序以及各个参数的变化，这样就可以快速定位到问题的所在。

用断点调试法借助调试工具可以动态监控和直观观察函数的执行逻辑。

四、创新训练

1. 观察与发现

理论是实践的眼睛，帮用户发现问题。细心观察，用心发现，从一切皆对象的角度出发，用 new+函数名()形式声明的变量的类型皆为 object 类型，它们是相同的类型吗？

2. 探索与尝试

不要担心犯错误，最大的错误是自己没有实践的经验。

请通过实践尝试找出下面 4 个问题的答案，并做出验证。

（1）如何测试 window 和 document 是什么？类型是什么？

（2）对不同的两个网页文件打开的窗口进行同样的测试，你发现两个 window 有什么异同点？

（3）将 window 换成 document，同样问上面的问题，回答又如何呢？

（4）Console 是浏览器的还是网页的对象？

纸上得来终觉浅，绝知此事要躬行，请亲自试一试。

3. 职业素养的养成

陶行知说，行是知之始，知是行之成。意思为实践是获取知识的开始，获取知识是实践的成果。这句话表达的意思为实践是获取认知的必需途径，只有实践才能出真知。扫描二维码 2-3-1 了解职业知识技能。

人的思维是否具有客观的真理性，这并不是一个理论问题，而是一个实践问题，有效的程序应该通过理论与实践相结合，培养人们正确的思维方式，从实践中来，结合理论完成对问题的自我思考认知，再到实践中去，提升自己的实践技能。

二维码 2-3-1
职业知识技能

五、知识梳理

1. typeof

对于数据类型，有 5 种基本数据类型，即 number、string、null、boolean 和 undefined。此外还有一种复杂的数据类型——object，object 本质上是由一组无序的名值对象组成的，例如 Date 对象是一个日期时间类型。引用数据类型也就是 object 类型，例如 array、date、string、number 类型等。

那么怎样测试数据类型与值呢？使用 typeof 可以实现数据类型的检测，typeof 是操作符，其功能是测试后面操作数的数据类型，结合 console.log() 将测试结果进行输出验证。表达式 "typeof 被测数据" 的返回值都为 string（测试方法是 "console.log(typeof (typeof 123));"），而其值可能是下面情况之一。

```
typeof  123            //number
typeof  'abc'          //string
typeof  true           //boolean
typeof  undefined      //undefined
typeof  null           //object，历史遗留问题，空对象类型
typeof  { }            //object
typeof  [ ]            //object
typeof  console.log()  //function，log()是console的函数（方法）
```

图 2-3-21 给出了数组 [1,2,3] 的类型和值的控制台输出结果，你想到了什么？类型与值的输出有什么特点？

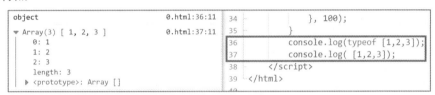

图 2-3-21　typeof 的用法

2. string 数据类型与 object 类型的 String 对象

扫描二维码 2-3-2 了解 string 数据类型。

图 2-3-22 给出了字符串类变量的 3 种创建方法。

方法 1：字面量方法（代码行 45）；

方法 2：函数调用方法（代码行 46）；

方法 3：构造函数方法（代码行 47）。

二维码 2-3-2　string 数据类型

图 2-3-22 给出了用 3 种方法创建的变量，前两个是原始类型 string，构造函数方法创建的

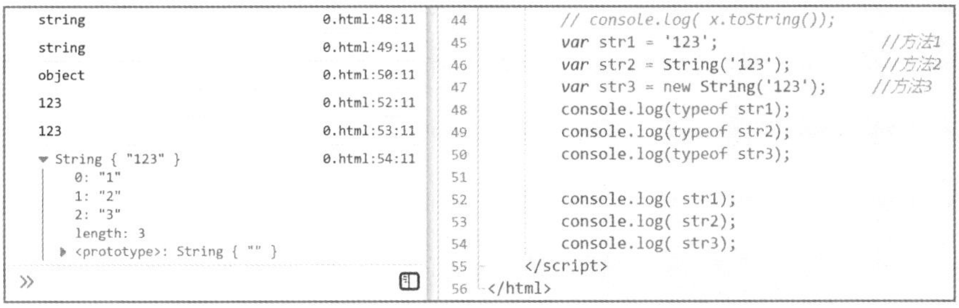

图 2-3-22　字符串变量的不同创建方法的对比

为 object 类型的 String 对象。虽然 string 类型非 object 类型，但图 2-3-23 告诉我们 JS 赋予它们同样的属性和方法，indexOf()方法返回指定字符串'2'在 str1/str3 中的索引位置（初始索引号为 0）相同。这里再次体会 JS 将一切视为对象的思想。同时 new String()与 new String 的写法等效，见图 2-3-24 与图 2-3-25。

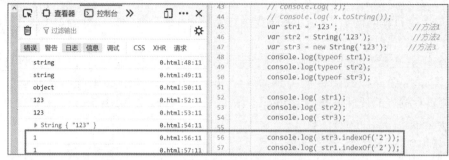

图 2-3-23　string 与 String 对象性质的 object 对比

图 2-3-24　new String()构造空串对象

图 2-3-25　new String 构造空串对象

结论：
- 3 种创建方法的语句方式不同；
- 3 种创建方法的数据类型不同；
- 它们都可以作为对象看待，具有相同的属性和方法；
- new String()和 new String 中的 S 要大写。

String 对象的常用属性和方法如表 2-3-2 所示。

表 2-3-2　String 对象的常用属性和方法

分　类	名　　　称	描　　　述
属　性	length	获取字符串的长度
方　法	charAt(index)	获取 index 位置的字符，位置从 0 开始计算
	indexOf(searchValue)	获取 searchValue 在字符串中首次出现的位置
	lastIndexOf(searchValue)	获取 searchValue 在字符串中最后出现的位置
	substring(start[, end])	截取从 start 位置到 end 位置的一个子字符串
	substr(start[, length])	截取从 start 位置开始 length 长度的子字符串
	toLowerCase()	获取字符串的小写形式
	toUpperCase()	获取字符串的大写形式
	split([separator[,limit])	使用 separator 分隔符将字符串分隔成数组，limit 用于限制数量
	replace(str1, str2)	使用 str2 替换字符串 str1，返回替换结果

3. number 数据类型与 object 类型的 Number 对象

（1）Number 是什么。Number 对象是数字对象，包含整数、浮点数等，不同于许多其他编程语言，JS 中的所有数字都是浮点数类型（number）。扫描二维码 2-3-3 了解 number 数据类型。

在 JS 中，数字是一种基本的 number 数据类型。JS 同时还支持 Number 对象，该对象是原始数值的包装对象。JS 会自动地在原始数据和对象之间进行转换，因此 Number 对象很少被使用，当需要访问某些常量值时，例如数字的最大或最小可能值、正无穷或负无穷大，Number 对象又显得非常有用。

（2）Number 对象的创建。

```
var x1 = 123.4;              //number，字面量方法
var x2 = Number(123.4);      //number，函数调用方法
var x3 = new Number(123.4);  //object，构造函数方法
```

二维码 2-3-3

number 数据类型

结论：3 种方法的语句方式不同、数据类型不同，但都可以作为对象看待，具有相同的属性和方法。

（3）Number 对象的常用方法如表 2-3-3 所示。

表 2-3-3　Number 对象的常用方法

方 法	描 述
toString()	把数字转换为字符串，使用指定的基数
toLocaleString()	把数字转换为字符串，使用本地数字格式顺序
toFixed()	把数字转换为字符串，结果的小数点后有指定位数的数字
toExponential()	把对象的值转换为指数计数法
toPrecision()	把数字格式化为指定的长度
valueOf()	返回一个 Number 对象的基本数字值

（4）Number 对象类的静态属性如表 2-3-4 所示。

表 2-3-4　Number 对象类的静态属性

静态属性	描 述
MAX_VALUE	可表示的最大数，约为 1.79e+308
MIN_VALUE	可表示的最小数，约为 5e−324
NEGATIVE_INFINITY	负无穷大，溢出时返回该值，返回−Infinity
POSITIVE_INFINITY	正无穷大，溢出时返回该值，返回 Infinity
NaN	非数字值，与任意其他数字不等，返回 NaN
constructor	返回对创建此对象的 Number 函数的引用
prototype	使用户可以向对象添加属性和方法

Number 对象的属性实际上是一组常量，这组常量属于 Number 对象类本身，而不属于 Number 对象的实例。在引用这些常量时，直接使用 Number，而不是 Number 对象的实例名称。

（5）3 种方法的等值判断如表 2-3-5 所示。

表 2-3-5　3 种方法的等值判断

相　等	不　等
document.writeln(x1==x2);　// true	document.writeln(x1===x2);　// true
document.writeln(x1==x3);　// true	document.writeln(x1===x3);　// false
document.writeln(x2==x3);　// true	document.writeln(x2===x3);　// false

4. 任务总结

（1）数据类型总结如图 2-3-26 所示。

（2）程序的调试方法如图 2-3-27 所示。

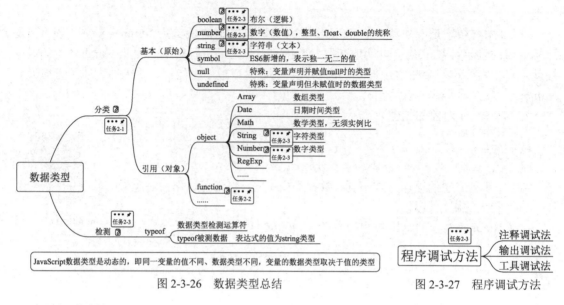

图 2-3-26　数据类型总结　　　　图 2-3-27　程序调试方法

5. 拓学内容

（1）开发者工具；

（2）代码调试；

（3）控制台输出；

（4）boolean 数据类型。

六、思考讨论

（1）原始数据类型与引用数据类型有什么区别？

（2）用函数调用方式声明的变量与用构造函数方式声明的变量有什么不同？

（3）如何查看某种引用类型变量的属性、方法有哪些？

（4）在求证 string 数据类型的变量与 object 类型的 String 对象变量的异同点时采用的思路是怎样的？

七、自我检测

1. 单选题

（1）以下不属于 JavaScript 中提供的常用数据类型的是（　　）。

　　A. undefined　　　　　B. null　　　　　　C. connection　　　　D. number

（2）JavaScript 的数据类型不包括（　　）。

　　A. 数值　　　　　　　B. 字符串　　　　　C. 数组　　　　　　　D. 类

（3）在以下选项中，不属于基本数据类型的是（　　）。

　　A. 数字类型　　　　　B. 布尔类型　　　　　C. 引用类型　　　　　D. 字符串类型

（4）布尔型变量的值是下列的（　　）。

　　A. Y　　　　　　　　B. 1　　　　　　　　C. 0　　　　　　　　D. 以上都不对

2. 多选题

（1）下面的描述中不正确的是（　　）。

　　A. "=="在比较过程中不仅会比较两边的值，还会比较两边的数据类型

　　B. NaN == NaN 的结果是 true

　　C. isNaN，判断传入的参数是否为数字，若为数字则返回 true，否则返回 false

　　D. 字符串的 length 只可以获取，不可以设置

（2）以下（　　）是 JavaScript 的基本数据类型。

　　A. string　　　　　　B. array　　　　　　C. number　　　　　　D. boolean

3. 判断题

（1）如果定义为"var x=true, y=false;"，那么 xy 的结果是 true。　　　　　　　　（　　）

（2）JavaScript 不会检测函数所传递的实际参数和形式参数的类型与数量。　　　（　　）

（3）在 JavaScript 中不必有明确的数据类型。　　　　　　　　　　　　　　　（　　）

（4）在 JavaScript 中不区分整数和浮点数，统一用 number 表示。　　　　　　（　　）

八、挑战提升

项目任务工作单

课程名称	前端交互设计基础		任务编号	2-3
班　级			学　期	
项目任务名称	××网站静态网页的实现		学　时	
项目任务目标	根据项目选题完成网站规划及静态网页的代码实现。			
项目任务要求	（1）根据网站的整体风格和所有网页版式图完成首页及各个分支网页的制作。 （2）提交形式：所有代码文件。			
评价要点	（1）内容完成度（60 分）。 （2）代码规范性（30 分）。 （3）拓展与创新（10 分）。			

任务 2-4　欢迎页的完善

知识目标

❑ 体会函数嵌套

❑ 理解变量与函数的预解析处理过程

❑ 理解变量与函数的作用域和生命周期

❑ 初步了解 JS 内置对象 Array

❑ 了解 JS 运算符与表达式的使用规则

技能目标

- ☐ 掌握内置对象 Array 的创建方法
- ☐ 具有灵活使用函数嵌套的能力
- ☐ 灵活使用函数参数与返回值

素质目标

- ☐ 培养从观察分析到抽象具化的模型思想
- ☐ 学习标准，培养规范化意识
- ☐ 培养积少成多、攻坚克难的精神
- ☐ 培养对代码精益求精的精神

重点

- ☐ 数组的定义方法
- ☐ 函数嵌套
- ☐ 变量与函数的生命周期和作用域
- ☐ 函数与变量的预解析

难点

- ☐ 浏览器兼容的问题：视窗尺寸、事件兼容
- ☐ 对对象作为函数返回值的理解
- ☐ 全局变量与局部变量的合理使用

一、任务描述

在实际项目中，由于首页内容的篇幅过长，超出了窗口的高度，此时会有纵向滚动条出现，在运行任务 2-2 的代码会时出现以下 4 种现象。

（1）欢迎页移动到边界，会被滚动条遮挡，如图 2-4-1 所示。

（2）滚动条的滚动可能导致欢迎页移出窗口。

（3）窗口大小发生变化时，刷新后移动范围才能适应新窗口的变化，如图2-4-2所示。

（4）同时还存在浏览器兼容的隐患。

扫描二维码 2-4-1 查看窗口适应问题。

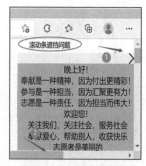

图 2-4-1　滚动条遮挡

图 2-4-2　不自适应窗口变化

二维码 2-4-1　窗口适应问题

因此，要使欢迎页在窗口内移动不受滚动条滚动的影响，也不被滚动条遮挡，同时移动范围自动适应窗口大小的变化，且在一定程度上解决浏览器兼容的问题。

二、思路整理

1. 窗口（viewport）坐标

在 JavaScript 中有 3 种不同的坐标，即屏幕坐标、窗口（viewport）坐标和文档（document）坐标。大家要注意文档坐标和窗口坐标的关系。窗口坐标的原点是其视口的左上角，由于窗口具有滚动条，文档坐标的原点可能会滚动到窗口以外，这时要注意两者的关系。

以图 2-4-3 中的 A 点为例，其反映的是相对于浏览器窗口的边距 left 和 top，即以 window 窗口为坐标系进行了参数描述，window 是浏览器的实例化。

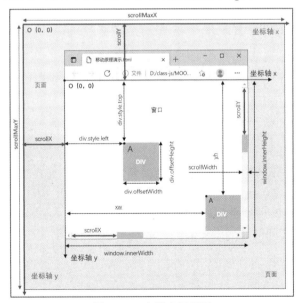

图 2-4-3　窗口坐标演示

2. 文档（document）坐标

文档坐标是以自身左上角为坐标原点构建坐标系的，如图 2-4-4 所示，文档页通过 window 可见区域展示，当文档页大于窗口时，窗口会出现 x 或 y 方向滚动条，滚动条滚动的距离即为文档卷出窗口的距离。DIV 属于文档页，所以 A 点要以 page 坐标系进行描述，即在原有坐标值上加滚动条 x、y 方向的移动值，或者说是 page 卷出值，同时 DIV 移动范围因考虑滚动条的宽度在 x、y 方向上各减少 16px。

3. 兼容问题

目前浏览器种类和版本比较多且缺乏行业标准。不同的浏览器或者相同浏览器的不同版本存在兼容问题，例如不同浏览器对 window、html、body 的描述存在差异；IE 不支持 window 的 innerWidth、innerHeight 属性，而支持 html 或 body 的 clientWidth、clientHeight 属性，灵活应对这些问题，要靠大家平时的学习积累与实践发现。建议大家只考虑主流浏览器的兼容问题。图 2-4-5 给出了多种浏览器的 Logo。

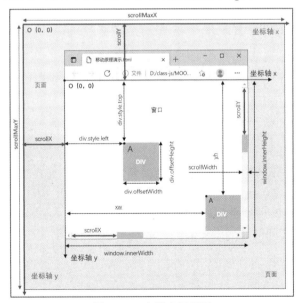

图 2-4-4　文档坐标演示

图 2-4-5　多种浏览器的 Logo

4. 模型意识

在学习过程中，变化的是知识与技能的更新，不变的是提升学习方法和驾驭技术的能力追求，将抽象的分散的知识归纳整理、具象化、模型化，是用抽象思维解决复杂问题的能力，是对模型思想的培养。

把网页元素看成对象，对象的共性是都有代表状态特征的标准属性和代表行为特征的事件属性，如图 2-4-6 所示。

无论是 JS 解析器认识的网页元素对象 divIn、JS 内置对象 Date 和 Math，还是未来要学的 BOM 和 DOM 对象，所有对象的共性是都有属于自己的属性、事件、方法（又称函数），如图 2-4-7～图 2-4-9 所示，只是不同的对象所拥有的属性、事件、方法不同。

JS 中一切皆可视为对象，对象都可以有属性、事件和方法，这是 JS 的对象模型思想。建模思想无论是用在学习整理还是今后的工程开发上都是有益的。

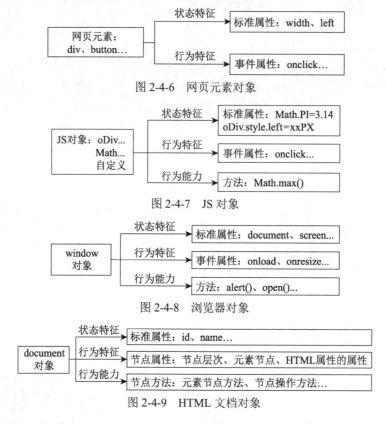

图 2-4-6　网页元素对象

图 2-4-7　JS 对象

图 2-4-8　浏览器对象

图 2-4-9　HTML 文档对象

5. 思路总结

考虑网页文档和浏览器窗口的尺寸与坐标用数组的思维进行数据描述与存储，兼顾浏览器的兼容性，整理思路，在任务 2-3 的基础上添加如下几个函数。

（1）getWindowSize()：获取 window 可见区域的宽和高。

（2）getPageScroll()：获取 window 可见区域以外的宽和高。

（3）hasScrollbar()：判断滚动条是否存在。

（4）resize()：处理窗口大小的改变。

（5）scroll()：处理滚动条的滚动。

三、代码实现

保持清醒的头脑，平静的心，整理思路，开始代码的实现。

1. 文件调整

（1）代码分类文件化：CSS、JS、HTML 内容分别放到对应文件中，对应文件放到对应文件夹中。例如 style 标签对内的内容放到 CSS 文件中，CSS 文件放到 CSS 文件夹中，其他同理。

（2）为了模仿首页滚动条效果，临时加了一个 div 标签对，用于使网页产生滚动条。在实际工程中，当网页内容多时会自动产生滚动条。

2. HTML 文件

为了使浏览器窗口产生滚动条，在 body 标签对内加了一个 div，并设置了较大的宽、高。

```
<div id="" style="width: 2000px; height: 2000px;"></div>
```

3. CSS 文件

CSS 文件代码如下：

```
#divOut {                      #divIn {                       #divOut img {
    width: 270px;                  width: 270px;                  width: 20px;
    height: 195px;                 height: 170px;                 height: 20px;
    background: #f1f8ff;           top:20px;                      position: absolute;
    position: absolute;           background: #ffa694;            margin-left: 115px;
    text-align: center;            position: absolute;           }
    z-index: 10;                   text-align: center;
}                              }
```

4. JS 实现（JS 文件依然采用外部引入的形式）

1）变量的声明

变量的声明采用最小全局变量原则，变量的作用域够用即可，不宜大，以避免全局变量造成的污染和命名冲突，同时做好必要的注释，以方便程序阅读与维护。这里采用数组完成变量的声明，例如用数组元素存储 A 点坐标对或有关联的宽、高数据对等。

```
/*------变量说明------
    * winSize[windowWidth, windowHeight]      浏览器窗口内的宽和高
    * pointA[x, y]                            A 点坐标
    * maxMoveSize[xw, yh]                     最大移动范围
    * moveStep[xstep,ystep]                   移动步长
    * moveDir[xdir, ydir]                     移动方向
    * scrollbar = [scrollbarX, scrollbarY]    水平、垂直方向是否存在滚动条，元素类型为 boolean
var divOut = document.getElementById("divOut");
    var winSize = new Array();       //浏览器窗口内的宽和高
    var pointA = [];                 //A 点坐标
    var maxMoveSize = [];            //最大移动范围
    var moveDir = [];                //移动方向
    var moveStep = [];               //移动步长
    var scrollbar = [];              //滚动条存在，元素类型为 boolean
    var interval;                    //setInterval()函数的返回值
    var delay;                       //延迟时长
```

2）变量的初始化

变量的初始化代码共分为两个部分：

部分一调用 3 个函数，其中 getHellow() 实现问候语的写入，resize() 获取初始窗口的宽和高，hasScrollbar() 判断滚动条是否存在。

部分二修改关于 A 点初始位置随机和初次移动方向随机的相关赋值表达式。

```
getHellow();                                           //调用，完成问候语的写入
resize();                                              //调用，获取初始窗口的宽和高
hasScrollbar();                                        //调用，判断滚动条是否存在
pointA[0] = maxMoveSize[0] * Math.random() + winscroll[0] - (scrollbar[0] ? 16 : 0);
                                                       //初始位置随机
pointA[1] = maxMoveSize[1] * Math.random() + winscroll[1] - (scrollbar[1] ? 16 : 0);
moveDir[0] = Math.random() > 0.5 ? 1 : -1;    //初次移动方向随机
moveDir[1] = Math.random() > 0.5 ? 1 : -1;
delay = 10;
moveStep[0] = moveStep[1] = 2;
```

3）连续移动与事件处理

连续移动与原有的事件处理程序内容一致。

window 对象有两个事件——onresize 和 onscroll，即窗口变化自动触发的事件 1、滚动条滚动时自动触发的事件 2，通过赋值的形式将事件 1 与 resize()、事件 2 与 scroll()建立联系，也就是在事件发生时调用相应函数。

浏览器对 window 对象的事件的支持存在差异，大家要在学习中日积月累，积少成多。伟大的数学家华罗庚曾经说过：面对悬崖峭壁，一百年也看不出一条缝来，但用斧凿，能进一寸进一寸，得进一尺进一尺，不断积累，飞跃必来，突破随之。

```
interval = setInterval(targetPoint, delay);            //移动调用
divOut.onmouseover = function() {                      //鼠标移入停止
      clearInterval(interval);
}
divOut.onmouseout = function() {                       //鼠标移出继续
      interval = setInterval(targetPoint, delay);
}
document.getElementById('img').onclick = function() {  //单击关闭
      divOut.style.display = 'none';
}
window.onresize = Resize;
window.onscroll = Scroll;
```

4）目标位置呈现函数

目标位置呈现函数 targetPoint()实现目标位置的呈现与临界修正功能，将相关变量修改为数组元素描述。

```
function targetPoint() {                                //目标位置呈现
   divOut.style.left = pointA[0] + 'px';                //目标点呈现
   divOut.style.top = pointA[1] + 'px';
   pointA[0] += moveStep[0] * Math.random() * moveDir[0];   //目标点坐标
   pointA[1] += moveStep[1] * Math.random() * moveDir[1];
   /*------临界修正------*/
   if (pointA[0] < winscroll[0]) {                      //右移
      pointA[0] = winscroll[0];
      moveDir[0] = 1;
   }
   if (pointA[0] > maxMoveSize[0]) {                    //左移
      pointA[0] = maxMoveSize[0];
      moveDir[0] = -1;
   }
   if (pointA[1] < winscroll[1]) {                      //下移
      pointA[1] = winscroll[1];
      moveDir[1] = 1;
   }
   if (pointA[1] > maxMoveSize[1]) {                    //上移
```

```
        pointA[1] = maxMoveSize[1];
        moveDir[1] = -1;
    }
}
```

5）获取 window 可见区域的宽和高

通过 getWindowSize()函数可以获取 window 可见区域的宽和高，可见区域的宽和高在不同的浏览器之间存在不兼容问题。

考虑 IE 和非 IE 的主流浏览器两种情况，对应 IE 又考虑不同网页文档类型的情况，即标准模式与 IE8 以下版本的兼容，所以浏览器兼容这里包含了 3 种情况。

将可见区域宽度差异描述作为 3 种情况的条件，分别对 window 可见区域的宽和高进行不同赋值。

函数返回值变量是两个元素的数组对象，两个元素代表可见区域的宽和高。

```
function getWindowSize() {                                    //获取 window 可见区域的宽和高
    var windowWidth, windowHeight;                            //window 的宽和高
    if (window.innerHeight) {                                 //除 IE 外
        windowWidth = window.innerWidth;
        windowHeight = window.innerHeight;
    } else if (document.documentElement && document.documentElement.clientHeight) {
                                                              //IE 标准模式
        windowWidth = document.documentElement.clientWidth;
        windowHeight = document.documentElement.clientHeight;
    } else if (document.body && document.body.clientHeight) { //IE8 及更早版本
        windowWidth = document.body.clientWidth;
        windowHeight = document.body.clientHeight;
    }
    windowWidth = window.innerWidth ||
        document.documentElement.clientWidth ||
        document.body.clientWidth;
    windowHeight = window.innerHeight ||
        document.documentElement.clientHeight ||
        document.body.clientHeight;
    var arrayWindowSize = new Array(windowWidth, windowHeight)
    return arrayWindowSize;
}
```

6）获取视窗可见区域外卷出的宽和高

通过 getPageScroll()函数获取视窗可见区域外 page 页卷出的宽和高，并利用 xScroll、yScroll 两个变量进行存储，作用域为函数内。

3 个 if 语句表示浏览器的 3 种兼容情况，其中 pageXOffset、pageYOffset 分别代表滚动条在两个方向上的滚动距离，为只读属性。在 IE 不支持的情况下，用 body 的 scrollTop、scrollLeft 代替它们。

但它们不是 W3C 规范的标准属性，故在 W3C 标准下恒为 0，因此又要用 HTML 的 scrollTop、scrollLeft 代替。函数的返回值 arrayPageScroll 也是有两个元素的数组对象。

```
function getPageScroll() {                     //获取 window 可见区域外 page 卷出的宽和高
    var xScroll = 0,
        yScroll = 0;
    if (window.pageXOffset) {                  //IE8 不支持 pageXOffset 属性
        xScroll = window.pageXOffset;
    } else if (document.documentElement && document.documentElement.scrollLeft) {
                                               //IE Firefox Opera 标准模式下
        xScroll = document.documentElement.scrollLeft;
```

```
  } else if (document.body && document.body.scrollLeft) { //IE8 及更早版本
    xScroll = document.body.scrollLeft;
  }
  if (window.pageYOffset) {
    yScroll = window.pageYOffset;
  } else if (document.documentElement && document.documentElement.scrollTop) {
    yScroll = document.documentElement.scrollTop;
  } else {
    yScroll = document.body.scrollTop;
  }
  var arrayPageScroll = new Array(xScroll, yScroll);
  return arrayPageScroll;
}
```

7）判断滚动条是否存在函数

通过 hasScrollbar()函数判断滚动条是否存在，其中 x、y 方向的局部变量代表滚动条存在变量，因赋值为关系表达式的值而确定为逻辑型，滚动条不存在时值为 0，存在时值为 1。

仍然通过指定这两个变量作为数组元素的形式定义数组对象变量 scrollbar 为函数返回值。

```
function hasScrollbar() {                           //判断滚动条是否存在
    var hasScrollbarX, hasScrollbarY;
    hasScrollbarX = document.body.scrollWidth > (window.innerWidth || document.
documentElement.clientWidth);
    hasScrollbarY = document.body.scrollHeight > (window.innerHeight || document.
documentElement.clientHeight);
    var scrollbar = new Array(hasScrollbarX, hasScrollbarY);
    return scrollbar;
}
```

8）窗口大小改变处理

在窗口大小改变处理函数 resize()中，通过调用 3 个函数重新获取窗口的宽和高、page 卷出的宽和高以及滚动条存在情况，重新计算 DIV 最大移动范围。

注意：通过表达式的值、scrollbar 数组元素值的真假判断相应方向滚动条的宽度为 16px 或 0px。

这里函数没有返回值，它直接改变全局数组型变量 maxMoveSize 的值，对此你能理解吗？欢迎课下继续探讨。

```
function resize() {                       //浏览器可见区域左上角的坐标以及区域的宽和高
    var winsize = getWindowSize();        //获取 window 可见区域的宽和高
    winscroll = getPageScroll();          //获取 window 可见区域外 page 卷出的宽和高
    scrollbar = hasScrollbar();           //滚动条存在判断
    //最大移动范围值
    maxMoveSize[0] = winsize[0] - divOut.offsetWidth + winscroll[0] - (scrollbar[0] ? 16 : 0);
                                          //最大移动范围值
    maxMoveSize[1] = winsize[1] - divOut.offsetHeight + winscroll[1] - (scrollbar[1] ? 16 : 0);
}
```

9）滚动条滚动处理

滚动条滚动处理函数 scroll()是在滚动条发生滚动的时候被调用的，实现窗口改变后的数据刷新，即调用 resize()。

至此函数定义工作完成，后续大家可以调试运行。

```
function scroll() {                       //滚动条滚动处理
    resize();
}
```

四、创新训练

1. 观察与发现

仔细观察，用心发现，多维度思考问题，开启智慧学习。

模块化的函数写法：不同的函数（以及记录状态的变量）简单地放在一起，调用即可，如图 2-4-10 所示。

缺点：污染了全局变量（属于 window 的属性），易与其他模块变量发生命名冲突、模块成员之间关系不明确。

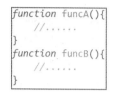

```
function funcA(){
    //......
}
function funcB(){
    //......
}
```

图 2-4-10 模块化的函数写法

2. 探索与尝试

享受发现的快乐，享受探索的过程，享受收获的幸福。模块化的对象写法解决了函数简单封装污染全局变量的缺点，同时又带来了外部可以改变内部成员数据的缺点。

那么什么是模块化的对象写法呢？请结合图 2-4-11 进行探索。

模块化的立即执行函数写法：不暴露私有成员的目的。那么立即执行函数又如何理解？请结合图 2-4-12 进行探索。

```
var obj = {
    attribute: value,

    funcA: function() {
        //......
    },

    funcB: function() {
        //......
    }
}
```

图 2-4-11 模块化的对象封装思想

```
var obj = ({
    attribute: value,

    funcA: function() {
        //......
    },

    funcB: function() {
        //......
    }
})();
```

图 2-4-12 模块化的立即执行函数封装思想

3. 职业素养的养成

做设计代码优雅、遵循规范的程序员，追求代码更简单、更优雅，享受不断提升的成就感。三元表达式的使用不仅精简了 if...else 语句，更是逻辑思维的创新。

```
var x;
var y = ( x == '1' ) ? 'part1'
: ( x==2 ) ? 'part2'
: ( x==3 ) ? 'part3'
: 'part4';
```

```
var x,y;
switch (x){
    case '1':{
        y='part1';
        break;
    }
    case 2:{
        y='part2';
        break;
    }
    case 3:{
        y='part3';
        break;
    }
    default:{
        y='part4';
    }
}
```

用表达式语句代替逻辑语句是思维的改变，精简十几行的分支语句为简短的表达式语句，以此提升程序阅读者与维护者的体验感。多读、多看优秀程序员的代码，可以让我们插上精益求精的翅膀。

不以规矩，不能成方圆。模块化的前提是遵守同一规范，遵守规范可以解决 JS 文件之间的依赖关系，因此要从学习规范、了解规范入手，扫描二维码 2-4-2 进行查看。你知道 ES6 和它的内容吗？

二维码 2-4-2
规范的代码习惯

五、知识梳理

1. 运算符

JS 和其他语言一样，从操作数的个数角度看，有单目、双目、三目运算符。单目运算符只要求一个操作数，既可以放在运算符前，也可以放在运算符后，例如++y 或 y++。双目运算符要求两个操作数，一个放在运算符前，一个放在运算符后，例如 3+4 或 x*y。三目运算符有 3 个操作数，例如(x>3)? "yes" : "no"。扫描二维码 2-4-3 学习运算符与表达式。

二维码 2-4-3
运算符与表达式

1）运算符的分类

换一个角度看，JS 有赋值运算符、比较运算符、算术运算符、位运算符、逻辑运算符、其他运算符。

（1）赋值运算符。赋值运算符将把赋值符号右侧的值（或变量、表达式的值）赋给左侧的变量。基本的赋值运算符是等号（=），例如 x=y，代表把 y 的值赋给 x。其他赋值运算符是标准赋值运算符的速记形式，如表 2-4-1 所示。

表 2-4-1 赋值运算符及其含义

运 算 符	含 义	示例（x=3, y=2）	结 果
=	赋值（x=y）	x=y	x=2，y=2
+=	加并赋值（x=x+y）	x+=y	x=5，y=2
-=	减并赋值（x=x-y）	x-=y	x=1，y=2
*=	乘并赋值（x=x*y）	x*=y	x=6，y=2
/=	除并赋值（x=x/y）	x/=y	x=1.5，y=2
%=	求余（模）并赋值（x=x%y）	x%=y	x=1，y=2
**=	幂运算并赋值（ES7 新特性）	x**=y	x=9，y=2
+=	连接并赋值	(x='33',y='22'),x+=y	x='3322'，y='22'
<<=	左移位赋值	x<<=y	x=12，y=2
>>=	右移位赋值	x>>=y	x=0，y=2
>>>=	无符号右移位赋值	x>>>=y	x=0，y=2
&=	按位与赋值	x&=y	x=2，y=2
^=	按位异或赋值	x^=y	x=1，y=2
|=	按位或赋值	x|=y	x=3，y=2

（2）比较运算符。比较运算符及其含义如表 2-4-2 所示。

表 2-4-2　比较运算符及其含义

运 算 符	含 义	示例（x=3，y='3'）	结 果
!=	不等	x!=y	false
==	等于	x==y	true
===	完全等于（数据类型与值完全相同为真）	x===y	false
!==	完全不等（数据类型与值完全不相同为真）	x!==y	true
>	大于	x>y	false
<	小于	x<y	false
>=	大于等于（大于或等于）	x>=y	true
<=	小于等于（小于或等于）	x<=y	true

（3）算术运算符。算术运算符的运算单元是数字值（常量或变量），返回的也是单一的数字值。这些运算符的作用与在其他计算机语言中相同。

- 一元（单目）算术运算符：自加（++i、i++）、自减（--i、i--）、正负数（+i、-i）。
- 二元（双目）算术运算符：加（+）、减（-）、乘（*）、除（/）、求模（%）。

（4）位运算符。位操作的操作数是由 0 或 1 组成的位串。

位与：例如 9 & 7=1（转换为 00001001 & 00000111=00000001），规则为 1 & 1=1，1 & 0=0，0 & 1=0，0 & 0=0。

位或：例如 9 | 7=15（转换为 00001001 | 00000111=00001111），规则为 1 | 1=1，1 | 0=1，0 | 1=1，0 | 0=0。

位异或：例如 9 ^ 7=14（转换为 00001001 ^ 00000111=00001110），规则为 1 ^ 1=0，1 ^ 0=1，0 ^ 1=1，0 ^ 0=0。

位运算符及其含义如表 2-4-3 所示。

表 2-4-3　位运算符及其含义

运 算 符	含义（以二进制数按位操作）	示例（x=9，y=7）	结 果
&	位与	x&y	1
|	位或	x|y	15
~	位非	~y	-8
^	异或	x^y	14
<<	左移	x<<y	1152
>>	带符号右移	x>>y	0
>>>	填充 0 的右移	x>>>y	0

位移动操作包含两个操作数，第一个是被移动的数；第二个是第一个操作数移动的位数，移动的方向由运算符控制。

位运算符把操作数转换为二进制数，所返回结果的类型与运算符左边操作数的类型一致。

- 左移操作：这个操作把第一个操作数向左移动指定的位数。从左边移出的位被忽略掉，右边空出的位填充 0。
- 带标志位的右移：这个操作把第一个操作数向右移动指定的位数。从右边移出的位被忽略掉，最左边的符号标志位的副本从左边移入。例如，9>>2 的结果为 2，因为 00001001 向右移两位后成为 00000010，即十进制数 2。同样，-9>>2 的结果为-3，因为此时标志位是 1，且向右复制了标志位。

- 填充 0 的右移：这个操作把第一个操作数向右移动指定的位数。从右边移出的位被忽略掉，0 从左边移入。例如，19>>>2 的结果为 4，因为 00010011 向右移动两位后成为 100，即十进制数 4。对于非负数，带标志位的右移和填充 0 的右移的结果是一样的。

（5）逻辑运算符。逻辑运算符的操作数是布尔值，返回的也是布尔值。逻辑运算符及其含义如表 2-4-4 所示。

表 2-4-4　逻辑运算符及其含义

运　算　符	含义（以二进制数按位操作）	示　　例	结　　果
&&	与（两个表达式都为真时返回真，否则返回假）	3>4 && 5<9	false
||	或（两个表达式有一个为真时返回真，否则返回假）	3>4 || 5<9	true
!	非（表达式的值为真时返回假，表达式的值为假时返回真）	!(5<9)	false

（6）其他运算符。其他运算符及其含义如表 2-4-5 所示。

表 2-4-5　其他运算符及其含义

运　算　符	含义（以二进制数按位操作）	示　　例	结　　果
+	字符串连接（将两个字符串连接成为一个字符串）	'123'+'abc'	'123abc'
?:	条件运算符（?前表达式成立时表达式为:间的值，否则表达式为:后的值）	3>4?x=0:x=1	x=1
,	二元运算符，表达式的值为","后面的值	3+2,1+4	5
typeof	检测操作数的类型	typeof(3)	number
void	返回 undefined 值	void(x)	undefined
delete	删除属性		
in	测试属性是否存在		
instanceof	测试对象类		

2）运算符的优先级

运算符的优先级是语言的精髓之一。运算符的优先级如表 2-4-6 所示。

表 2-4-6　运算符的优先级

序号	结合方向	运　算　符	序号	结合方向	运　算　符
1	无	()	11	左	==、!=、===、!==
2	左	[ ]、new（有参数，无结合性）	12	左	&
3	右	new（无参数）	13	左	^
4	无	++（后置）、--（后置）	14	左	|
5	右	!、~、-（负号）、+（正数）、++（前置）、--（前置）、typeof（检测操作数的类型）、void（返回 undefined 值）、delete（删除属性）	15	左	&&
6	右	**	16	左	||
7	左	*、/、%	17	右	?:
8	左	+、-	18	右	赋值类：=、+=、-=、*=、/=、%=、<<=、>>=、&=、^=、|=
9	左	移位类：<<、>>、>>>	19	左	,
10	左	<、<=、>、>=、in（测试属性是否存在）、instanceof（测试对象类）			

在表 2-4-6 中，运算符的优先级随着运算序号的增大而降低。在同一个单元格中的运算符具有相同的优先级别，左结合方向表示同级运算符的执行顺序是从左到右的，右结合方向则

表示为从右到左。对于优先级别最高的括号，当有多对括号时，最内层的括号最优先，然后依次向外递减。

2. 表达式的运算

JS 是在执行过程中以表达式求值为核心设计的语言。表达式是由任何正确的常量、变量、运算符和表达式组合而成的，可求得单一的值，该值可以是数字、字符串或逻辑值。

从概念上讲，表达式中一类是对变量赋值的，一类是直接求值的。例如，表达式 x=9 把 9 赋值给变量 x，属于第一类，进行了赋值运算；而表达式 5+4 仅求出值 9，并没有进行赋值操作，属于第二类。

在 JavaScript 中有下列类型的表达式。

（1）算术表达式：得出的值为一个数字，例如 9。

（2）字符串表达式：得出的值为一个字符串，例如"China"或"567"。

（3）逻辑表达式：得出的值为 true 或 false。

（4）条件表达式（又称问号冒号表达式）：得出的值为冒号前后的值之一，例如(x>3)? "yes":"no"，即如果表达式 x>3 为真，则表达式(x>3)? "yes":"no"的值为字符串 "yes"，否则值为"no"。

3. 语句

JS 语言属于函数式语言，代码脚本由语句构成，语句类型和其他语言中的区别不大，关注它们的差异是学习语句的侧重点。扫描二维码 2-4-4 学习语句。语句类型及语句如表 2-4-7 所示。

二维码 2-4-4
语句 1

表 2-4-7　语句类型及语句

语句类型	语　　句	语句描述
声明语句	var、let、const	数据声明
	function function* class	函数声明
	import export	导入/导出
表达式语句	variable=value	变量赋值
	func()	函数调用
	object.property=value	属性赋值
	object.method()	方法调用
分支语句	if…else	双分支
	switch…case	多分支
循环语句	for	
	for…in	
	for…of	
	while	
	do…while	
控制结构	continue	继续
	break	中断
	return	函数返回
	throw	异常触发
	try…catch…finally	异常捕获与处理

续表

语句类型	语 句	语句描述
其他语句	;	空语句
	{ }、{...}	块/复合语句
	with	with 语句
	debugger;	调试语句
	标签名称:语句	标签语言

1）表达式语句

表达式在 JS 中是短语，可以嵌套在其他表达式中，而语句是 JS 中的整句或命令，语句是以分号作为结束标志的。赋值语句是一种比较重要的表达式语句，自增（自减）运算也可以归属于赋值语句。例如：

```
x="hello"+y;
i+=k;
count++;
```

（1）由逗号运算符将多个表达式连接在一起，形成一个表达式语句，例如"i=3,j=2,k+=3;"。

（2）delete 运算符的作用是删除一个对象的属性，它一般作为语句使用，而不是作为复杂表达式的一部分，例如"delete x.name;"。

（3）函数（或方法）调用也是表达式语句的一类，例如"window.alert("hello");"。

2）声明语句

声明语句主要是指 var 和 function 语句，它们声明或定义变量和函数。这些语句定义标识符（变量名和函数名）并给其赋值，这些标识符可以在程序的任何位置使用。声明语句通过创建变量和函数可以更好地组织代码的语义。

（1）var 语句。var 语句用来声明一个或多个变量，在声明变量的同时可以给变量赋初始值，也可以不赋初始值，例如：

```
var k;                     //声明一个 k 变量，未赋初始值
var i=3,j;                 //声明两个变量，一个赋初始值，一个未赋初始值
var string="你好"+no+"选手"  //声明一个变量，并用表达式的值赋值
```

值得注意的是，用 var 声明变量如果不赋值，则该变量的值为 undefined。

（2）function 语句。关键字 function 是用来定义函数的，其具体使用将在后续相应知识点中进行讲解。

3）复合语句和空语句

（1）复合语句。由一对大括号括起来的多条语句被称为复合语句，复合语句又称为语句块。在编程中将多条语句合并成一个语句块的做法是非常常见的。在 JavaScript 中也会经常把多条指令合并成一个语句块，放在一条语句中。例如：

```
if (i%3==0)
    {
        count++;
        sum+=i;
    }
```

若语句块中的语句只有一条，大括号可以省略，即成为单行语句。

需要强调的是，与其他语言不同，JavaScript 中没有块级变量，在语句块中声明的变量并不是语句块私有的。

（2）空语句。空语句即只由分号构成的语句，JavaScript 解释器在执行它时显然不会有任

何执行动作，但空语句也有存在的价值，这在循环语句中是有体现的（具体见循环语句）。

4）分支语句

对于 if 语句括号中的表达式，JavaScript 会自动调用 boolean() 函数将这个表达式的结果转换成一个布尔值。如果值为 true，执行后面的一条语句，否则不执行。

（1）单分支（if）语句。单分支（if）语句的流程图如图 2-4-13 所示。

语句格式：

```
if （条件表达式）
{
    语句块
}
```

示例：成绩大于 90 分，则输出"优秀"。

```
if (score>90)
{
    alert('优秀');
}
```

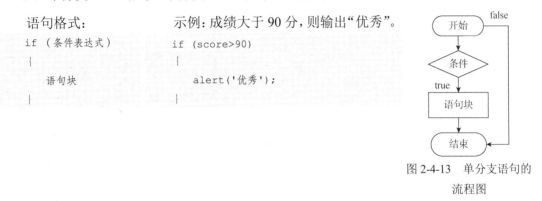

图 2-4-13　单分支语句的
流程图

if 语句括号中的表达式如果为 true，只会执行后面一条语句，如果有多条语句，那么就必须使用复合语句把多条语句包含在内。

（2）双分支（if...else...）语句。双分支语句的流程图如图 2-4-14 所示。

语句格式：

```
if （条件表达式）
{语句块 1}
else
{语句块 2}
```

示例：成绩大于 90 分，输出"优秀"，否则输出"不优秀"。

```
if (score>90)
{alert('优秀');}
else
{alert('不优秀');}
```

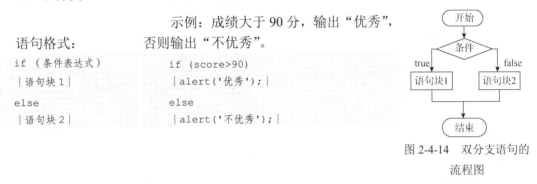

图 2-4-14　双分支语句的
流程图

（3）多分支语句。

语句一：if...else if...else...语句，其流程图如图 2-4-15 所示。

语句格式：

```
if （条件表达式 1）
{语句块 1}
else if（条件表达式 2）
{语句块 2}
else if（条件表达式 3）
{语句块 3}
…
else
{语句块 n+1}
```

示例：成绩在 90、80、70、60 分及以上的，分别输出"优""良""中""及格"，否则输出"不及格"。

```
if (score>=90)
{alert('优');}
else if (score>=80)
{alert('良');}
else if (score>=70)
{alert('中');}
else if (score>=60)
{alert('及格');}
else
{alert('不及格');}
```

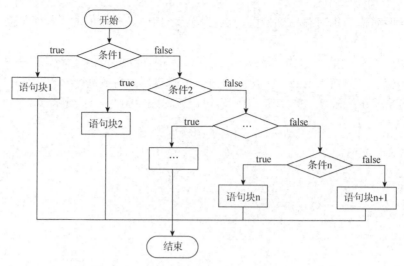

图 2-4-15　if…else if…else…语句的流程图

当有多个条件时，推荐使用此格式，不要使用单分支或双分支语句嵌套，以避免因为多条语句嵌套而造成混乱。

语句二：switch 语句，其流程图如图 2-4-16 所示。

语句格式：

```
switch （表达式）
case 1:｛语句块 1｝break;
case 2:｛语句块 2｝break;
case 3:｛语句块 3｝break;
case 4:｛语句块 4｝break;
…
default:
｛语句块 n｝
```

示例：成绩在 90、80、70、60 分及以上的，分别输出"优""良""中""及格"，否则输出"不及格"。

```
switch (parseInt(score/10)){
case 10:
case 9:{alert('优');}break;
case 8:{alert('良');}break;
case 7:{alert('中');}break;
case 6:{alert('及格');}break;
default:
{alert('不及格');} }
```

图 2-4-16　switch 语句的流程图

switch 语句是多重条件判断，用于对多个值是否相等的比较。该语句首先计算 switch 后面表达式的值（这个表达式有时可能是一个变量），然后用这个值依次与 case 后面的值进行比较，如果相等，就执行后续语句块，再执行 break 语句跳出 switch 语句；如果不相等，则执行 default 后面的语句。case 后面的语句块和 break 均可省略，如果省略，将继续执行后续语句。扫描二维码 2-4-5 继续学习语句。

二维码 2-4-5
语句 2

5）循环语句

（1）while 语句，其流程图如图 2-4-17 所示。

语句格式：　　　　　　　示例：计算 10 以内的偶数和。

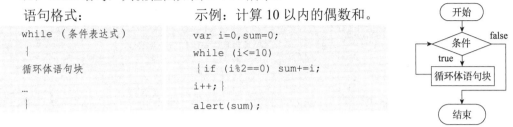

```
while（条件表达式）
{
  循环体语句块
  …
}
```

```
var i=0,sum=0;
while (i<=10)
{if (i%2==0) sum+=i;
i++;}
alert(sum);
```

图 2-4-17　while 语句的流程图

先进行条件判断，如果为真，执行循环体语句块后继续进行条件判断；如果为假，结束循环语句。

（2）do…while 语句，其流程图如图 2-4-18 所示。

语句格式：　　　　　　　示例：计算 10 以内的偶数和。

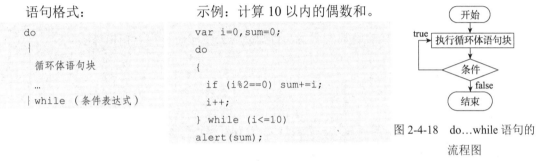

```
do
{
  循环体语句块
  …
}while（条件表达式）
```

```
var i=0,sum=0;
do
{
  if (i%2==0) sum+=i;
  i++;
} while (i<=10)
alert(sum);
```

图 2-4-18　do…while 语句的
流程图

先执行一次循环体语句块，再进行条件判断，如果为假，结束循环语句；如果为真，再次执行循环体语句块后继续进行条件判断。

do…while 语句和 while 语句的区别在于是否先进行条件判断。

（3）for 语句，其流程图如图 2-4-19 所示。

语句格式：　　　　　　　示例：计算 10 以内的偶数和。

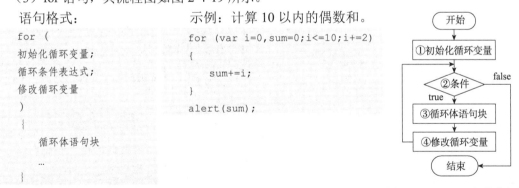

```
for（
初始化循环变量;
循环条件表达式;
修改循环变量
）
{
  循环体语句块
  …
}
```

```
for (var i=0,sum=0;i<=10;i+=2)
{
    sum+=i;
}
alert(sum);
```

图 2-4-19　for 语句的流程图

for 语句的执行过程：第一步初始化循环变量（变量 i 和 sum 被赋值为 0）；第二步进行循环条件的判断，如果为真，则执行循环体语句块（sum+=i），如果为假，则结束循环；第四步修改循环变量（i+=2），然后回到第二步执行。

注意：for 语句会存在下面几种情况。

① 当初始化循环变量语句为空语句时，解决办法为在 for 语句前完成循环变量的初始化。

② 若循环条件表达式为空语句，循环条件永远为真，解决办法为在循环体语句块内用分支语句实现分情况跳出循环。

③ 若修改循环变量语句为空语句，解决办法为将循环变量的修改在循环体语句块内进行。

④ 若循环体语句块为空，常见的解决办法为在修改循环变量语句处完成。例如：

```
var i;
var a=new Array();
for (i=0; i<5; a[i++]=i);             //通过循环给数组中的每个元素赋值
    alert(a[3]);
```

6）控制结构

（1）break 语句。break 语句用在 switch 语句中，为跳出 switch 语句；用在循环语句中，多与 if 语句一起构成一条语句，置于循环体语句块中，即当条件成立时 break 语句被执行，跳出循环。

（2）countinue 语句。countinue 语句多用在循环语句中，多与 if 语句一起构成一条语句，置于循环体语句块中，即当条件成立时 countinue 语句被执行，结束本层循环，开始下一层循环。

4. 函数的嵌套

函数嵌套包括函数内嵌套声明且调用函数、函数内调用函数。在函数内定义的函数，只能在声明它的函数内调用，否则会失去生命而消亡。扫描二维码 2-4-6 学习函数嵌套。

二维码 2-4-6
函数嵌套

（1）嵌套定义。

```
<html>
<head>
    <meta charset="UTF-8"><title>函数嵌套</title>
</head>
<body>
    </body>
<script language="JavaScript">
    //----嵌套定义----
function fun_out() {                        //无参函数
    document.write('<br>' + 'fun_out()被调用');
    var out = 1;                            //局部变量
    function fun_in() {                     //有两个参数的函数
        document.write('<br>' + 'fun_in()被调用');
        document.writeln('<br>' + out);     //外层函数定义的变量，可以使用
        }
        fun_in();                           //在函数内调用，有效调用
    }
    //fun_in();                             //在函数外调用，无效调用（fun_in()已失效）
    fun_out();
</script>
</html>
```

结论：

① 被调函数在主调函数内声明（不提倡）。

② 在函数内部定义的函数只能在定义它的函数内部使用。

（2）嵌套调用。

```
<script language="JavaScript" >
  function fun_out() {                      //无参函数
    document.write('<br>' + 'fun_out()被调用');
```

```
      fun_in();                          //在函数内调用，有效调用
   }
function fun_in() {                      //有两个参数的函数
   document.write('<br>' + 'fun_in()被调用');
   }
   fun_out();
</script>
```

结论：

① 被调函数在主调函数外声明。

② 被调用的函数可以是内置函数，也可以是自定义函数。

③ 在函数内定义的函数，只能在声明它的函数内调用，否则会失去生命而消亡。

④ 函数嵌套时，变量的声明可以发生在嵌套的不同层次中。

函数也是对象，函数名实际上是指向函数对象的指针，函数的作用域在函数执行后被撤销。

（3）函数与变量。因为函数的存在，变量声明的位置可以在函数内或函数外，所有变量都有其自身的作用范围，变量的定义位置决定了其可见性和生命周期。

① 声明位置。

全局变量：在函数体外声明，全局变量的声明分为显式的和隐式的。

局部变量：在函数体内声明的变量或函数参数。

块级变量：这是 ES6 新增的，用 let 声明，多位于{ }中，也可位于 for 语句的 for 后面的括号中，用来声明循环变量。块级变量也属于局部变量。

② 生命周期。

全局变量：在任何位置都可以使用，除非被显式删除，或者在页面关闭后删除，否则一直存在。

局部变量：只能在声明它的函数体内部使用，直到声明它的函数运行完毕或被显式删除而消亡。

块级变量：只能在当前块内使用，其实可以理解为更小使用范围的局部变量。

结论：变量自声明位置诞生，直到被显式删除或者声明所在的程序或函数运行结束而消亡。删除变量的命令为 delete。

全局变量和局部变量的对比如表 2-4-8 所示。

表 2-4-8 全局变量和局部变量的对比

	全局变量	局部变量
声明位置	在所有函数体外声明	在函数体内声明
生命周期	在任何位置都可调用 除非被显式删除，否则一直存在	只能在声明它的函数体内部使用 直到声明它的函数运行完毕或被显式删除而消亡
优先级别	局部变量、参数变量优于同名的全局变量；局部变量优于同名的参数变量	
作用域	内层函数可以访问外层函数局部变量，外层函数不能访问内层函数局部变量	

（4）实践验证。

① 全局变量的声明与生命周期验证。

```
//-----全局变量的声明与生命周期验证-----
//定义 3 个全局变量
```

```
var v1 = 1;                        //显式创建全局变量
v2 = 2;                            //隐式创建全局变量，不推荐
(function () {
   v3 = 3;                         //隐式创建全局变量，不推荐
}());
//测试变量是否存在
console.log(typeof v1); //"number"
console.log(typeof v2); //"number"
console.log(typeof v3); //"number"
//试图删除
delete v1; //false
delete v2; //true
delete v3; //true
//测试该删除
console.log(typeof v1); //"number"
console.log(typeof v2); //"undefined"
console.log(typeof v3); //"undefined"
```

结论：

- var 创建的全局变量不能被删除。
- 无 var 创建的隐式全局变量是能被删除的。
- 隐式全局变量并非真正的全局变量，属于全局对象的属性。

② 变量与函数的预解析验证。

```
<script type="text/javascript">
var v0 = 0;                        //全局变量
window.console.log('v0:'+v0);
fun_out();
function fun_out() {
   var v1 = 1;                     //局部变量
   console.log('v1:'+v1);
   v2 = 2;                         //全局变量，在 global 下创建一个 property
   window.console.log('v2:'+v2);
   window.v3 = 3;                  //全局变量
   window.console.log('v3:'+v3);
   fun_in();
   function fun_in() {
      var v4 = 4;                  //局部变量
      window.console.log('v4:'+v4);
      v5 = 5;                      //定义一个全局变量
      window.console.log('v5:'+v5);
   }
}
//window.console.log('out v1:'+v1);  //v1 未定义
window.console.log('out v2:'+v2);
window.console.log('out v3:'+v3);
//window.console.log('out v4:'+v4);  //v4 未定义
window.console.log('out v5:'+v5);
</script>
```

结论：

- var 声明的变量只是将声明提到顶部，赋值还在原位置。

- function 声明的函数会将函数名称和函数体都提前。

③ 链式赋值（3 种写法）对变量作用域的影响。

```
//链式赋值情况1：函数定义与调用
function fun1() {
    var v1 = v2 = 0;                    //v1 为局部变量，v2 为全局变量
    console.log('v1:' + v1);
    console.log('v2:' + v2);
}
fun1();
//console.log('out v1:'+v1);           //v1 未定义，局部变量
console.log('out v2:'+v2);             //全局变量

//链式赋值情况2：立即执行函数
var v1 = 1;                            //全局变量
(function fun2(){
    console.log('v1:'+v1);
    var v2 = 2;                        //局部变量
    console.log('v2:'+v2);
})();
console.log('v1:'+v1);                 //全局变量
//console.log('v2:'+v2);               //v2 未定义，局部变量

//链式赋值情况3：
function fun3() {
    var v1,v2;
    v1 = v2 = 0;
    console.log('v1:' + v1);
    console.log('v2:' + v2);
}
Fun3();
//console.log('out v1:'+v1);           //v1 未定义，局部变量
//console.log('out v2:'+v2);           //v2 未定义，局部变量
```

思考：

- 若 var 声明的变量同名，function 声明的函数同名，或 var 声明的变量与 function 声明的函数同名，会出现同名覆盖还是被忽略呢？如何设计你的代码，验证你的猜测，得出正确的结论呢？如何发挥团队成员一起进行多维度验证呢？
- 如果变量与函数同名会发生冲突吗？

（5）函数解析与执行。

JS 引擎负责整个 JS 程序的编译及执行过程。JS 编译器负责语法分析及代码生成等工作。JS 作用域负责收集并维护由所有声明的标识符（变量）组成的一系列查询，并实施一套非常严格的规则，确定当前执行的代码对这些标识符的访问权限。在实际情况中，通常需要同时顾及几个作用域。

预编译：找到所有的声明，包括变量声明和函数声明，并用合理的作用域关联这些变量或函数。例如 var x=1，编译器首先分解词法单元，将 var x=1 拆为 var x 和 x=1，将 var x 提升，x=1 保持在代码行的原位，如果有函数声明，如 "function fun(){...};"，函数的声明也提升，变量和函数在内的所有声明都会在任何代码被执行前首先被处理，变量只提升声明，不提升赋值，函数声明提升优先于变量。编译器首先询问同一作用域中是否有同名变量或函数，如果有，编译器忽略该声明继续编译，否则要求在当前作用域中声明该变量或函数。

编译器的工作是词法解析和代码生成，它将词法单元解析成树结构。

编译器为引擎生成运行时所需的代码。例如x=1，引擎运行时首先询问当前作用域内是否有 x 变量，如果有，引擎完成赋值工作；否则继续查找，若找到则赋值，若找不到则报错。

如果在当前作用域中无法找到某个变量，引擎就会在外层嵌套的作用域中继续查找，直到找到该变量，或抵达最外层的作用域（也就是全局作用域）为止。在同一代码块中，变量的声明和使用与函数的声明和调用，顺序可以不分先后。

案例比较： 如表 2-4-9 所示。

表 2-4-9 案例比较

代 码	console.log(func(3));
	function func(i){
	    return i+1;
	}
		console.log(func(3));
		var func=function(i){
		    return i+1;
		}

运 行	运行不报错，控制台输出 3	报错： func is not a function

分 析	（1）预解析：函数声明提升
	function func(i){
	    return i+1;
	}
	（2）代码执行
	console.log(func(3));
	function func(i){
	    return i+1;
	}
		（1）预解析：变量声明提升
		var func;
		（2）代码执行
		console.log(func(3));
		func=function(i){
		    return i+1;
		}
		报错语句：console.log(func(3));
		报错原因：func 未定义

思考：

使用 var 声明的变量和使用 function 声明的函数存在哪个优先提升吗？如何通过代码验证你的结论？

5. 递归

1）什么是递归

递归是函数直接或间接调用自身的一种方法，也是一种思想、一种算法。递归实现的是函数自调用后逐级返回，直到产生最终结果。

2）案例欣赏

青蛙跳台阶，一次可跳一级或两级，计算 n 级台阶共有多少种跳法？

对复杂的问题进行分解，找规律，如果台阶数 x=1，青蛙的跳法只有一种；如果 x=2，利用青蛙的跳法计算函数 f(x)的返回值 f(2)=2，即有两种跳法，也就是一次跳一级，一次跳两级；如果 x=3，可以理解为 x＝(x-1)＋(x-2)=2+1，则 f(3)=f(2)+f(1)；如果 x=4，则 f(4)=f(3)+f(2)，而 f(3)=f(2)+f(1)；同理总结 f(5)、f(6)、f(7)等。

编程思想：对于函数 f(x)，如果 x=2，则 f(x)=2；如果 x=1，则 f(x)=1；如果 x=0，则 f(x)=0，否则 f(x)=f(x-1)+f(x-2)，而 f(x-1)、f(x-2)又转变为新的 f(x)，递归策略只需少量的程序就可以描述出解题过程中所需要的多次重复计算，大大减少了程序的代码量。

递归问题分析和递归思想如图 2-4-20 和图 2-4-21 所示。

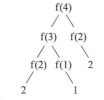

图 2-4-20 递归问题分析

```
function count(n) {
    if (n <= 0)
        return 0;
    if (n <= 1)
        return 1;
    if (n <= 2)
        return 2;
    return count(n - 1) + count(n - 2);
}
```

图 2-4-21 递归思想

递归算法是一种看似简单但逻辑性比较复杂的算法。一般的递归代码，即使对于很复杂的问题，用 3～4 行就可以解决，但实际上逻辑是很复杂的。扫描二维码 2-4-7 学习递归。

二维码 2-4-7 递归

3）递归的步骤

递归的步骤如下：

（1）假设递归函数已经存在。

（2）确定递推关系。

（3）将递推关系的结构转换为递归。

（4）确定临界条件，完成递归函数。

4）递归的特点

递归具有如下特点：

（1）自调用，就是在函数里面调用自己。

（2）最关键的一点，就是一个递归必须明确结束条件，否则就会陷入死循环。

（3）缺点：递归会消耗大量的内存。

6. 任务总结

（1）任务知识树如图 2-4-22 所示。

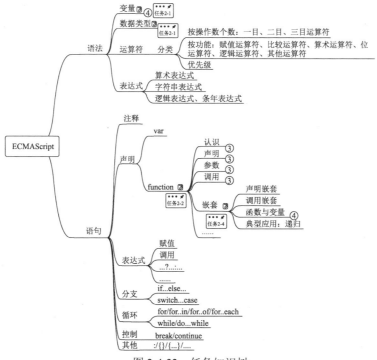

图 2-4-22 任务知识树

（2）对象的分类如图 2-4-23 所示。

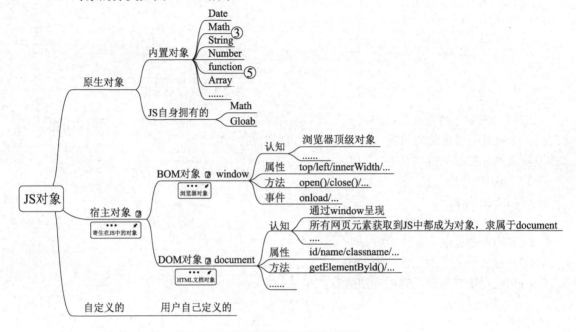

图 2-4-23　对象的分类

7. 拓学内容

（1）HTML、XHTML、XML 和 DHTML 有什么区别？

（2）JavaScript 严格模式（use strict）。

（3）对立即执行函数的理解与使用。

（4）如何理解全局对象、全局属性和全局方法？

（5）什么是最小全局变量原则？

六、思考讨论

（1）如何理解模块化的函数写法？

（2）什么是模块化的对象写法？

（3）如何理解模块化的立即执行函数写法？

（4）全局变量过多的缺点是什么？

七、自我检测

1. 单选题

（1）下面 JavaScript 代码的输出结果是（　　）。

```
function f(y) {
    var x=y*y;
    return x;
}
```

```
for(x=0;x<5;x++) {
    y=f(x);
    document.write(y);
}
```

     A. 0 1 2 3 4   B. 0 1 4 9 16   C. 0 1 4 9 16 25   D. 以上答案都不对

（2）下面 JavaScript 代码的输出结果是（　　　）。

```
var i=0;
for(i=0;i<=5;i++){
    if(i==3){continue}
  document.write("The number is"+i);
  document.write("<br/>");
}
```

     A. The number is 3   B. The number is 0

                                          The number is 1

                                          The number is 2

     C. The number is 0   D. The numbe is 3

         The number is 1   The number is 4

         The number is 2   The number is 5

         The number is 4

         The number is 5

（3）在 JavaScript 语言中，局部变量可以（　　　）。

     A. 由关键字 private 在函数内定义   B. 由关键字 private 在函数外定义

     C. 由关键字 var 在函数内定义   D. 由关键字 var 在函数外定义

（4）下列表达式中返回值为假的是（　　　）。

     A. !(3=1)   B. (4=4)&&(5=2)

     C. ("a"=="a")&&("c"!="d")   D. (2&3)||(3&2)

（5）下列结果为真的选项是（　　　）。

     A. null == undefined   B. null === undefined

     C. undefined == false   D. NaN == NaN

（6）下列等式成立的是（　　　）。

     A. parseInt(12.5) == parseFloat(12.5)   B. Number('') == parseFloat('')

     C. isNaN('abc') == NaN   D. typeof NaN === 'number'

（7）下列选项中不属于比较运算符的是（　　　）。

     A. ==   B. ===   C. !==   D. =

（8）有语句"var x=0;while(_____) x+=2;"，要使 while 循环体语句块执行 10 次，空白处的循环判断表达式应写为（　　　）。

     A. x<10   B. x<=10   C. x<20   D. x<=20

2. 多选题

（1）在 JavaScript 中，下列声明变量并赋值的方式错误的是（　　　）。

     A. var count=10   B. var count==10;   C. var x,y,z=10   D. var 1x=10;

（2）下面 JavaScript 代码段，输出结果不正确的是（　　　）。

```
a=new Array(2,3,4,5,6);
sum=0;
```

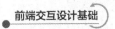

```
for(i=2;i<a.length;i++ )
    sum +=a[i];
document.write(sum);
```

   A. 20   B. 23456   C. 2,3,4,5,6   D. 15

八、挑战提升

项目任务工作单

课程名称 <u>前端交互设计基础</u>   任务编号 <u> 2-4 </u>

班 级 <u>   </u>   学 期 <u>   </u>

项目任务名称	网页小游戏：青蛙跳台阶	学 时	
项目任务目标	（1）掌握函数与变量的预解析机制。 （2）具有使用函数嵌套的能力。 （3）学会用递归思想解决问题。		
项目 任务 要求	任务描述：青蛙跳台阶，一次可跳一级或两级，计算 n 级台阶共有多少种跳法。 （1）台阶数 n 以交互的形式接收。 （2）客户输入自己计算的跳法数。 （3）输出正确答案，对两个答案进行比较，并且给予表扬或鼓励。 任务分析： （1）找规律。假如有 n 个台阶，跳上一个 n 级的台阶的跳法总数为 f(n)，在跳的过程中，每一次有两种跳法，即跳一级或两级台阶。 跳法 1：起跳一级台阶，剩下的 n−1 级台阶（未跳）的跳法有 f(n−1)种。 跳法 2：起跳两级台阶，剩下的 n−2 级台阶（未跳）的跳法有 f(n−2)种。 结论：递归公式为 f(n)=f(n−1) + f(n−2)。 （2）特殊之处（临界点）： n <= 0 时，跳法数为 0，即此时 f(n) = 0。 n = 1 时，只有一种跳法，即 f(1) = 1。 n = 2 时，跳法为两种，即 f(2) = 2。 （3）根据以上两点编程实现共有多少种跳法，并输出。 （4）拓展：开动思路，设计程序，如果 n<=5，输出每种跳法或每种跳法的描述；如果 n>5，仅输出 n 级台阶共有多少种跳法。		
评价 要点	（1）内容完成度（60 分）。 （2）代码规范性（10 分）。 （3）拓展与创新（30 分）。		

项目三

首页链接页

任务 3-1　日历的实现

一、任务描述

当代大学生心系社会，不断地培养服务社会、奉献爱心的意识，在力所能及的情况下积极投身到志愿者活动中去。作为在校大学生在参加志愿者活动时需要合理安排学业和志愿者活动，避免产生冲突，做到两不误。

在"校园志愿服务网站"首页上提供了日历查找功能，帮助有意参加志愿者活动的同学合理安排时间、记录自己的活动轨迹，具体效果如图 3-1-1 所示。扫描二维码 3-1-1 查看日历查找功能的运行效果。

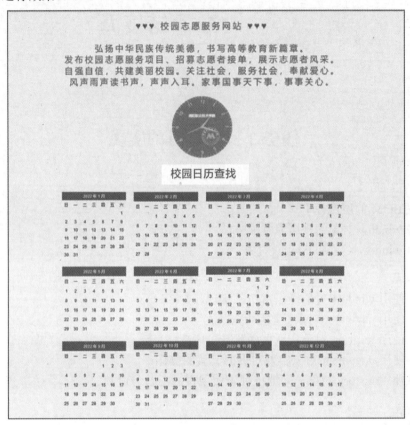

图 3-1-1 日历效果图

二维码 3-1-1 所示的日历查找功能具体实现过程如下：

（1）在"校园志愿服务网站"首页的左下角添加可以交互的文字——"关于我们"；

（2）当用鼠标单击"关于我们"时将打开一个新窗口；

（3）在新窗口中会弹出一个输入框，输入要查找的年份，例如 2022 年；

（4）单击"确定"按钮，显示要查找的年份所对应的日历，例如 2022 年的日历。

二维码 3-1-1
日历运行效果

二、思路整理

1. 用 JavaScript 实现窗口操作

浏览器的每一个网页页面都可以称为一个浏览器窗口。当用浏览器打开一个新的 HTML 文档时会自动创建一个浏览器窗口，对应 JavaScript 中的一个 window 对象。window 对象是浏览器对象模型（BOM）的核心，可以实现浏览器窗口的创建、关闭等操作，进而实现网页与浏览器之间的通信。每当打开一个新的 HTML 文档就要创建一个浏览器窗口，当关闭页面时会关闭对应的浏览器窗口。完成日历查找任务，在首页中打开日历查找页面，需要用到 window 对象的 open()方法创建一个新窗口，使用格式如下：

```
window.open("HTML 文档的 url","窗口名称","窗口设置");
```

"HTML 文档的 url"给出新窗口对应的网页文档地址（url）。"窗口名称"允许在 JavaScript 中为新窗口取一个名字（用以区别不同的窗口），也可以不取。"窗口设置"可以设置要创建的窗口的大小、位置，以及是否需要状态栏、滚动条等外形特征。

在日历显示页面中显示要查找的年份所对应的日历，需要用户输入查找的年份。JavaScript 可以通过 HTML 提供的输入标签来接收用户输入的年份数据，例如使用 input 标签实现输入。window 对象的 prompt()方法为用户输入信息提供了一个输入对话框，如图 3-1-2 所示，同样可以实现数据输入。

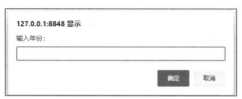

图 3-1-2　查找年份的输入

window.prompt()的使用格式如下：

```
window.prompt("输入提示信息","输入默认值");
```

prompt()方法在执行时将打开一个输入对话框供用户输入信息，用户输入信息后，单击对话框中的"确定"按钮，会向程序返回用户输入的信息。如果用户单击了"取消"按钮，则返回 null。"输入提示信息"是显示在输入对话框上用于提示用户输入的辅助信息，"输入默认值"在用户没有输入数据时可以作为默认的输入值返回。这两个参数都是可选参数。

2. 用 JavaScript 实现日历

时间观念在现代生活中非常重要，人们经常需要根据日期和时间安排工作、学习计划，他们在网上有制订各种基于时间线的工作计划或者日期提醒的需要，因此查找日历是网站提供的基本功能。在"校园志愿服务网站"上同学们可以通过日历查找日期，帮助志愿者合理安排，利用课余时间参加志愿者活动。

JavaScript 提供了 Date 内置时间对象处理日期和时间，Date 内置对象必须先创建再使用。通过 new Date()方法可以创建一个时间对象。Date 内置时间对象的创建都是通过关键字 new 实现，在 Date()函数中包含的参数不同，创建出的时间对象也不同。如果 Date()方法不带任何参数，则对应以当前系统时间为基准时间的时间对象，这个时间是从 1970 年 1 月 1 日 00:00:00 以来的毫秒数。如果要实现指定年份的日历，则需要创建该年份对应的时间对象，格式如下：

```
var date-object=new Date('指定年份');
```

上述语句可以获得从"指定年份"1 月 1 日 00:00:00 开始的日期对象，存储从 1970 年到该年 1 月 1 日 00:00:00 的毫秒数。显然毫秒数不适合人们日常使用日历的习惯。JavaScript 为 Date 内置对象提供了很多方法，方便将毫秒数转换为各种格式的日期和时间。在日历展示页面上每月的样式如图 3-1-3 所示，实现方法如下：

用一个表格展示每月的日历，其中表头部分可以用以下方法实现：

```
//表格中第一、二行的实现
```

2019 年 1 月						
日	一	二	三	四	五	六
		1	2	3	4	5
6	7	8	9	10	11	12
13	14	15	16	17	18	19
20	21	22	23	24	25	26
27	28	29	30	31		

图 3-1-3　每月的日历样式

```
html += '<table>';
html += '<tr class="title"><th colspan="7">' + y + ' 年 ' + m + ' 月</th></tr>';
html += '<tr><td>日</td><td>一</td><td>二</td><td>三</td><td>四</td><td>五</td><td>六</td></tr>';
```

然后根据指定年份 1 月 1 日是周几，逐一排列 1 月的所有天。按照这种思路将当年 12 个月的日历全部呈现在网页上。这里需要知道两个关键数据：每个月的天数，当年 1 月 1 日是周几，Date 对象的 getDay()和 getDate()方法提供了这些关键数据。

（1）获取 y 年 m 月的天数。

```
var max = new Date(y, m, 0).getDate();
```

（2）获取指定年份 y 的 1 月 1 日的星期属性。

```
var w = new Date(y, 0).getDay();
```

实现每个月的日历需要注意以下几个关键点：①第一天的处理。如果第一天不是周日，那么日历的第一行的排列不能从第一列开始。例如图 3-1-3 中第一天是周二，因此从第三列开始依次填入 1、2、3、4、5，前面两列用空格作为填充数据。②周六的处理。如果某一天是周六，在表格中加入该天后需要换行，并将此后一天的星期值改为周日。例如图 3-1-3 中的 5 号，其后一天为 6 号，它的星期值就是周日，对应下一行的第一列。③当月最后一天的处理。如果到了当月的最后一天，而且这一天不是周六，需要把本行中后面的列用空格填充，或者直接换行。④星期值的处理。每往表格中写一个数据，星期值都要自动加 1，遇到星期值为 6，则下一个星期值变为 0。按照上述思路实现 1~12 月的月日历，就可以得到一个完整的年日历，需要两个循环，外循环从 1 到 12 处理 12 个月，内循环从 1 到 max 处理每个月的每一天在日历中的位置（max 为每个月的天数）。

（3）第一天的位置确定。

```
if (w && d == 1) {
    html += '<td colspan="' + w + '"></td>';
}else
html += '<td>' + d + '</td>';
```

（4）周六的处理。

```
if (w == 6 && d != max) {
    html += '</tr><tr>';
    w=0;                          //后一天为周日
}
```

（5）每月最后一天的处理。

```
if (d == max) {
    html += '</tr>';
    html += '</table>';
}
```

（6）每一天的星期数的计算。

```
var w = new Date(y, 0).getDay();    //获取 1 月 1 日的星期数
...
w=(w+1>6)?0:w+1;                    //每添加一天，星期数自动加 1，为 7 则自动变为 0，即周日
```

在日历实现代码中表格的所有标签（网页元素，例如 table、tr、td）没有在 body 标签中提前设置，要根据指定的年份由 JavaScript 代码生成，这种网页称为动态网页。如果网页在网站运行中固定不变，在设计时能够完全确定内容及外观，这种网页就是静态网页。

三、代码实现

1. 内容与表现形式的实现

首页和日历查找页面如图 3-1-4 所示。

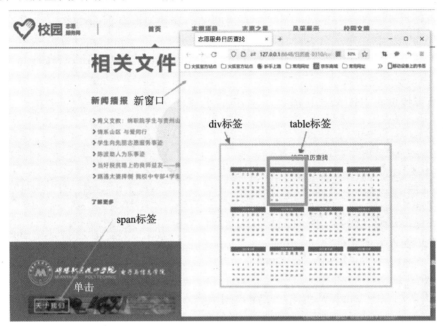

图 3-1-4　首页和日历查找页面

2. 首页中"关于我们"的实现

在首页的 body 标签中添加一个 span 标签,实现如下:

```
<span id='about'>关于我们</span>
```

单击"关于我们"的代码实现如下:

```
<script type="text/javascript">
…
//对"关于我们"的单击事件响应
        var span1=document.getElementById('about')
        span1.onclick=openNew;
        function openNew(){
            window.open('calendar.html');
        }
…
    </script>
```

在 JavaScript 代码中,首先为 span 标签添加了一个 onclick 事件的响应函数。document.getElementById() 函数的功能是按照页面元素节点的 id 来获取元素,这里获取 span 标签(称为 span 对象),将它存放到变量 span1 中。

onclick 是单击事件的名称,span1.onclick 表示发生在 span 元素上的单击事件,"span1.onclick=openNew;"为单击事件提供了一个名为 openNew 的响应函数,即当 span 元素上发生单击事件时调用 openNew() 函数。代码中的 function 部分是 openNew() 函数的定义。Javascript 函数定义可以放在调用之前,也可以放在调用之后,在 Javascript 的预解析过程中,解析器会将函数定义自动移动到调用之前。关于函数,需要提醒的是:函数不调用不执行。

在 openNew()函数的定义中 window 表示浏览器对象，它是 BOM 树形模型顶层的对象。window 对象有多个属性和方法，其中 open()方法表示在浏览器中打开一个新的 HTML 网页文档，默认会生成一个新标签页，首页和 calendar.html 分别出现在浏览器的不同标签页上。如果将"window.open('calendar.html');"改为"window.open('calendar.html','_self');"，则可以在首页所在的标签页上打开 calendar.html 用新页面的内容替换原有页面内容。

每次在浏览器中打开一个 HTML 文档时会自动创建一个 window 对象。

当用户单击"关于我们"时会打开新的页面 calendar.html，完成用户与网页的一次交互。

3. 日历查找页面的实现

在日历查找页面中包含一个 h1、一个 div，元素的位置关系及实现代码如下：

```
<body>
  <div id="SearchCalendar">
    <h1>校园日历查找</h1>
    <div id="calendar">
    </div>
</body>
```

CSS 表现形式的代码以二维码扫码形式获取内容。

（1）用户输入要查询的年份。

```
var str = prompt('输入年份：', '2019')
var year = parseInt(str);
```

prompt()方法属于 window 对象，用于让用户输入要查询的日历年份，完整的语句是：

```
var str =window.prompt('输入年份：', '2019')
```

由于 window 对象是全局对象，Javascript 规定在调用它的 prompt()方法时可以省略 prompt 前面的 window。在 prompt()方法中使用了第二个参数，给出了输入默认值，该默认值在弹出对话框时会自动显示在输入框中，如果用户没有输入数据，直接单击"确定"按钮，返回值为"2019"；如果用户输入了某个年份，再单击"确定"按钮，返回值为用户输入的数据。prompt()方法返回的值存放在 str 变量中，parseInt(str)将用户输入的年份数据从字符串转换为整数。

（2）根据用户输入的年份实现日历。

```
function calendar(y) {
    //获取指定年份的 1 月 1 日的星期值
    var w = new Date(y, 0).getDay();
    //将日历放到一个 div 中
    var html = '<div class="box">';
    //实现 1～12 月的日历
    for (m = 1; m <= 12; ++m) {
        //每月日历的表头处理
      html += '<table>';
      html += '<tr class="title"><th colspan="7">' + y + ' 年 ' + m + ' 月</th></tr>';
      html += '<tr><td> 日 </td><td> 一 </td><td> 二 </td><td> 三 </td><td> 四 </td><td> 五 </td><td> 六 </td></tr>';
        //获取月份 m 的天数
      var max = new Date(y, m, 0).getDate();
      html += '<tr>'; //开始 tr 标签
        //按照日历的格式呈现 m 月的每一天
      for (d = 1; d <= max; ++d) {
          //第一天的处理
```

```
        if (w && d == 1) {
            html += '<td colspan="' + w + '"> </td>';
        }
        html += '<td>' + d + '</td>';
        //周六的处理
        if (w == 6 && d != max) {
            html += '</tr><tr>';
        } else if (d == max) {
            //每月最后一天的处理
            html += '</tr>';
        }
        //星期数的处理
        w = (w + 1 > 6) ? 0 : w + 1;
    }
    html += '</table>';
    }
    html += '</div>';
    //返回查询年的日历呈现字符串
    return html;
}
```

calendar(y)函数是自定义的有参函数，其参数 y 为指定日历的年份，这个年份就是用户输入的年份值。calendar(y)实现 y 年的日历。日历由一个 div 和 12 个 table 构成，table 都是 div 的子元素。每个 table 对应一个月的日历，其中表头包含两个 tr，数据部分根据当月的天数和星期值可以有若干个 tr。calendar(y)将日历对应的所有 HTML 元素按照它们的层次关系连接成一个字符串作为函数的返回值。

在日期对象中，getDay()方法可以返回对应日期的星期数，用 0～6 表示 getMonth()方法可以返回对应时间所在的月，用 0～11 表示，这和人们日常所使用的 1～12 月有所区别。

（3）for 循环语句。JavaScript 有多种循环语句，for 语句用于实现固定次数的循环，语法格式如下：

```
for（循环控制变量的初始化；循环条件；循环控制变量的增/减步长）{
    //需要循环的 JavaScript 语句
}
```

for 循环通过循环控制变量控制循环的次数，初始化为循环控制变量赋初值；循环条件用于设定循环条件，循环条件是基于循环控制变量的一个逻辑表达式，如果表达式为真，继续循环，如果表达式为假则结束循环；循环控制变量的增/减步长用于改变循环控制变量的值，有增、减两种方式如果步长为 n，+n 表示每循环 1 次，循环控制变量递增 n，-n 表示递减 n。为了让循环语句能够在有限时间内结束，循环控制变量采用递增还是递减需要根据初始值和循环条件综合考虑。例如：

```
for（var i=0；i<10；这里需要对循环控制变量递增）
```

又如：

```
for（var j=100；j>0；这里需要对循环控制变量递减）
```

（4）将日历呈现在页面上。

```
document.getElementById('calendar').innerHTML = calendar(year);
```

通过 document 的 getElementById()方法可以精准地找到 id 值为 calendar 的页面元素，并将该元素的 innerHTML 的值赋为 calendar()函数的返回值。通过元素的 innerHTML 属性可以将字符串按照 HTML 对象的方法解析，并依据页面元素的样式呈现在页面中。document 获取页面元素的方法有很多种，见表 3-1-1。

表 3-1-1　document 获取页面元素的方法

方 法 名	说 明
getElementById('元素 id 值')	返回指定 id 的元素对象
getElementByTagName('元素标签名')	返回指定标签名的元素对象集合
getElementByName('元素 name 值')	返回指定名称的元素对象集合
getElementByClassName('元素类名')	返回所有指定类名的元素对象集合
querySelector(CSS 选择器)	返回匹配指定的 CSS 选择器的第一个元素对象
querySelectorAll(CSS 选择器)	返回匹配指定的 CSS 选择器的所有元素对象集合

将前面的代码合并为一个完整的 HTML 文档，调试该文档查看对应的运行效果。

四、创新训练

1. 观察与发现

实践是检验真理的唯一标准。验证求真、设计验证案例是思维模式的体现，如同种子发芽破土而出，由无限的内力驱动。

new Date()可以创建一个由当前系统日期确定的日期对象；new Date(y, 0)可以创建一个从指定年份 1 月 1 日开始的日期对象；new Date(y, m, 0)可以创建指定年指定月最后一天的日期对象，不同参数格式得到的时间对象不同。请尝试在代码上做如下修改：

（1）在页面中添加一个当前查询操作的时间的显示，格式为 xx 小时 xx 分钟。

（2）分别用 10000 毫秒、"2019"、"October 13, 2022 11:29:20"、(2022,5,1,10,9,20)等数据作为参数代替 new Date(y, 0)中的参数(y,0)创建日期对象，查看显示结果。

（3）将获取指定年 1 月 1 日的星期数改为获取指定年指定月的第一天的星期数实现每个月的日历呈现。

（4）将calendar(y)函数的定义分别放在下列第一条语句之前、第一条和第二条语句之间、第三条语句之后，观察网页的变化。

```
1    var str = prompt('输入年份: ', '2019')
2    var year = parseInt(str);
3    document.getElementById('calendar').innerHTML = calendar(year);)
```

2. 探索与尝试

只要想、只要做、只要尝试就有无数种可能，你的极限就可以一次次地突破。

（1）在浏览器中打开新页面的方法有多种，例如用 a 标签、open()方法，请尝试用以下方法打开页面并比较所打开新页面的变化。

```
1    window.open('calendar.html');
2    <a href="calendar.html">关于我们</a>
3    open('calendar.html','_self');
```

如果在 calendar.html 中包含了 a 标签，例如<a href="subpage.html">进入子页面</a>，通过超链接进入不同的页面，浏览器的前进、后退按钮的有效状态会发生变化，通过 open 方式打开的窗口对这两个按钮的有效状态影响不大。

（2）对星期数的判断在代码中使用了三目运算 "w = (w + 1 > 6) ? 0 : w + 1;"，有没有其他方法呢？可以试一试以下代码：

```
w=(w+1)%7;
```

或者

```
w++;
if(w==7)w=0;
```

试一试：将 calendar() 函数中的 for 循环改成 while 循环和 do...while 循环，对日历的生成有没有影响？能否使用 for...in 循环？

3. 职业素养的养成

（1）学会分析、学会综合、学会评价。

（2）养成批判性学习的习惯。

（3）做有思想、有内生动力、有行动力的优秀的前端开发工程师。

一个成熟的职业程序员能够倾听他人的意见，有自己的判断，不会人云亦云，能够兼收并蓄。努力做一个成熟的程序员还需要保持开发的热情，在工作中肯定自己，同时始终保持一个学习者的态度。

五、知识梳理

1. BOM 模型

BOM 是 Browser Object Model 的首字母缩写。BOM 模型指浏览器对象模型，它是一种对象层级关系结构模型，如图 3-1-5 所示。图中每个节点对应一个对象，顶层为 window 对象，其余对象都是它的子对象。BOM 模型是 JavaScript 的三大组成部分之一，包含了一系列对象，它们独立于内容，其关注点在浏览器上，提供对浏览器的操作，实现与浏览器窗口的交互。

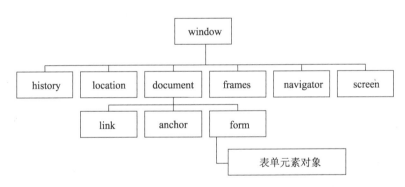

图 3-1-5　BOM 模型

BOM 对象可以实现以下功能：

（1）弹出、关闭浏览器窗口。

（2）移动浏览器窗口、设置或者改变浏览器窗口的外观。

（3）获取浏览器和屏幕的详细信息。

（4）记录浏览器导航、载入页面信息，实现页面导航操作。

（5）支持 Cookie 的操作。

上述功能分别封装在不同的 BOM 对象中。window 对象是 BOM 的核心，直接封装了浏览器窗口的属性和操作方法。document 对象对应网页文档，提供了对网页文档及其元素的操作方法，它本身也是一个层次模型，子节点有超链接对象（link）、锚点对象（anchor）和表单对象（form）以及它们的子节点。history 对象封装了用户浏览过的网页列表和对这些网页的查找、加载等操作。location 对象封装了当前用户浏览的页面的信息和操作方法。frames 对象封装了页面框架的相关信息和操作，这是一个集合对象，可以通过索引或者框架名来访问框架信息。navigator 对象提供了客户端浏览器的信息。screen 对象包含了客户端显示器的相关信息。截至本书编写之时，BOM 还没有统一的标准，不同的浏览器有不同的实现方式，但是在主流浏览器中这些对象以及所包含的常用属性、方法都采用了"约定俗成"，开发者基本上可以无差别使用。

（1）对象分层，顶层对象 window 代表浏览器窗口。

（2）Javascript 中定义在全局作用域中的变量自动成为 window 的属性。

（3）Javascript 中定义在全局作用域中的函数自动成为 window 的方法。

（4）window 对象的某些属性就是一个对象，有自己的方法和属性，例如 document 对象。

扫描二维码 3-1-2 学习 BOM 内容。

二维码 3-1-2
BOM 概述

2. window 对象

window 对象又称浏览器窗口对象，每当打开一个 HTML 网页时浏览器都会自动创建一个 window 对象，如果打开的 HTML 文档中包含了一个或者多个框架（frame 或者 iframe 标签），浏览器除了为该文档创建一个window对象以外，还会为每个框架创建一个window对象。window 对象提供了 JavaScript 访问浏览器窗口的操作。

（1）window 对象的常用属性如表 3-1-2 所示。

表 3-1-2　window 对象的常用属性

属　　性	用　　法	说　　明
closed	window.closed	窗口是否被关闭的状态值
defaultStatus	window.defaultStatus	窗口状态栏中的默认文本
status	window.status	窗口状态栏中的文本
innerWidth	window.innerWidth	窗口内容显示区的宽度
innerHeight	window.innerHeight	窗口内容显示区的高度
outerWidth	window.outerWidth	包含了工具栏与滚动条的窗口的宽度
outerHeight	window.outerHeight	包含了工具栏与滚动条的窗口的高度
localStorage	window.localStorage	存储在本地的自定义数据（键值对）
name	window.name	窗口的名称
top	window.top	窗口顶层的父窗口

（2）window 对象的常用方法如表 3-1-3 所示。

表 3-1-3　window 对象的常用方法

方　　法	用　　法	说　　明
alert()	alert(msg)	分别弹出警示框、输入框、确认框。msg 是提示信息，default 为默认值
prompt()	prompt(msg,default)	
confirm()	confirm(msg)	
moveBy()	moveBy(x,y)	移动窗口到指定坐标位置，x 和 y 给出移动距离，区别在于 moveBy(x,y)函数的移动距离 x 和 y 是像素值，后者为坐标值
moveTo()	moveTo(x,y)	
open()	open(URL,name,specs,replace)	打开新窗口，URL 为文件的统一资源定位
close()	close()	关闭窗口

续表

方　法	用　法	说　明
resizeTo()	resizeTo(width,height)	缩放窗口，区别同 move 方法
resizeBy()	resizeBy(width,height)	
scrollBy()	scrollBy(x,y)	滚动窗口，区别同 move 方法
scrollTo()	scrollTo(x,y)	
setInterval()	setInterval(code,milliseconds)	指定一个时间周期循环调用指定函数
setTimeout()	setTimeout(code, milliseconds)	指定一个延迟时间调用指定函数
clearInterval()	clearInterval(id)	关闭指定 id 的定时器
clearTimeout()	clearTimeout(id)	关闭指定 id 的延时器

（3）window 对象的应用。在 Javascript 中可以给对象属性赋值，其格式为：

变量名=对象名.属性名;

获取对象属性值的格式为：

变量名=对象名.属性名;

扫描二维码 3-1-3 了解 window 对话框的使用。

示例 1：通过确认框查看浏览器窗口的尺寸。效果如图 3-1-6 所示。

二维码 3-1-3　window 对话框的使用　　　　图 3-1-6　确认框的运行效果

代码如下：

```javascript
<script type="text/javascript">
var wInnerWidth=window.innerWidth;
var wInnerHeight=window.innerHeight;
var wOuterWidth=window.outerWidth;
var wOuterHeight=window.outerHeight;
window.name="test";
var wName=window.name;
window.alert(wName+"窗口的内边距："+wInnerWidth+"x"+wInnerHeight+";外边距："+outerWidth+
"x"+outerHeight+"。");
</script>
```

这里获取了 5 个 window 对象的属性，设置了一个 window 对象的属性值。可以看出一般情况下属性的读和写都很便捷，这就是面向对象编程的好处，对象将很多代码都封装了，程序员只需要拿来用，减少了代码量和重复代码，提高了开发速度。从上述代码的运行结果来看，内边距不包含窗口的工具栏、菜单栏、状态栏和滚动条等，因此内、外边距是不同的。

示例 2：window 对话框的应用。

如果将上述代码中的 alert()方法改为 confirm()方法，则显示效果如图 3-1-7 所示。

本例比示例 1 多了一个"取消"按钮。如果将 alert()方法改为 prompt()方法，又会怎么样？效果如图 3-1-8 所示，此时增加了一个输入框。

图 3-1-7　显示效果　　　　　　　　图 3-1-8　增加了一个输入框

如果将上述代码的最后一行改为：

```
var x1=window.alert(wName+"窗口的内边距："+wInnerWidth+"x"+wInnerHeight+"；外边距：
"+outerWidth+"x"+outerHeight+"。");
document.write(x1);
```

依次用 confirm()和 prompt()方法取代 alert()方法，会发现"document.write(x1);"语句的输出各不相同。alert()方法没有返回值，因此显示 undefined。如果在 confirm()方法显示的确认框中单击"确定"按钮返回，则返回值为 true；单击"取消"按钮返回，则返回值为 false。prompt()方法为用户提供了数据输入操作，如果通过"取消"按钮返回，则返回值为 null，否则返回用户输入的数据。请自行测试在 prompt()方法中用户没有输入数据，而且使用了"确定"按钮返回，会得到什么返回值。

示例3：利用 localStorage 保存网站本地的浏览数据，效果如图 3-1-9 所示。

图 3-1-9　在客户端存储数据

代码如下：

```
window.localStorage.setItem('user','admin');
var currtime=new Date();
var hours=currtime.getHours();
var mins=currtime.getMinutes();
var secs=currtime.getSeconds();
var longinTime=hours+":"+mins+":"+secs;
window.localStorage.setItem('longin-time',longinTime);
window.localStorage.setItem('url',window.location.href);
var staText='使用者：'+window.localStorage.getItem('user');
staText=staText+' 在'+window.localStorage.getItem('longin-time')+' 登录本网站；浏览了';
staText=staText+window.localStorage.getItem('url');
document.write(staText);
```

用 localStorage 可以存储客户端的信息，这个属性的 typeOf 是 object，如果要使用它，需要用专门的方法存储和获取其中的数据（setItem 和 getItem）。

localStorage 能够存储客户端的数据，没有失效时间，因此可以长期存储，所以这种方法也可以用于页面之间的数据传输、记录用户的喜好和行为等。

示例4：按要求打开窗口。

要求如下：

① 在新标签页中打开 calendar.html。

② 在当前窗口中打开 calendar.html。

③ 打开 calendar.html，并为它取名 calendar。

④ 打开 calendar.html，取名为 calendar，并设置窗口的尺寸为 400px×300px，其不含地址栏，不允许调整尺寸。

⑤ 关闭窗口。

实现以上要求分别用以下语句：

```
1 window.open('calendar.html');
2 window.open('calendar.html','_self');
```

```
3 window.open('calendar.html','calendar');
//可以在 calendar.html 文档中用 document.write(window.name);
4 var spec='width=400px,height=300px,location=0,resizable=0'
window.open('calendar.html','calendar',spec);
5 window.close();
```

示例 5： 规定浏览时间为 10 分钟，每过 1 分钟在屏幕上显示已经浏览的时间。

代码如下：

```
<html>
<head>
    <meta charset="utf-8"><title></title>
</head>
<body>
    <span id="about">你的浏览时间为 10 分钟，请抓紧！</span>
</body>
<script type="text/javascript">
    var times=1;
    var count=window.setInterval(fun,60000);
    window.setTimeout(fun2,600000);
    function fun(){
        document.getElementById('about').innerHTML='你已经在网站上浏览了：'+times+'分钟了。';
        times++;
    }
    function fun2(){
        document.getElementById('about').innerHTML='时间到了！';
        window.clearInterval(count);
    }
</script>
</html>
```

运行效果如图 3-1-10 所示。

图 3-1-10　客户上网时间计时效果图

这段代码在执行时，每过 1 分钟页面上的时长就会递增 1，它是由下面的代码实现的，即每间隔 1 分钟会调用一次 fun()函数。

```
var count=window.setInterval(fun,60000);
```

fun()函数生成一段提示信息，并让时间计时器 times 递增。

```
times++;
```

上述代码也可以用下面语句实现：

```
times=times+1;
```

代码 "window.setTimeout(fun2,600000);" 表示 10 分钟以后调用一次 fun2()函数。fun2()函数在整个网页中只被调用一次。fun2()函数将 "时间到了！" 这个消息显示在网页上，同时将 id 为 count 的计时器关闭。如果没有语句 "window.clearInterval(count);"，那么在时间到了以后，计时器还将继续，达不到让计时结束的目的。

window 对象既是 BOM 的核心对象，也是 JavaScript 的虚拟全局变量，因此所有 window 对象的属性和方法都可以去掉前缀 "window."，例如 window.open()可以写成 open()，window.localStorage.setItem()可以直接写成 localStorage.setItem()。

所有 JavaScript 全局对象、函数以及变量均自动成为 window 对象的成员。全局变量会自动成为 window 对象的属性，全局函数是 window 对象的方法。

3. document 对象

document 对象是 window 对象最为重要的子对象，也是 BOM 模型中最重要的对象之一。document 对象提供了访问页面元素的接口，通过它，浏览器可以访问页面上的所有 HTML 元素。window 对象的 document 属性是 document 对象的一个引用。在 JavaScript 的 DOM 模型结构中会详细学习 document 对象，这里只给出了部分属性和方法。

（1）本任务涉及的 document 对象的属性如表 3-1-4 所示。

表 3-1-4　document 的部分常用属性

属　　性	用　　法	说　　明
url	document.url	当前文档的完整 URL
documentElement	document.documentElement	HTML 文档对象
body	document.body	body 对象
head	document.head	head 对象

（2）本任务涉及的 document 对象的方法如表 3-1-5 所示。

表 3-1-5　document 的部分常用方法

方　　法	用　　法	说　　明
选择元素	document.getElementsByClassName(className)	指定类名的元素集合
	document.getElementById(elementid)	返回对拥有指定 id 的第一个对象的引用
	document.getElementsByName(elementName)	返回带有指定名称的对象的集合
	document.getElementsByTagName(tagName)	返回带有指定标签名的对象的集合
	document.querySelector(CSS selectors)	返回文档中匹配指定 CSS 选择器的一个元素
	document.querySelectorAll(CSS selectors)	返回文档中匹配指定 CSS 选择器的所有元素的集合
数据输出	document.write(exp1,exp2,exp3,...)	可向文档写入 HTML 表达式或 JavaScript 代码
	document.writeln(exp1,exp2,exp3,...)	在每个表达式之后写一个换行符

（3）document 对象的应用。如果要与页面元素进行交互，需要先选中要交互的元素，document 对象封装的属性和方法提供了选择页面元素的操作。在 HTML 文档中有 3 个特殊的页面元素，它们分别是 HTML、head、body，其中 HTML 是文档的根节点，head 和 body 分别是 HTML 的直接子节点。这 3 个元素通过 3 个不同的属性获取，分别是 document 的 documentElement、body、head 属性，它们都返回对应的节点对象。例如，通过 document.documentElement 属性返回的节点对象可以访问整个 HTML 的所有元素。

页面内容元素放在 HTML 的 body 部分，页面交互主要针对这些元素，本任务中使用的 document.getElementById() 方法是一种基于 id 选择器的元素选择方法，与其相关的方法还有基于标签选择器、基于类选择器和基于标签 name 的元素选择方法，这些函数的名称都以 getElement 开头，容易记忆。document.getElementById() 返回 id 值匹配的一个对象，后 3 种选择方法的返回值是 nodeList，即一种由节点对象构成的伪数组。

示例 6：用 getElement 系列选择函数分别将以下标签的内容改为"早上好，同学们！"。

```
<span id="alerts" class="info" name="msg">Hello World!</span>
document.getElementById('alerts').innerHTML='早上好,同学们! ';
```

```
//用标签选择器，本例中只有一个标签，nodeList 中只有一个元素，下标为 0
document.getElementsByTagName('span')[0].innerHTML='早上好，同学们！';
//用类选择器，同类元素只有一个，nodeList 的长度为 1
document.getElementsByClassName('info')[0].innerHTML='早上好，同学们！';
//用 name 选择器，同名元素只有一个，nodeList 的长度为 1，索引 0 标识元素
document.getElementsByName('msg')[0].innerHTML='早上好，同学们！';
```

document 对象除了提供上述元素选择方法以外，还有一组名称以 querySelector 开头的选择方法，它们用同一个函数实现基于 CSS 选择器的元素选择。

示例 7：用 querySelector 系列函数实现示例 6。

```
//querySelector()方法
//标签选择器
document.querySelector('span').innerHTML='早上好，同学们！';
//类选择器
document.querySelector('.info').innerHTML='早上好，同学们！';
//id选择器
document.querySelector('#about').innerHTML='早上好，同学们！';
//属性选择器
document.querySelector('[name=msg]').innerHTML='早上好，同学们！';
//querySelectorAll()方法
//标签选择器
document.querySelectorAll('span')[0].innerHTML='早上好，同学们！';
//类选择器
document.querySelectorAll('.info')[0].innerHTML='早上好，同学们！';
//id选择器
document.querySelectorAll('#about')[0].innerHTML='早上好，同学们！';
//属性选择器
document.querySelectorAll('[name=msg]')[0].innerHTML='早上好，同学们！';
```

querySelector 系列函数用同一个函数匹配了多种不同的 CSS 选择器，CSS 选择器不同，反映到函数上只是代入参数的格式不同，函数始终一样。在本例中可以发现querySelector()方法和 querySelectorAll()方法的区别体现在返回值上，前者返回与选择器匹配的第一个元素对象，后者返回与选择器匹配的所有元素对象构成的 nodeList。

querySelector 系列函数和 getElement 系列函数有没有区别呢？有，区别在于 querySelector 返回的对象不会受该 HTML 文件中有序代码的影响，getElement 返回的对象要受到文件中代码的影响。

在开发过程中有时需要知道当前页面的统一资源定位，这时就可以通过 document 的 URL 属性获取，这是一个只读属性。

示例 8：查看当前文档的 URL 以及载入当前文档的 URL。

```
<!DOCTYPE html>
<html>
    <head> <meta charset="utf-8"><title></title> </head>
    <body>
        <table>
            <tr><th>当前网页地址</th></tr>
            <tr><td><script>document.write(document.URL);</script></td></tr>
        </table>
    </body>
</html>
```

这里将一段 JavaScript 代码放入了表格，学习者可以自行测试运行结果。

4. location 对象

location 对象是 window 对象的子对象，window 对象可以通过 window.location 获取它的引用。location 对象存储了当前页面的 URL 信息，通过修改该对象的属性重新载入当前页面或者在当前浏览器窗口中载入新的 HTML 文档，实现页面的跳转和刷新。

（1）location 对象的常用属性如表 3-1-6 所示。

表 3-1-6　location 的常用属性

属　　性	用　　法	说　　明
hash	location.hash	返回一个 URL 的锚部分
host	location.host	获取或者设置当前 URL 的主机域名和端口
hostname	location.hostname	设置或者获取当前 URL 的主机域名
href	location.href	设置或返回当前显示的文档的完整 URL
pathname	location.pathname	设置或返回当前 URL 文件的路径
port	location.port	设置或返回当前 URL 的端口部分，默认端口 80 对应的返回值是空字符
protocol	location.protocol	设置或返回当前 URL 的协议
search	location.search	设置或返回当前 URL 的查询部分（问号 "?" 之后的部分）

（2）location 对象的常用方法如表 3-1-7 所示。

表 3-1-7　location 的常用方法

方　　法	用　　法	说　　明
assign()	location.assign(URL)	载入一个新的文档
reload()	location.reload()	重新载入当前文档
replace()	location.replace(newURL)	用新的文档替换当前文档，不会在 history 对象中生成一个新的记录，而是用新的 URL 覆盖 history 对应记录的 URL

location 的所有属性都是可读/写字符串，因此开发者可以自行设置。注意域名地址和文件路径不能任意设置，如果设置不正确，网页就会打不开或者报错。例如域名地址 127.0.0.1 通常用于内部调试，很少作为服务器真正的域名地址。

示例 9：执行下面的 HTML 文档，比较 location 的各种属性。

```
<!DOCTYPE html>
<html>
    <head> <meta charset="utf-8"> <title></title> </head>
    <body>
    <table> <caption>location 对象属性</caption>
    <tr><td>hostname:</td>
        <td>
          <script>
            document.writeln(location.hostname+"<br/>");
          </script>
        </td>
    </tr>
        ...
    </table>
    </body>
</html>
```

如果上面代码的执行效果如图 3-1-11 所示，应该如何填写省略部分的代码？

hostname 属性只有主机域名地址，host 属性则多了一个端口 8848。pathname 属性表示当前 HTML 文档在服务器上的地址，protocol 设置或获取 URL 的协议部分。

示例 10： 从当前浏览器窗口延迟 4 秒调入 p2.html。

如果用示例 9 中的代码，可以在</body>之后添加如下代码实现：

图 3-1-11　location 对象的测试运行效果图

```
<script>
    setTimeout(function(){location.href="p2.html";},4000);
</script>
```

设置 location.href 的值可以实现新页面的载入，用"location.replace("p2.html");"或者"location.assign("p2.html");"也可以加载新页面。assign()方法和 replace()方法的区别在于 assign()方法加载的新页面会在 history 对象中增加一条新记录，并将 p2.html 存储在新记录中，replace()方法则在当前页面对应的记录上用 p2.html 代替原来的 p8.html。

如果将示例 10 中的"location.href="p2.html";"改为"location.reload();"，可以实现延迟 4 秒后刷新当前页面。

5. navigator 对象

navigator 对象包含有关访问者浏览器的信息。所有浏览器都支持该对象，目前尚未有 navigator 对象的公开标准。

（1）navigator 对象的常用属性如表 3-1-8 所示。

表 3-1-8　navigator 对象的常用属性

属　　性	用　　法	说　　明
appCodeName	navigator.appCodeName	获取浏览器的代码名
appName	navigator.appName	获取浏览器的名称
appVersion	navigator.appVersion	获取浏览器的平台和版本信息
cookieEnabled	navigator.cookieEnabled	获取浏览器中是否启用了 Cookie
platform	navigator.platform	获取运行浏览器的操作系统
userAgent	navigator.userAgent	获取客户端用户代理头部的值
language	navigator.language	用户代理语言

（2）navigator 对象的常用方法如表 3-1-9 所示。

表 3-1-9　navigator 对象的常用方法

方　　法	用　　法	说　　明
javaEnabled()	navigator.javaEnabled()	指定是否在浏览器中启用 Java

navigator 对象的所有属性都是只读属性，与客户端的浏览器相关，如果浏览器变了，相应的数据也会变。navigator 对象的数据由于浏览器的测试和延迟特点可能会出现偏差，建议大家不要用它检测浏览器的版本。

示例 11： 获取当前客户端浏览器的信息。

```
<!DOCTYPE html>
<html>
    <head> meta charset="utf-8"> <title></title> </head>
    <body>
```

```
        <div name="brows"></div>
        <script>
          var html=document.querySelector('[name=brows]').innerHTML;
          html=html+"<p>浏览器代码名称: "+navigator.appCodeName+"</p>";
          html=html+"<p>浏览器名称: "+navigator.appName+"</p>";
          html=html+"<p>浏览器版本号: "+navigator.appVersion+"</p>";
          html=html+"<p>浏览器启用了 Cookie: "+navigator.cookieEnabled+"</p>";
          html=html+"<p>客户端操作系统: "+navigator.platform+"</p>";
          html=html+"<p>客户端代理: "+navigator.userAgent+"</p>";
          html=html+"<p>客户端代理语言: "+navigator.language+"</p>";
          html=html+"<p>客户端是否启用了 Java: "+navigator.javaEnabled()+"</p>";
          document.querySelectorAll('div')[0].innerHTML=html;
        </script>
      </body>
    </html>
```

测试效果类似图 3-1-12 所示。

图 3-1-12　navigator 对象获取客户端参数的运行效果图

大家不要试图去修改 navigator 对象的属性值，因为它们都是只读属性。在自己的计算机上测试代码，比较运行效果是否与上图相同，同时思考这些内容对开发者而言有什么作用？比如 navigator.cookieEnabled 如果为 false，表示开发者不能通过 Cookie 存储客户端数据，不能做客户定制推送业务等。

在图 3-1-12 中，"127.0.0.1:8848/pp/page9.html" 中的 127.0.0.1 为主机域名，8848 是端口，它们合在一起就是 HBuilder 内置服务器的主机信息，存储在 location 对象的 host 属性中；/pp/page9.html 为当前文档的路径，存储在 location 对象的 pathname 属性中。大家在学习新知识的时候要和曾经学过的知识联系起来。

6. history 对象

history 对象存储用户浏览器的痕迹，提供了操作浏览器的历史信息的接口，例如浏览器地址栏中访问过的页面、当前页面中通过框架加载的页面等。

（1）history 对象的常用属性如表 3-1-10 所示。

表 3-1-10　history 对象的常用属性

属　　性	用　　法	说　　明
length	history.length	返回历史列表中的网址数，IE 和 Opera 浏览器从 0 开始计数，其他浏览器从 1 开始计数
state	history.state	返回历史列表顶部的状态值

注意 history 对象的 length、state 属性都是只读属性，只允许读取，不允许修改。

（2）history 对象的常用方法如表 3-1-11 所示。

表 3-1-11　history 对象的常用方法

方　　法	用　　法	说　　明
back()	history.back()	在浏览器历史记录里前往上一页的 URL
forward()	history.forward()	在浏览器历史记录里前往下一页的 URL
go()	history.go(number|URL)	在浏览器历史记录里前往指定的 URL
pushState()	history.pushState(state, title[, url])	添加历史记录
replaceState()	history.replaceState()	替换历史记录

history.go(number|URL)的参数可以是数字，还可以是网页的 URL。注意，不是所有浏览器都支持通过 URL 重新加载网页。如果参数为数值，负数表示向后，正数表示向前。如果参数为-1，表示前往上一页，等价于 history.back()；如果参数为 1，表示前往下一页，等价于 history.forward()。history.go()、history.go(0)与 location.reload()的运行效果相同。

pushState()和 replaceState()是在 HTML5 中引入的方法，常与 window.onpopstate 配合使用。

示例 12：在页面上增加向前、向后、返回首页 3 个导航按钮，实现前翻页、后翻页、载入首页等功能。

选择一个网页，在 body 部分加入以下代码：

```
<input type="button" value="向前" onclick="history.back();"/>
<input type="button" value="向后" onclick="history.forward();"/>
<input type="button" value="返回首页" onclick="history.go('index.html');"/>
```

本例中最后一条语句的使用存在兼容性问题，大家可以讨论如何解决这个兼容性问题。

7. screen 对象

screen 对象包含有关用户屏幕的信息。屏幕信息与浏览器息息相关，由浏览器决定提供的 screen 对象，一般通过当前浏览器窗口状态的动态检测得到。

（1）screen 对象的常用属性如表 3-1-12 所示。

表 3-1-12　screen 对象的常用属性

属　　性	用　　法	说　　明
availTop	screen.availTop	返回浏览器可用空间上边与屏幕上边界的距离
availLeft	screen.availLeft	返回浏览器可用空间左边与屏幕左边界的距离
availHeight	screen.availHeight	返回浏览器可用空间的最大高度
availWidth	screen.availWidth	返回浏览器可用空间的最大宽度
colorDepth	screen.colorDepth	返回目标设备或缓冲器上调色板的位深度
pixelDepth	screen.pixelDepth	返回屏幕的颜色分辨率（每像素的位数）
height	screen.height	返回屏幕的实际高度
width	screen.width	返回屏幕的总宽度

（2）screen 对象的常用方法如表 3-1-13 所示。

表 3-1-13　screen 对象的常用方法

方　　法	用　　法	说　　明
lockOrientation()	screen.lockOrientation(orientation)	锁定屏幕，在移动端使用

这里的屏幕是指系统桌面；浏览器可用空间不包括桌面任务栏。解除屏幕锁定的方法是 screenOrientation.unlock()，它不是 screen 对象的方法。

screen 对象的信息可以为开发者提供个性化的操作，但是浏览器提供的 screen 确实太多样化了。

8. JavaScript 全局变量

window 对象是 BOM 模型的基类，位于 BOM 模型的顶层，是客户端 JavaScript 的全局对象，它与其运行的浏览器环境紧密相关，提供访问 BOM 的接口、客户端全局作用域。扫描二维码 3-1-4 了解全局变量和作用域。window 对象是宿主对象，在浏览器环境中，所有在全局作用域中声明的变量、函数都会自动成为 window 对象的属性和方法。基于 JavaScript 中一切皆为对象的原则，在客户端凡是找不到宿主的对象或者方法都可以归属于 window 对象。需要注意的是，delete 操作符可以删除 window 的属性，但不能删除全局变量。

window 对象的方法和属性可以冠以前缀"window."，也可以省略前缀。

在 JavaScript 中还有一个全局变量——Global，这是 ECMAScript 的全局变量，所有的内置函数、内置值属性、内置对象都属于 Global 变量。与 BOM 的全局变量 window 不同，Global 存在但是又不存在，称为全局变量的虚拟特性，即没有任何一个地方需要引用 Global，在 JavaScript 的所有代码中不会出现 Global，在所有归属于它的全局对象的前面也不能冠以"Global."字样。

二维码 3-1-4
全局变量与作用域

9. 任务总结

（1）任务知识树如图 3-1-13 所示。

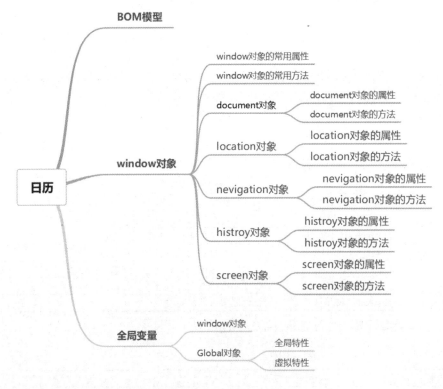

图 3-1-13　任务知识树

（2）认识和使用全局变量与内置函数 Date()。

（3）动态生成页面元素。

10. 拓学内容

（1）JavaScript 的构造函数；

（2）canvas 标签的使用；

（3）JavaScript 的回调函数。

六、思考讨论

（1）对象的属性和方法与对象的关系是怎样的？

（2）BOM 模型的对象对前端交互开发有什么意义？

（3）为什么 BOM 的很多对象没有统一的标准？

（4）讨论 document 对象和 window 对象的其它子对象之间的关系与区别。

七、自我检测

1. 单选题

（1）以下（　　）不是 window 对象产生的。

　　A. 提示框　　　　　B. 确认框　　　　　C. 标题栏　　　　　D. 警示框

（2）如果要在页面的状态栏中显示"已经选中该文本框"，下面的 JavaScript 代码可以执行的是（　　）。

　　A. window.status="已经选中该文本框";　　B. document.status="已经选中该文本框";

　　C. window.screen="已经选中该文本框";　　D. document.screen="已经选中该文本框";

（3）关于浏览器对象之间的继承关系，下列说法正确的是（　　）。

　　A. window 对象是 document 对象的子对象

　　B. document 对象是 window 对象的子对象

　　C. document 对象和 window 对象没有继承关系

　　D. 以上选项均错

（4）以下选项中可在浏览器窗口中获取事件对象的是（　　）。

　　A. document.event　　B. 元素对象.event　　C. window.event　　D. 以上选项都不可以

（5）关于调用对象方法 write()，以下描述正确的是（　　）。

　　A. document.write()　　　　　　　　B. window.write()

　　C. document.window.write()　　　　　D. 以上选项均错

（6）在 JavaScript 中，下列选项中关于 alert()和 confirm()方法的描述正确的是（　　）。

　　A. alert()和 confirm()都是 window 对象的方法

　　B. alert()和 confirm()方法的功能相同

　　C. alert()方法的功能是显示一个带有"确定"和"取消"按钮的对话框

　　D. confirm()方法的功能是显示一个带有"确定"按钮的对话框

（7）在 JavaScript 中最常用的显示提示或警告信息的方法是（　　）。

　　A. document.clear()　B. window.alert(s)　　C. msgBox(s)　　　　D. alert(s)

（8）单击页面上的按钮，使之在一个新窗口中加载一个网页，以下代码中可行的是（　　）。

　　A. onclick="open('new.html', '_blank') "　　B. onclick="window.location='new.html';

　　C. onclick="location.assign('new.html');"　　D. onclick="history.back();"

（9）下列选项中描述正确的是（　　）。

    A. resizeBy()方法用于移动窗口

    B. pushState()方法可以实现跨域无刷新更改

    C. window 对象调用一个未声明的变量会报语法错误

    D. 以上选项都不正确

（10）下列对象中不可以实现网页载入的是（　　）。

    A. window 对象   B. location 对象   C. screen 对象   D. history 对象

2. 判断题

（1）BOM 模型是国际标准组织颁布的标准模型。（　　）

（2）document 对象也是一种全局对象，在访问它的方法和属性时可以省略对象名。（　　）

（3）使用 Date 对象的 getMonth()方法可以返回 1～12 月的月份值。（　　）

（4）navigator 的属性都可读、可写。（　　）

（5）获取浏览器的名称可以通过 window 和 navigator 两个对象。（　　）

（6）setInterval()可以实现一次性的延迟操作。（　　）

（7）location.reload()和 history.go(0)可以刷新当前页面。（　　）

（8）window 对象可以打开、关闭、缩放、移动窗口。（　　）

（9）screen 对象和浏览器有关，与客户端设备无关。（　　）

（10）Global 可以实例化，且必须先声明后使用。（　　）

八、挑战提升

项目任务工作单

课程名称　前端交互设计基础　　　　　　　　　　**任务编号**　　　3-1　　　

班　　级　＿＿＿＿＿＿＿＿＿　　　　　　　　　　**学　　期**　＿＿＿＿＿＿＿

项目任务名称	日历的实现	学　时	
项目任务目标	根据项目选题完成日历的生成。		
项目 任务 要求	任务内容： （1）完成从主页到日历查找页面的JavaScript 代码的编写和调试。 （2）在"校园志愿服务网站"的首页完成页面的切换。在首页中增加一个"日历查找"标记，通过单击该标记转入日历查找页面。 （3）在"校园志愿服务网站"首页的状态栏中添加一个消息："×××用户正在使用志愿者服务网站"。 　　志愿者日历查找页面的功能要求： 　①用户输入要查找的日历年份。 　②根据日历年份动态生成日历，日历样式如图 3-1-14 所示。 　　技术要求： （1）页面版式要与主页一致，注意字体、颜色等细节。 （2）用 window 对象和 location 对象完成页面链接。 （3）尝试用 history 对象在主页和日历页面之间进行切换。	 图 3-1-14　日历样式	

项目 任务 要求	（4）日历数据取自系统时间数据。 （5）日历所用表格用 innerHTML 动态生成。 （6）所有页面元素的选择用 document 对象的方法实现。 （7）用 screen 对象的 availWidth 和 availHeight 属性设置窗口的宽度和高度。 （8）根据浏览器的名称为日历查找页面设置不同的背景。
评价 要点	（1）内容完成度（60 分）。 （2）文档规范性（30 分）。 （3）拓展与创新（10 分）。

任务 3-2　时钟的制作

知识目标

❏ 理解 Global 对象的全局性
❏ 理解全局属性、对象、函数、构造函数
❏ 掌握 Date 对象的使用

技能目标

❏ 掌握构造函数和普通函数的区别
❏ 灵活使用 canvas 绘图

素质目标

❏ 培养认真勤奋、积极开拓、用于探究等正向思维模式
❏ 培养独立思考的能力
❏ 培养家国情怀、民族凝聚力

重点

❏ 理解全局属性、对象、函数、构造函数
❏ 理解和使用构造函数
❏ 掌握如何使用 canvas 绘图

难点

❏ 理解 Global 对象
❏ 掌握 Global 对象和 window 对象的全局性的差异

一、任务描述

在"校园志愿服务网站"上提供了时钟功能，为有意参加志愿者活动的师生查看时间、安排时间提供方便。时钟效果如图 3-2-1 所示。

时钟的功能要求如下：

（1）获取系统的时钟，提取当前的时、分、秒。

（2）在页面上绘制表盘（包括表盘背景圆、刻度、数字、文字）。

图 3-2-1　时钟效果图

（3）绘制表针，包括时针、分针、秒针。

（4）让时针、分针、秒针按照系统的时间动态移动。

（5）给表盘添加 Logo。

扫描二维码 3-2-1 查看时钟效果。

二维码 3-2-1

时钟效果

二、思路整理

1. canvas 元素

从 HTML5 开始在网页上支持图形、图像的绘制功能，主要在页面上设置绘画区域。在页面上绘制图形需使用 HTML5 的新增标签 canvas，目前主流的浏览器如 IE、Chrome、Safari、Firefox、腾讯、360、Opera 等都支持该标签（绘制表格、图片、动画）。canvas 的中文意思是画布，画布是图画的载体，在 canvas 中可以画图，因此 canvas 标签是容器标签，它在页面上开辟一个图形绘制区域，允许用户在该区域内进行图形创作，通常与 JavaScript 代码一起实现在页面中动态绘制图形。在 HTML 文档的 body 部分添加 canvas 标签，设置容器的宽度、高度，则在页面上开辟了绘图区域，并设置了绘图区域的大小，见如下代码：

```
<canvas id="canvas" width="180p×;" height="180px;">
</canvas>
```

需要强调的是，canvas 标签只是一个容器元素，不具有绘制图像的能力，所有的绘图功能都必须通过 Javascript 代码序列完成。

2. 获取网页绘画对象

canvas 标签最重要的方法是 getContext()，这个方法返回一个基于当前 canvas 所处的浏览器环境的上下文对象，在该上下文对象中包含了在画布上绘图所需的各种工具以及选择绘图所需要的笔、颜料、标准图形绘制方法。

getContext() 的使用格式如下：

```
var ctx = canvas.getContext(contextType);
var ctx = canvas.getContext(contextType, contextAttributes);
```

参数 contextType 是指上下文对象的类别，即工具箱中提供的是何种类型的工具，通常选用 contextType="2d"，表示选择二维渲染上下文对象（能够支持三维渲染上下文对象的浏览器有限）。参数 contextAttributes 可以进一步设置上下文类型的属性。以下代码用以获取本任务的上下文对象。

```
//获取页面画布对象
var canvas = document.getElementById("canvas");
//获取画布的二维渲染上下文对象
var ctx = canvas.getContext("2d");
```

3. 绘制表盘

时钟的表盘是圆形的，填充色为#adccbe。绘制有颜色的圆实际是在画布上绘制圆形线条，然后填充颜色。在 canvas 上绘圆的过程如下（绘图原理如图 3-2-2 所示）：

（1）绘制一个 360° 的圆弧。

（2）设置填充色。

（3）填充圆。

使用绘制圆形的方法 arc() 可以绘制圆或圆弧，该方法的使用格式如下：

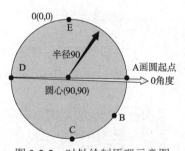

图 3-2-2 时钟绘制原理示意图

```
ctx.arc(x, y, radius, startAngle, endAngle, anticlockwise);
```

(x,y)是圆心的坐标，radius 为圆的半径，半径不允许为负值。startAngle、endAngle 分别是圆弧的起始角度、终止角度，anticlockwise 为可选参数，值为 boolean 类型，用于指定画圆的方向，其中 true 为逆时针，false 为顺时针，默认为顺时针。在 arc()方法中使用的角度为弧度，一个圆可以从 0 弧度到 2π 弧度。在 JavaScript 中 π 用 Math.PI 表示。Math 为内置算术对象，PI 表示 π。

使用对象变量 ctx 的 fillStyle 属性可以设置填充圆的颜色，然后调用 fill()方法填充。fillStyle、fill()的使用格式如下：

```
ctx.fillStyle = color;
ctx.fill();
```

color 是颜色字符串，可以是颜色名，也可以是颜色对应的数字。

在开始绘制线条时最好先清空以前绘制的其它线条路径，需要使用 ctx 的 beginPath()和closePath()两个方法。beginPath()方法可以清空以前绘制的线条路径，closePath()方法在线条绘制结束以后可以将笔触返回到当前子路径的起点。它们的使用格式如下：

```
ctx.beginPath();
ctx.closePath();
```

beginPath()方法需要在 arc()方法之前调用，closePath()方法在 arc()方法之后调用。绘制表盘使用以下代码：

```
//开始画圆
cx.beginPath();
//以(90,90)为圆心，以 90 为半径开始画圆，起始弧度为 0，终止弧度为 2π，绘制方向为顺时针
cx.arc(90, 90, 90, 0, Math.PI * 2);
//绘制结束，笔触回到起点
cx.closePath();
//设置填充颜色为#adccbe
cx.fillStyle ="#adccbe";
//填充
cx.fill();
```

4. 绘制时钟的 3 根针

时钟表盘上通常有 3 根针分别为时针、分针和秒针，可以用 3 个实心三角形表现。三角形由 3 根直线构成，从 A 点到 B 点、B 点到 C 点、C 点到 A 点依次绘制一条直线，形成封闭区域，绘图过程如图 3-2-3 和图 3-2-4 所示，图中的 moveTo()和 lineTo()为绘图方法。

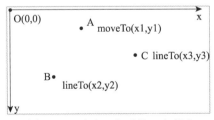
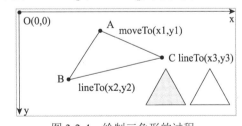

图 3-2-3　确定三角形的 3 个顶点　　　　　图 3-2-4　绘制三角形的过程

最后向三角形填充颜色，使其变成实心三角形，如果不填充颜色，则是空心三角形。绘制三角形的过程如下：

（1）清空以前绘制的线条路径。

（2）设置直线的起点 A。

（3）从 A 点到终点 B 绘制一条直线。

（4）从 B 点到 C 点绘制一条直线。

（5）从 C 点到 A 点绘制一条直线。

（6）将画笔放回到起点。

（7）设置填充颜色（边框和内部）。

（8）填充三角形。

设置起点实际上就是将笔触移动到指定位置，使用 moveTo()方法可以实现，然后调用 lineTo()方法绘制直线，这两个方法的使用格式如下：

```
ctx.moveTo(x, y)
ctx.lineTo(x, y)
```

(x,y)表示点的坐标值。清空以前绘制的线条路径和将画笔放回到起点分别用 beginPath() 和 closePath()方法实现。

三角形的实现只需设置 3 个不在同一直线上的点。那么如何设置时针、分针和秒针的 3 个点呢？可以先将坐标轴移动到表盘的圆心，在圆心附近有 A 点和 C 点，根据 3 根针的长度设置 B 点。表 3-2-1 所示的几组坐标数据组成 3 个可供参考的三角形，大家可以自行调整。

表 3-2-1　时钟绘制参考数据

针	A	B	C
时针	2.5,2.5	0,40	−2.5,2.5
分针	1.5,1.5	0,50	−1.5,1.5
秒针	1,1	0,60	−1,−1

通过平移转换函数 translate()可以移动坐标轴，使用格式为 translate(x, y)。

其表示横坐标水平移动 x，纵坐标垂直移动 y。如果要将坐标轴移动到圆心，只需要将 x 和 y 设定为圆心的坐标值（90，90）。

这里以画时针为例，自定义如下函数绘制实心三角形。

```
function drawHoursHand(hour){
//获取画布的二维渲染上下文对象
    var canvas = document.getElementById("canvas");
    var cx = canvas.getContext("2d");
//设置线条的宽度
    cx.linewidth = 1;
//保存画布的当前状态
    cx.save();
//平移坐标轴到表盘的圆心处，并添加旋转
    cx.translate(90, 90);
    cx.rotate(hour * (Math.PI / 6));
//开始绘制三角形
    cx.beginPath();
    cx.moveTo(2.5, 2.5);
    cx.lineTo(0, -40);
    cx.lineTo(-2.5, 2.5);
    cx.closePath();
//设置内部填充和边线的颜色
    cx.fillStyle = "#fc3f52";
    cx.strokeStyle = "#fc3f52";
//填充
    cx.fill();
//描边
    cx.stroke();
```

```
//恢复画布的状态
    cx.restore();
}
```

参照上述方法自行完成分针和秒针的绘制。

画布的坐标系始终从绘画区域的左上角向右、向下延伸，画布平移让原点(0,0)向右、向下移动；旋转则是围绕(0,0)逆时针/顺时针旋转一个指定的弧度，如图3-2-5所示。

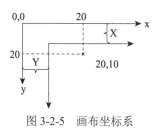

图 3-2-5　画布坐标系

5. 绘制表盘上的文字

使用 canvas 绘制文字需要设置文字的字体和大小，通过上下文对象 ctx 的 font()函数可以实现，使用 strokeText()方法可以绘制文字。它们的使用格式如下：

```
ctx.font(fontStyle)
ctx.strokeText(text, x, y[, maxWidth])
```

fontStyle 是文字的样式字符串。(x,y)给出文字的起始坐标，text 是要绘制的文字，maxWidth 为可选参数，规定文字的最大宽度，如果没有设置，则文字的宽度没有限制。下面是绘制文字的参考代码：

```
function drawText(){
    var canvas = document.getElementById("canvas");
    var cx = canvas.getContext("2d");
//设置字体样式为 verdana、大小为 10px
    cx.font = "10px Verdana";
//设置渐变对象，让文字颜色渐变
    var gradient = cx.createLinearGradient(0, 0, canvas.width, 0);
    gradient.addColorStop("0", "#7bcf80");
    gradient.addColorStop("1.0", "#ff5943");
    cx.strokeStyle = gradient;
//设置从(50,60)这个点开始绘制"绵阳职业技术学院"
    cx.strokeText("绵阳职业技术学院", 50, 60);
    }
```

6. 绘制表盘上的刻度和数字

表盘上的刻度是一组线条，分为时钟刻度和分钟刻度，时钟刻度有 12 条线，对应 1～12 小时；分钟刻度有 60 条线，对应 1～60 分 (/秒)。表盘上的数字是一组文字，最多显示 1～12，对应 1～12 小时。下面是绘制时钟刻度和数字的参考代码：

```
function drawClockNum(){
    var canvas = document.getElementById("canvas");
    var cx = canvas.getContext("2d");
    cx.linewidth = 2;
    for (var i = 1; i <= 12; i++) {
        cx.save();
        //一个圆有 2π 弧度，一共 12 个刻度，每次旋转 2π/12=π/6
        cx.translate(90, 90);
        cx.rotate(i * (Math.PI / 6));
        cx.beginPath();
        cx.moveTo(0, 80);
        cx.lineTo(0, 90);
        cx.strokeStyle = 'red';
        cx.closePath();
```

```
        cx.stroke();
        cx.fillStyle = "black";
        //绘制数字
        cx.font = '12px blod';
        cx.fillText(i, -5, -70);
        cx.restore();
        }
    }
```

分/秒的刻度为 60 条线，循环控制变量从 1 到 60 执行；60 条线每次旋转的角度为 2π/60=π/30，修改 rotate()方法的参数可以在表盘的不同位置上以不同的角度绘制出分/秒的刻度直线。另外，不用写分/秒的数字，否则表盘太拥挤了。参照并修改上述代码可以绘制出分/秒的刻度。

7. 绘制 Logo 图像

在 canvas 上绘制一个图像不是直接在画布上绘制图像的内容，而是将一个图像作为区域的填充样式填充到指定区域中。其处理过程如下：

（1）创建一个 img 对象。

（2）把 img 对象的 src 设置为要绘制的图像的 URL。

（3）根据 img 标签创建一个渲染模式，返回图像的不透明对象。

（4）设置该画布模式为填充模式。

（5）用该对象填充指定区域。

这里需要用到二维渲染上下文对象的方法 createPattern()，它创建一个基于 image 模板的不透明对象。该对象必须指定给 fillStyle 或者 strokeStyle 属性才能通过填充方法将图像呈现在画布上。createPattern 的使用格式如下：

```
ctx.createPattern(image, repetition)
```

参数 image 可以是 img 标签，也可以是画布、video 等多种类型的图像，本任务中的 Logo 用 img 标签就能完成。repetition 用一个字符串指定图像的重复方式，和 HTML 中使背景图片重复的关键字一样。createPattern()的返回值就是不透明对象。

```
function drawlogo(){
    //获取网页画布元素
    var canvas = document.getElementById("canvas");
    var cx = canvas.getContext("2d");
    //动态创建一个 img 标签
    var fillImg = new Image();
    fillImg.src = 'img/canvas_createpattern.png';
    //保存画布的状态
    cx.save();
    //将画布平移到圆心
    cx.translate(90, 90);
    cx.beginPath();
    //创建 img 的不透明模型对象，并以此设置 fillStyle 属性
    cx.fillStyle = cx.createPattern(fillImg, 'no-repeat');
    //用图像的模型对象填充一个矩形：从(0,0)到(30,30)
    cx.fillRect(0, 0, 30, 30);
    cx.closePath();
    cx.stroke();
    cx.restore();
    setTimeout(clock, 0);
}
```

三、代码实现

1. 内容与表现形式的实现

时钟绘制过程示意图如图 3-2-6 所示。

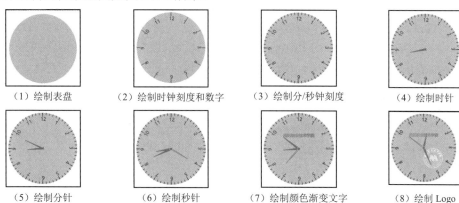

（1）绘制表盘　　　（2）绘制时钟刻度和数字　　（3）绘制分/秒钟刻度　　（4）绘制时针

（5）绘制分针　　　（6）绘制秒针　　　（7）绘制颜色渐变文字　　（8）绘制 Logo

图 3-2-6　时钟绘制过程示意图

按照上述顺序依次绘制时钟。

2. HTML 文档的实现

代码如下：

```
<body>
    <canvas id="canvas"></canvas>
    <script src="js/clock.js"></script>
    <script>
        clock();
    </script>
</body>
```

body 部分只有一个 canvas 标签，即<canvas id="canvas"></canvas>。在 style 中对 canvas 标签设置了样式，其中 width 和 height 规定了画布的宽和高，给出了绘画区域的大小。JavaScript 分为两个标签，一个用于外部独立 JavaScript 文档的引入，另一个只有一个函数调用，调用了 js/clock.js 文档中的 clock()函数。

3. 外部独立 clock.js 文档的实现

JavaScript 代码嵌入 HTML 页面有 3 种方式，一种是内嵌方式，即在 script 标签中写入需要的代码；一种是行间事件，即在标签的事件属性上写入少量响应事件的代码；如果代码量大或者代码的复用性高，通常采用外链式，这种方式将 JavaScript 代码写入扩展名为.js 的一个文本文件中，将 script 标签的 src 属性设置为该文档的 URL，将该文件引入需要的 HTML 文档。一个.js 文件可以被多个 HTML 文档引入。本任务中时钟的绘制函数放在 clock.js 文档中。

（1）绘制表盘。

```
function drawCircle(x,y,r,c1,c2){
    var canvas = document.getElementById("canvas");
    var cx = canvas.getContext("2d");
    cx.beginPath();
    cx.arc(x, y, r, 0, Math.PI * 2);
    cx.closePath();
    cx.fillStyle =c1;
```

```
        cx.strokeStyle=c2;
        cx.fill();
        cx.stroke();
}
```

drawCircle()函数以(x,y)为圆心、r 为半径绘制一个 360° 的圆弧，即绘制一个圆。(x,y)不同，圆心不同；改变半径 r 可以改变圆的大小；c1 的值决定圆的背景颜色；c2 可以设置圆的边框的颜色。关键函数为 canvas.getContext("2d")，它的返回值 cx 为二维渲染上下文对象，该对象提供了绘制图形的工具和方法。有参函数 drawCircle()的调用可以是：

```
drawCircle(90,90,90,0, "#adccbe","#adccbe");
```

在上述调用中用了同样的边框和背景颜色，绘制出了没有边框的一个圆。

```
drawCircle(180,180,90,0, "#adccbe","#7bcf80");
```

上述调用可以绘制一个圆心为(180,180)、半径为 90 的有边框的圆。

（2）绘制时钟刻度和数字。

```
function drawClockNum(){
        var canvas = document.getElementById("canvas");
        var cx = canvas.getContext("2d");
        cx.linewidth = 2;
        for (var i = 1; i <= 12; i++) {
            cx.save();
            cx.translate(90, 90);
            cx.rotate(i * (Math.PI / 6));
            cx.beginPath();
            cx.moveTo(0, 80);
            cx.lineTo(0, 90);
            cx.strokeStyle = 'red';
            cx.closePath();
            cx.stroke();
            cx.fillStyle = "black";
            cx.font = '12px blod';
            cx.fillText(i, -5, -70);
            cx.restore();
        }
}
```

在调用时需要注意这是一个无参函数，如果要让表盘的圆心和半径必须与它一致，即保证 "cx.translate(90, 90);" 和刻度直线的绘制与数字的起始位置一致，比如采用以下方法调用可以保证数字、刻度都在表盘的正确位置：

```
drawCircle(90,90,90,0, "#adccbe","#adccbe");
drawClockNum();
```

如果将第一条函数调用语句改为：

```
drawCircle(180,180,90,0, "#adccbe","#adccbe");
```

测试表盘和时钟刻度、数字的位置，帮助理解上述函数。

（3）绘制分/秒钟刻度。

```
function drawMinute(){
        var canvas = document.getElementById("canvas");
        var cx = canvas.getContext("2d");
        cx.linewidth = 2;
        for (var i = 1; i <= 60; i++) {
```

```
            cx.save();
            cx.translate(90, 90);
            cx.rotate(i * (Math.PI / 30));
            cx.beginPath();
            cx.moveTo(0, -85);
            cx.lineTo(0, -90);
            cx.strokeStyle = 'black';
            cx.stroke();
            cx.closePath();
            cx.restore();
        }
    }
```

一个小时有 60 分钟，一分钟有 60 秒，因此分钟刻度和秒钟刻度在表盘上均匀分布了 60 个刻度。分和秒只能通过分针和秒针移动的速度来区分，不能通过刻度来区分，因此在表盘上画 60 个刻度，既可以表示分又可以表示秒。drawMinute()函数实现了分/秒钟刻度的绘制。需要注意它的刻度的绘制位置、长度和颜色都是固定的。尝试配合 drawClockNum()的参数改变 drawMinute()中的数值，理解各条语句的功能。

（4）绘制时针。

```
function drawHoursHand(hour){
    var canvas = document.getElementById("canvas");
    var cx = canvas.getContext("2d");
    cx.linewidth = 1;
    cx.save();
    cx.translate(90, 90);
    cx.rotate(hour * (Math.PI / 6));
    cx.beginPath();
    cx.moveTo(2.5, 2.5);
    cx.lineTo(0, -40);
    cx.lineTo(-2.5, 2.5);
    cx.closePath();
    cx.fillStyle = "#fc3f52";
    cx.strokeStyle = "#fc3f52";
    cx.fill();
    cx.stroke();
    cx.restore();
}
```

drawHoursHand()有一个参数 hour，表示绘制时针，根据该参数向平移的坐标添加一个旋转角度（cx.rotate(hour * (Math.PI / 6));）指向不同的小时数字和刻度。"cx.fillStyle = "#fc3f52";"和后面连续 3 条语句让时针图形成为一个实心三角形。

（5）绘制分针。

```
function drawMinuteHand(minute){
    var canvas = document.getElementById("canvas");
    var cx = canvas.getContext("2d");
    cx.linewidth = 1;
    cx.save();
    cx.translate(90, 90);
    cx.rotate(minute * (Math.PI / 30));
    cx.beginPath();
```

```
    cx.moveTo(1.5, 1.5);
    cx.lineTo(0, -50);
    cx.lineTo(-1.5, -1.5);
    cx.closePath();
    cx.fillStyle = "#fc3f52";
    cx.strokeStyle = "#fc3f52";
    cx.fill();
    cx.stroke();
    cx.restore();
}
```

drawMinuteHand()函数有一个参数 minute，表示绘制分针，也是通过旋转实现的，即 "cx.rotate(minute * (Math.PI / 30));"。drawMinuteHand()函数和 drawHoursHand()函数的实现思路大同小异，也是形成实心三角形。

（6）绘制秒针。

```
function drawSecondHand(sec){
    var canvas = document.getElementById("canvas");
    var cx = canvas.getContext("2d");
    cx.linewidth = 1;
    cx.save();
    cx.translate(90, 90);
    cx.rotate(sec * (Math.PI / 30));
    cx.beginPath();
    cx.moveTo(1.5, 1.5);
    cx.lineTo(0, -50);
    cx.lineTo(-1.5, -1.5);
    cx.closePath();
    cx.strokeStyle = "#fc3f52";
    cx.stroke();
    cx.restore();
}
```

drawSecondHand()函数的思路和 drawMinuteHand()函数、drawHoursHand()函数的思路一样，在实现上只渲染了边框，即 "cx.strokeStyle = "#fc3f52";cx.stroke();"，因此秒针是一个空心三角形。

（7）绘制颜色渐变文字。

```
function drawText(s,cs,cg1,cg2,x,y){
    var canvas = document.getElementById("canvas");
    var cx = canvas.getContext("2d");
    cx.font = cs;
    var gradient = cx.createLinearGradient(0, 0, canvas.width, 0);
    gradient.addColorStop("0",cg1);
    gradient.addColorStop("1.0",cg2);
    cx.strokeStyle = gradient;
    cx.strokeText(s, x, y);
}
```

使用 drawText()函数可以绘制颜色渐变文字，它有 6 个参数，其中(x,y)给出了绘制文字的起始位置；cg1、cg2 给出了渐变颜色的开始颜色和最终颜色；cs 给出了文字字体的样式。如下调用可以实现在从(50,60)开始的位置绘制"绵阳职业技术学院"文字，其大小为 12px、字体为宋体、颜色从#7bcf80 到#ff5943 渐变。

```
drawText("绵阳职业技术学院" "12px 宋体","#7bcf80" ,"#ff5943",50,60);
```

如果使用下面的调用语句，则可以绘制蓝色的文字：

```
var s="风声雨声读书声，声声入耳；家事国事天下事，事事关心。";
drawText(s,"10px 楷体","blue","blue",50,60);
```

（8）绘制 Logo。

```
function drawLog(){
    var canvas = document.getElementById("canvas");
    var cx = canvas.getContext("2d");
    var fillImg = new Image();
    fillImg.src = 'img/logo.png';
    cx.save();
    cx.translate(90, 90);
    cx.beginPath();
    cx.fillStyle = cx.createPattern(fillImg, 'no-repeat');
    cx.fillRect(0, 0, fillImg.width, fillImg.height);
    cx.closePath();
    cx.stroke();
    cx.restore();
setTimeout(clock, 0);
}
```

如果将图片地址通过参数 imgUrl 传入，可以将函数定义的头部改为：

```
function drawLog(imgUrl){…};
```

修改"fillImg.src = 'img/logo.png';"为：

```
fillImg.src = imgUrl;
```

使用 drawLog()可以绘制任意的 Logo 图像。如果将：

```
cx.fillRect(0, 0, fillImg.width, fillImg.height);
```

函数中的参数 fillImg.width、fillImg.height 改为固定值，可以将 Logo 图像限制在指定的矩形区域中，不再由 Logo 图像的大小决定。function drawLog()的代码可以改为：

```
function drawLog(imgUrl){
    var canvas = document.getElementById("canvas");
    var cx = canvas.getContext("2d");
    var fillImg = new Image();
    fillImg.src = imgUrl;
    cx.save();
    cx.translate(90, 90);
    cx.beginPath();
    cx.fillStyle = cx.createPattern(fillImg, 'no-repeat');
    cx.fillRect(0, 0, 50, 50);
    cx.closePath();
    cx.stroke();
    cx.restore();
}
```

这样函数调用可以写为"drawLog('img/logo.png');"。

有参数的 drawLog()函数更具有普遍性。

（9）修饰钟表图形。

```
function drawCross(){
    var canvas = document.getElementById("canvas");
    var cx = canvas.getContext("2d");
    cx.linewidth = 1;
    cx.strokeStyle = '#ccc';
```

```
    cx.save();
    cx.translate(90, 90);
    cx.beginPath();
    cx.arc(0, 0, 4, 0, Math.PI * 2);
    cx.closePath();
    cx.stroke();
    cx.restore();
    cx.strokeStyle = '#c50000';
}
```

由于时针、分针和秒针对应的三角形都在圆心附近，所以表盘圆心处有点凌乱，可以通过 drawCross()函数修饰圆心。时钟的绘制可以选择这个函数，也可以不选择。

（10）clock()函数的实现。

```
function clock(){
    drawCircle(90,90,90,0,"#adccbe","#adccbe");
    drawClockNum();
    drawMinute();
    var today = new Date();
    var hour = today.getHours();
    var min = today.getMinutes();
    var sec = today.getSeconds();
    hour = hour + min / 60;
    drawHoursHand(hour);
    drawMinuteHand(min);
    drawSecondHand(sec);
    drawText("绵阳职业技术学院" "12px 宋体","#7bcf80","#ff5943",50,60);
    drawCross();          //可以不调用这个函数
    drawLog();            //使用无参函数，也可以把它改为有参函数
    setTimeout(clock, 0);
}
```

4. JavaScript 的构造函数

在 drawLog()函数中使用了以下代码：

```
var fillImg = new Image();
```

在 clock()函数中使用了以下代码：

```
var today = new Date();
```

这两条语句非常相似，都使用了 new 运算符。new 运算符创建具有构造函数的内置对象实例，Image()和 Date()分别是 img 对象和 Date 对象的构造函数，返回新创建的对象的引用。JavaScript 内置了很多构造函数，它们隶属于 JavaScript 全局对象 Global。

四、创新训练

1. 观察与发现

提出问题远比解决问题难，因为解决问题是技术性的，而提出问题是革命性的。不同的人面对相同现象会发现不同问题，除了知识储备等原因以外，思维方式不同也是重要因素。思维方式决定了一个人的成就，更决定了一个人能走多远。正向思维方式是人们探索世界的开始，不仅会帮助人们打开自己、解放自己，更能让人们养成良好的思维习惯，成就自我。在学习中秉持认真、勤奋、合作的态度，多角度观察和理解任务实现思路，深入思考任务的实现方法，在探索中修改与完善任务实现途径。

（1）canvas 元素开辟了绘图空间，支持动态绘图。在画布上绘制图像实际上是创建了一种复制模式，复制的对象就是要绘制的图像，那么将语句中的'no-repeat'改为'repeat'、'repeat-x'、'repeat-y'效果会怎样呢？

```
cx.fillStyle = cx.createPattern(fillImg, 'no-repeat');
```

（2）在 canvas 中绘制时钟的每个过程都用一个函数封装了代码，然后在 clock()函数中调用它们，并且将这些代码放在 clock.js 文件中在 HTML 页面文件中引入：

```
<script src="js/clock.js"></script>
    <script>
        clock();
    </script>
```

如果将 clock.js 所用的代码直接放在<script>…</script>中是否能实现相同的功能？效果又有什么不同？至少 clock.js 可以被多个不同的 HTML 页面文档用<script src="js/clock.js"></script>引入，执行"clock();"绘制一个时钟。因此通过函数封装可以提高代码的使用率，让前端工程师少写很多代码。

（3）在 canvas 绘图中调用了 CanvasRenderingContext2D 对象的大量方法，程序员在使用时只需要记住方法名、所需要的参数，用恰当的方法调用，根本不需要思考这些方法的具体代码，这就是代码封装，它们是 JavaScript 的内置函数。ECMAScript 内置对象、BOM 对象都带有封装函数。JavaScript 中封装的代码越多，程序员就越轻松，那么在哪里能够找到 JavaScript 的内置函数呢？

（4）在 clock()函数中有如下代码：

```
var today = new Date();
var hour = today.getHours();
var min = today.getMinutes();
var sec = today.getSeconds();
hour = hour + min / 60;
```

前面 4 行代码很显然是获取当前系统时间中的小时、分钟和秒，最后一行代码的作用是什么呢？修正时针的位置。但是这段代码不足以让时钟动起来，让时钟动起来的关键语句是：

```
setTimeout(clock, 0);
```

（5）在绘制时针、Log 等多个表盘图形时都用 translate（）方法移动了坐标轴，为什么呢？

2. 探索与尝试

普通的人改变结果，优秀的人改变原因，而顶级优秀的人改变模型。独立思考是前端工程师必备的职业能力。

对于同样的动态时钟效果，你有更好的编程模式吗？

（1）在本任务中时针、分针、秒针随着时间不断移动，看起来时钟是活动的，其实质是在画布上不停地根据当前的时间绘制时针、分针、秒针，它的关键代码是"setTimeout(clock, 0);"。在 JavaScript 中有一个方法和 setTimeout()方法一样与计时器有关，即 setInterval()，那是否能用它来替换 setTimeout()呢？

答案是肯定的。用户可以在 clock()函数的定义中用

```
setInterval(clock,0);
```

替换"setTimeout(clock, 0);"，也可以在 clock()函数中用如下代码去掉"setTimeout(clock, 0);"：

```
<script>
    setInterval(clock,0);
</script>
```

同样尝试在上述代码中用"setTimeout(clock,0);"替换 setInterval()方法，看一下是否可以？

（2）Date 和 Math 同样都是内置对象，Date 在使用前需要用 new 运算符创建，而 Math 可以直接使用。请尝试以下代码：

```
var pi=new Math.pi;          //Math 的属性
var abc=new Math.abs(-135);  //Math 的方法
var toDay=Date().getDay();
var toDay1=(new Date()).getDay();
```

分析代码的执行，用同样的方法验证 window 对象、document 对象、Array 对象。其实 JavaScript 还有很多内容需要大家去思考和深入学习。

（3）在 canvas 中绘制图像，使用的代码如下：

```
var fillImg = new Image();
fillImg.src = 'img/canvas_createpattern.png';
…
cx.fillStyle = cx.createPattern(fillImg, 'no-repeat');
…
```

"createPattern(fillImg,'no-repeat');"中的参数'no-repeat'为不重复，如果改为'repeat'、'repeat-x'、'repeat-y'，会有什么样的效果？"cx.fillRect(0, 0, 30, 30);"语句给出的矩形必须足够大，图像的尺寸足够小，才能看出平铺的效果。另外，用于重复的图像源不仅可以是<img>，还可以是<image>、<video>、<canvas>等。深入学习，大家会发现 JavaScript 的学习空间很大。

试一试：修改 clock.js 中的函数定义，看能不能绘制任意大小、任意 Logo、任意位置的时钟？

（4）Number()与 new Number()、String()与 new String()、Date()与 new Date()。

比一比：对比表 3-2-2 中的每组代码段，可以得出怎样的结论？

表 3-2-2　对比代码段

代　　码	console 输出

var **n = Number('12');**
console.log(typeof n);
console.log(n);
 	
var **nn = new Number(12);**
console.log(typeof nn);
console.log(nn);
console.log(nn.valueOf());
	错误 警告 日志 信息 调试 CS
	number
	12
	object
	▾ Number { 12 }
	 ▸ `<prototype>`: Number { 0 }
	12
	»

var **s = String('12');**
console.log(typeof s);
console.log(s);
 	
var **ss = new String('12');**
console.log(typeof ss);
console.log(ss);
 	
console.log(**ss.valueOf()**);
console.log(typeof ss.valueOf());
	错误 警告 日志 信息 调试 CSS
	string
	12
	object
	▾ String { "12" }
	 0: "1"
	 1: "2"
	 length: 2
	 ▸ `<prototype>`: String { "" }
	12
	string
	»

续表

代　　码	console 输出

var **d** = **Date**();
console.log(typeof d);
console.log(d);
var **dd** = **new Date**();
console.log(typeof dd);
console.log(dd);
var **h** = **dd**.getHours();
console.log(typeof h);
console.log(h);
var **hh** = **d**.getHours();
console.log(typeof hh);
console.log(hh);
	错误　警告　日志　信息　调试　CSS　XHR　请求
	
	string
	Tue Jul 12 2022 13:24:27 GMT+0800 (中国标准时间)
	object
	▼ Date Tue Jul 12 2022 13:24:27 GMT+0800 (中国标准时间)
	| ▶ \<prototype\>: Date.prototype { … }
	number
	13
	❗ ▶ Uncaught TypeError: d.getHours is not a function
	　　\<anonymous\> http://127.0.0.1:8848/0-0/0.html:23
	　　[详细了解]
	»

3. 职业素养的养成

（1）独立思考能力是科学研究和创造发明的一项必备才能，任何一个较重要的科学上的创造和发明都是和创造发明者独立深入地看问题的方法分不开的。

（2）敢于尝试、勇于深入学习的精神能够让我们在各行各业的工作中走得更远，这是一个优秀程序员必须具备的素质，不要让老师提供的解决方案局限了自己的思维，同学们可以用已有的知识探究上述任务实现的多种方法。

五、知识梳理

1. canvas 标签

canvas 标签是 HTML5 新增的一个图形容器，允许在页面上绘制图形。其实真正在页面上绘图的是 canvas API。canvas API 提供了一个通过 JavaScript 和 HTML canvas 元素绘制图形的方法，实现在页面上完成动画、游戏画面、数据可视化、图形/图像编辑和视频处理。canvas API 接口通过 canvas 对象的 getContext() 方法获取，使用 canvas 在页面上绘图必须通过 JavaScript 的脚本实现。

注意：IE8 及以下版本的浏览器不支持 canvas 元素。

（1）canvas 标签的格式。

```
<canvas>
文本/图形/图像/视频标签
</canvas>
<canvas>标签只能放在<body>标签中
```

（2）canvas 标签的常用属性如表 3-2-3 所示。

表 3-2-3　canvas 标签的常用属性

属　　性	单　　位	描　　述
height	px	设置 canvas 的高度
width	px	设置 canvas 的宽度
支持 id、class、style、title 等全局属性		

如果用 height、width 设置的尺寸与图形/图像的实际尺寸不一致，则绘制的图形/图像会出现扭曲。

（3）canvas 上下文对象。该对象由 canvasObj=getContext()返回，提供了在 canvas 上绘制文本、线条、矩形、圆形等图形的属性和方法。由于上下文对象没有统一的标准，所以每个浏览器的实现方法不一样，目前主流浏览器都支持二维渲染上下文对象。如果 getContext()的返回值为 nul，则表示当前浏览器不支持 canvas 元素。getContext()的使用格式如下：

格式一：var canvasVar=canvasObj.getContext(contextType)

格式二：var canvasVar=canvasObj.getContext(contextType，contextAttributes)

canvas 上下文对象的类型如表 3-2-4 所示。

表 3-2-4　canvas 上下文对象的类型

值	说　明	值	说　明
"2d"	创建一个二维渲染上下文对象	"webgl"	创建一个三维上下文渲染对象
"webgl2"	创建一个三维渲染上下文对象	"bitmaprenderer"	创建一个位图渲染对象

canvas 上下文对象的常见属性如表 3-2-5 所示。

表 3-2-5　canvas 上下文对象的属性

属　性	说　明
alpha	布尔值，设置画布是否包含 Alpha 通道
desynchronized	布尔值，降低绘图延迟
depth	布尔值，设置画布的颜色深度
antialias	布尔值，取消锯齿

示例 1：获取二维渲染上下文对象。

```
var ctx = canvasObj.getContext('2d');
```

示例 2：获取三维渲染上下文对象，尽量消除绘图中的锯齿。

```
canvas.getContext('webgl', {antialias: false});
```

（4）二维渲染上下文对象。二维渲染上下文对象的常用属性如表 3-2-6 所示。

表 3-2-6　二维渲染上下文对象的常用属性

属　性	用　法	说　明
fillStyle	ctx.fillStyle=color|gradient|pattern;	设置或返回用于填充绘画的颜色、渐变或模式
strokeStyle	ctx.strokeStyle=color|gradient|pattern;	设置或返回用于笔触的颜色、渐变或模式
shadowColor	ctx.shadowColor=color;	设置或返回用于阴影的颜色
shadowOffsetX	ctx.shadowOffsetX=number;	设置或返回阴影和形状的水平距离
shadowOffsetY	ctx.shadowOffsetY=number;	设置或返回阴影和形状的垂直距离
lineWidth	ctx.lineWidth=number;	设置或返回当前的线条宽度
font	ctx.font="font-style";	设置或返回文本内容的当前字体属性
textAlign	ctx.textAlign="center|end|left|right|start";	设置或返回文本内容的当前对齐方式
globalAlpha	ctx.globalAlpha=number;	设置或返回绘图的当前 Alpha 或透明值

其中 font-style 的值可以参照表 3-2-7。

表 3-2-7　canvas 绘制文本内容的样式值

样 式 名	值
字体样式	normal、italic、oblique
字体变体样式	normal、small-caps

样　式　名	值
字体宽度	normal、bold、bolder、lighter、100 等
字号/行高	npx
字体	字体系列

二维渲染上下文对象的常用方法如表 3-2-8 所示。

表 3-2-8　二维渲染上下文对象的常用方法

方　　法	用　　法	说　　明
beginPath()	ctx.beginPath();	开始一条路径，或重置当前的路径
closePath()	ctx.closePath();	创建从当前点到开始点的路径
moveTo()	ctx.moveTo(x,y);	将画笔移动到指定点
lineTo()	ctx.lineTo(x,y);	创建从当前点到(x,y)的线条
arc()	ctx.arc(x,y,r,start,end,clockwise);	创建弧/曲线（用于创建圆或部分圆）
arcTo()	arcTo(x1, y1, x2, y2, radius);	创建介于两个切线之间的弧/曲线
rect()	ctx.rect(x,y,width,height);	绘制矩形
fillRect()	ctx.fillRect(x,y,width,height);	填充矩形
strokeRect()	ctx.strokeRect(x,y,width,height);	绘制矩形边框
clearRect()	ctx.clearRect(x,y,with,height);	清空给定矩形内的指定像素，w 和 h 分别表示水平和垂直的像素
fillText()	ctx.fillText(text,x,y,maxWidth);	绘制填色的文本
strokeText()	ctx.strokeText(text,x,y,maxWidth);	绘制文本
measureText()	ctx.measureText(text);	检查文本的宽度
drawImage()	ctx.drawImage(img,x,y,width,height);	绘制图像、画布或视频
translate()	ctx.translate(x,y);	平移画布的坐标轴
rotate()	ctx.rotate(angle);	旋转当前的绘图
scale()	ctx.scale(w,h);	缩放当前绘图，w 和 h 为水平、垂直方向上的缩放比例，取值范围为 0～1
stroke()	ctx.stroke();	绘制边线
fill()	ctx.fill();	填充当前的图像（路径）
createPattern()	ctx.createPattern(img,"重复值");	重复复制模式
createLinearGradient()	ctx.createLinearGradient(x0,y0,x1,y1);	创建线性渐变对象
createRadialGradient()	ctx.createRadialGradient(x0,y0,r0,x1,y1,r1);	创建放射状/圆形渐变对象
save()	ctx.save();	保存当前环境的状态
restore()	ctx.restore();	返回之前保存过的路径状态和属性

备注：img 表示重复图像源 url；重复值可以选择 repeat、repeat-x、repeat-y、no-repeat；clockwise 为 boolean 值，用于确定绘制方向；x、y 系列值表示点的坐标；w、h 表示水平和垂直方向的值。

示例 3：绘制一个如图 3-2-7 所示的图形。

代码如下：

图 3-2-7　渐变矩形示例图

```
<!DOCTYPE html>
<html>
    <head> <meta charset="utf-8"> <title></title> </head>
    <body>
        <canvas id="canvas"></canvas>
        <script>
            function draw() {
```

```
                var canvas=document.getElementById('canvas');
                if (canvas) {
                  var ctx=canvas.getContext('2d');
                  var myGradient=ctx.createLinearGradient(0,0,0,170);
                  my_gradient.addColorStop(0,"blue");
                  my_gradient.addColorStop(1,"white");
                  ctx.fillStyle=myGradient;
                  ctx.lineWidth=4;
                  ctx.strokeStyle="green";
                  ctx.fillRect(25, 25, 100, 100);
                  ctx.clearRect(35, 35, 60, 60);
                  ctx.strokeRect(50, 50, 50, 50);
                }
            }
            draw();
        </script>
    </body>
</html>
```

尝试将"ctx.createLinearGradient(0,0,0,170);"改为如下代码，看一下运行结果。

```
ctx.createRadialGradient(75,50,5,90,60,100);
```

示例 4：绘制一个如图 3-2-8 所示的笑脸。

图 3-2-8　笑脸示例图

```
<script>
    draw();
    drawSmile();
    function draw() {
      var canvas=document.getElementById('canvas');
      if (canvas) {
        var ctx=canvas.getContext('2d');
        var my_gradient=ctx.createRadialGradient(75,70,10,90,60,100);
        my_gradient.addColorStop(0,"white");
        my_gradient.addColorStop(1,"yellow");
        ctx.fillStyle=my_gradient;
        ctx.lineWidth=4;
        ctx.strokeStyle="green";
        ctx.fillRect(25, 25, 125, 125);
      }
    }
    function drawSmile(){
      var canvas=document.getElementById('canvas');
      if (canvas){
        var ctx=canvas.getContext('2d');
        ctx.beginPath();
        ctx.arc(85, 85, 50, 0, Math.PI * 2, true);      //绘制脸
        ctx.moveTo(110, 75);
        ctx.arc(85, 85, 35, 0, Math.PI, false);          //口(顺时针)
        ctx.moveTo(65, 65);
        ctx.arc(60, 65, 5, 0, Math.PI * 2, true);        //左眼
        ctx.moveTo(95, 65);
        ctx.arc(90, 65, 5, 0, Math.PI * 2, true);        //右眼
        ctx.stroke();
      }
```

```
    }
</script>
```

示例5: 用以下代码在画布上绘制图像,用自己计算机上的图片替换程序中的 img/berry.png,测试程序的运行效果。

```
function drawImage(){
var ctx = document.getElementById('canvas').getContext('2d');
var img = new Image();
img.src = 'img/berry.png';
img.onload = function() {
    var ptrn = ctx.createPattern(img, 'repeat');
    ctx.fillStyle = ptrn;
    ctx.fillRect(0, 0, img.width, img.height);
}
}
```

示例 6: 通过旋转绘制如图 3-2-9 所示的图形。

```
function drawRotate() {
var ctx = document.getElementById('canvas').getContext('2d');
ctx.translate(75,75);
for (var i=1;i<6;i++){
    ctx.save();
    ctx.fillStyle = 'rgb('+(51*i)+','+(255-51*i)+',255)';
    for (var j=0;j<i*6;j++){
        ctx.rotate(Math.PI*2/(i*6));
        ctx.beginPath();
        ctx.arc(0,i*12.5,5,0,Math.PI*2,true);
        ctx.fill();
    }
    ctx.restore();
}
}
```

图 3-2-9 旋转方法
应用示例图

2. JavaScript 的全局变量 Global

在 JavaScript 中不存在独立的函数,每个函数都必须是对象的方法。在实际应用中,诸如 isNaN()、parseInt()等方法在使用时不加前缀,这是因为这些函数属于 EMCAScript 的一个特殊全局对象——Global 对象。Global 对象是预定义对象,其最根本的作用是作为全局变量、全局常量和全局方法的宿主,可以在程序的任何地方访问。EMCAScript 规定所有全局方法都归属于 Global 对象,可以直接调用,但是不能在归属 Global 的方法或者属性前加 "Global." 前缀。此外,Global 对象不能实例化。

(1) Global 的常用属性如表 3-2-9 所示。

表 3-2-9 Global 的常用属性

属　　性	说　　明
undefined	undefined 类型的字面量
NaN	非数的专用数值
Infinity	无穷大值的专用数值
globalThis	全局 this 对象,获取全局对象自身

（2）Global 的常用方法如表 3-2-10 所示。

表 3-2-10　Global 的常用方法

方　　法	用　　法	说　　明
eval()	eval(string);	将传入的字符串当成 JavaScript 代码执行
isFinite()	isFinite(num);	判断被传入的参数值是否为一个有限数值
isNaN()	isNaN(value);	用来确定一个值是否为 NaN
parseFloat()	parseFloat(string);	解析一个参数（必要时先转换为字符串）并返回一个浮点数
parseInt()	parseInt(string, radix);	解析一个字符串并返回指定基数的十进制整数
decodeURI()	decodeURI(URI);	解码由 encodeURI() 创建或通过其他流程得到的统一资源标识符（URI）
decodeURIComponent()	decodeURIComponent(URI);	解码由 encodeURIComponent()或其他类似方法编码的部分统一资源标识符（URI）
encodeURI()	encodeURI(URI);	将特定字符的每个实例替换为一个、两个、三个或四个转义序列来对统一资源标识符（URI）进行编码
encodeURIComponent()	encodeURIComponent(str);	通过用一个、两个、三个或四个表示字符的 UTF-8 编码的转义序列替换某些字符的每个实例来编码 URI

内置对象都属于 Global 对象，Object、Function、Boolean、Error 等构造函数也属于 Global 对象。

globalThis 属性提供了在不同环境下获取全局 this 对象的方法。NaN 不能通过相等操作符（==和===）来判断，必须使用 isNaN()方法。

Global 对象是 Javascript 的虚拟宿主对象，EMCAScript 的所有内置对象的宿主都是 Global，不能在内置对象的前面加" Global. "前缀，类似 Global.Date()的用法是错误的，这一点和 BOM 的全局宿主对象 window 不一样。

3. 内置对象和构造函数

1）内置对象的创建

ECMAScript 提供了一些预定义对象，称为内置对象。它们独立于宿主环境，JavaScript 程序开始执行，它们就存在了。常用的内置对象有 String、Math、Date、Array、Event。

除了 Math 对象的方法和属性可以直接调用以外，其他的内置对象都可以通过相应的构造函数生成实例化对象，例如 Date()和 String()。构造函数和 new 运算符搭配使用，使用格式为 new 构造函数()。构造函数不仅可以实例化内置对象，还可以实例化自定义对象。那么什么是构造函数呢？构造函数可以看作生成对象的模型，它描述对象的基本结构，并按照这种模型为新建对象分配空间，指定访问方法。构造函数可以生成多个具有相同属性和方法的实例对象。

构造函数具有以下 3 个特点：

（1）函数名的第一个字母大写。

（2）必须用运算符 new+构造函数结构创建新对象。

（3）构造函数的 this 指向内存中为新对象分配的空间，新对象的空间分配由构造函数决定，新空间的引用返回到构造函数的 this。

示例 7：定义一个学生对象的构造函数。

```
function Student(name,stuNum,stuClass,stuDep){
    this.name=name;
    this.stuNum=stuNum;
    this.stuClass=stuClass;
    this.stuDep=stuDep;
```

```
        this.getName=function(){
            return '学生姓名: '+name;
        }
        this.getNum=function(){
            return '学生学号: '+stuNum;
        }
        this.getClass=function(){
            return '学生班级: '+stuClass;
        }
        this.getDep=function(){
            return '学生专业: '+stuDep;
        }
    }
```

2）函数对象

函数是 JavaScript 的基本组件之一，是一组任务或者计算值的语句的执行序列。JavaScript 的函数必须在声明后通过调用执行，没有声明的函数调用后返回 undefined 值，声明后没有调用的函数所包含的代码不会执行。

通过以下格式声明的函数称为命名函数。

格式一：

```
function 函数名(参数列表){
函数体;
return 返回值;
}
```

格式二：

```
var 函数名;
函数名=function(参数列表){
函数体;
return 返回值;
}
```

函数名为该函数的名称，命名方式必须符合 JavaScript 的标识符要求，例如不能以数字开头，不能使用保留字等。通常建议用有意义的词组作为函数名，命名格式可以采用驼峰命名法。

3）匿名函数

如果函数的声明通过表达式完成，它不具有函数名，这种函数称为匿名函数。匿名函数的定义可以参考以下格式：

```
变量名=function(参数列表){
函数体;
return 返回值;
}
```

匿名函数由于没有函数名，只能在调用它的表达式中使用一次，匿名函数通常用于回调函数。

命名函数和匿名函数的返回值可以作为任意表达式的一个操作数参与运算，参与运算的函数的返回值必须符合运算表达式的要求。

示例 8：定义一个计算 n!的命名函数。

```
//函数调用
document.write(factorial(5));
//函数声明
function factorial(n) {
    var fvalue = 1;
```

```
    if ((n == 0) || (n == 1))
        return 1;
    else {
        for (var i = 2; i <= n; i++) {
            fvalue = fvalue * i;
        }
        return fvalue;
    }
}
```

示例 9： 以下是一个匿名函数，分析它的功能。

```
setTimeout(
    function() {
        alert("大家好! ");
    }, 20);
```

4）构造函数

构造函数是 JavaScript 的一种特殊函数，用于构造 JavaScript 对象。在 JavaScript 中规定构造函数必须用 new 关键字调用。构造函数以相同的方式定义对象，其创建的对象具有相同的属性和方法。

构造函数的格式如下：

```
function  构造函数名(参数1,参数2,参数3,…){
this.属性1=参数1;
this.属性2=参数2;
…
this.方法1=函数定义(){
函数体;
return 返回值;
};
…
}
```

构造函数在执行时会使用 this 关键字，this 指向为对象分配的对象区域。对于 this 的深入探讨，学习者可以自行学习。

思考： this 是变量吗?

构造函数的首字母采用大写，以示区别。

示例 10： 定义志愿者对象的构造函数。

```
//调用构造函数生成对象p1
var p1=new Volunteers('雷鸣','13142209696','绘画');
//调用对象的show()方法
p1.show();
//定义构造函数
function Volunteers(name,special,telephone){
    this.name=name;
    this.specialty=special;
    this.telephone=telephone;
    this.show=function(){
    document.write('志愿者姓名:'+this.name+'</br>');
    document.write('志愿者特长:'+this.specialty+'</br>');
    document.write('联系电话:'+this.telephone+'</br>');
    }
}
```

5）函数及变量的作用域

作用域是指函数、变量（或者对象）起作用或者有效果的范围。根据范围不同，作用域可以分为全局作用域和局部作用域。前面所学的全局变量 window 和 Global 就是指它们在整个这里两个 JS 都改为：Javascript 标签范围内都有效。全局函数或者全局变量在代码的任意位置都能够使用，例如内置对象。在函数体内部定义的变量或者对象，其作用域只在函数体内部，因此它们属于局部变量或者对象。具有局部作用域的变量或者对象在函数体外不起作用。如果在函数体内定义了与全局变量同名的变量，则在函数体中局部变量具有更高的优先级。分析以下代码：

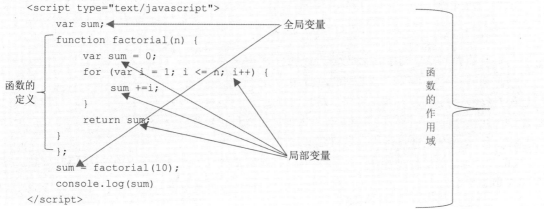

其中局部变量和全局变量都有名为 sum 的变量，在函数体内局部变量 sum 起作用，在函数体外全局变量 sum 起作用。

4. 任务总结

（1）任务知识树如图 3-2-10 所示。

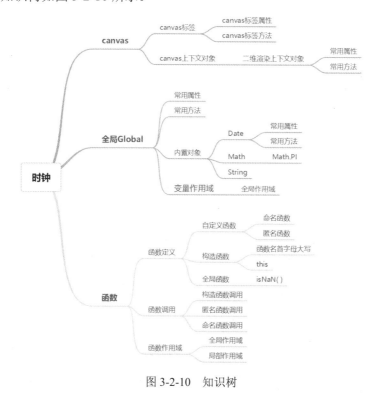

图 3-2-10　知识树

（2）掌握 canvas 的使用。

（3）全局变量 Global 与内置对象。

（4）认识函数。

5. 拓学内容

（1）<svg>与<canvas>；

（2）<video>和<audio>；

（3）Javascript 的常用色彩。

六、思考讨论

（1）什么是对象？对象封装代码的好处有哪些？

（2）canvas 元素具有的绘画功能从哪里来？

（3）canvas 可以用于所有的浏览器吗？

（4）JavaScript 提供的宿主全局对象 window 和 Global 有什么区别？

（5）什么是内置对象？什么是自定义对象？

（6）canvas 的坐标系和常用二维坐标系的区别是什么？绘图中常用坐标平移和旋转，它们的作用是什么？

七、自我检测

1. 单选题

（1）在 JavaScript 中，如果要定义一个全局变量 x，使用的方法是（　　）。

　　A. 使用关键字 public 在函数中定义　　　B. 使用关键字 public 在任何函数之外定义

　　C. 使用关键字 var 在函数中定义　　　　D. 使用关键字 var 在任何函数之外定义

（2）下面描述中不正确的是（　　）。

　　A. Date 对象获取到的值比实际月份小

　　B. arguments 中保存了实际传入函数内的所有参数

　　C. return 只能在函数内部使用

　　D. setInterval(fn1,1000)只会调用一次

（3）在 JavaScript 中，下列（　　）语句能正确获取系统当前时间的小时值。

　　A. var date=new Date(); var hour=date.getHour();

　　B. var date=new Date(); var hour=date.gethours();

　　C. var date=new date(); var hour=date.getHours();

　　D. var date=new Date(); var hour=date.getHours();

（4）关于预定义对象 Date 中的年份，以下说法正确的是（　　）。

　　A. 从 1970 年开始　B. 从 1980 年开始　　C. 从 1990 年开始　　D. 从 2000 年开始

（5）获取系统当前日期和时间的方法是（　　）。

　　A. new Date();　　　B. new now();　　　C. now();　　　D. Date();

（6）以下 JavaScript 代码中正确的是（　　）。

　　A. if(isNaN(parseInt('b')))document.write('非数字');

　　B. if(parseInt('b')==NaN)document.write('非数字');

C. ints[ints.length]=new Math.round(x);

D. var str1=String('Hello');

（7）分析下面的 JavaScript 代码段，其输出的结果是（　　）。

```
var s1=15;
var s2="String";
if (isNaN(s1))document.writeln(s1);
if (isNaN(s2))document.write(s2);
```

　　A. 15　　　　　　　B. String　　　　　　C. 15String　　　　　　D. 不输出任何信息

（8）（　　）可以为 canvas 元素对象提供绘图工具（canvasElm 是 canvas 元素对象）。

　　A. canvasElm.getContext()　　　　　　B. canvasElm.getElementById()

　　C. canvasElm.fillRect()　　　　　　　D. canvasElm.arc()

2. 多选题

（1）在 JavaScript 中，下面关于 this 的描述正确的是（　　）。

　　A. 在使用 new 实例化对象时，this 指向这个实例对象

　　B. 在定义函数时，this 指向全局变量

　　C. 当对象调用函数或者方法时，this 指向这个对象

　　D. 在浏览器中的全局范围内，this 指向全局变量

（2）以下（　　）是 JavaScript 的内置对象。

　　A. Object　　　　　　B. String　　　　　　C. Error　　　　　　D. Array

3. 判断题

（1）可以通过构造函数 String()生成一个字符串对象。　　　　　　　　　　（　　）

（2）全局变量可以通过对象进行访问。　　　　　　　　　　　　　　　　　（　　）

（3）canvas 元素和 JavaScript 结合可以在页面上动态绘制图形。　　　　　（　　）

（4）Math 是内置对象，使用 random()方法的正确格式为"var x=new Math().random();"。

　　　　　　　　　　　　　　　　　　　　　　　　　　　　　　　　　　（　　）

（5）Global 对象是 BOM 的全局宿主对象。　　　　　　　　　　　　　　　（　　）

（6）"var obj=new Global();"可以声明一个全局对象 obj。　　　　　　　　（　　）

（7）构造函数提供了定义对象的模板，可以生成一个可用对象。　　　　　（　　）

（8）window 对象和 Global 对象都是 JavaScript 提供的与宿主无关的虚拟全局对象。　（　　）

（9）Math.floor(x)取 x 的整数部分。　　　　　　　　　　　　　　　　　（　　）

八、挑战提升

项目任务工作单

课程名称　前端交互设计基础		任务编号　　3-2	
班　级　＿＿＿＿＿＿＿		学　期　＿＿＿＿＿＿	
项目任务名称	时钟的制作	**学　时**	
项目任务目标	根据项目选题完成时钟的制作。		

项目 任务 要求	任务内容： （1）完成时钟绘制 JavaScript 代码的编写和调试。 （2）完成本任务中内置对象的属性和方法的使用。 （3）完成本任务中案例代码的调试。 功能要求： （1）用 canvas 绘制时钟的外观，包括时针、分针、秒针和 Logo。 （2）时钟要根据系统时间每一秒刷新一次。 （3）时钟样式如图 3-2-11 所示，允许创新。  图 3-2-11　时钟效果 技术要求： （1）用 canvas 和 JS 配合实现时钟的制作。 （2）用二维渲染上下文对象实现表盘、针和 Logo、文字的制作。 （3）使用 Math 和 Date 等内置对象完成相应功能。 （4）理解 JS 的全局变量 Global 和函数。
评价 要点	（1）内容完成度（60 分）。 （2）文档规范性（30 分）。 （3）拓展与创新（10 分）。

项目四

志愿项目

任务 4-1　表格隔行异色

知识目标

❏ 理解 DOM（Document Object Model，文档对象模型）概念
❏ 理解元素、节点、标签等概念
❏ 理解 DOM 节点树
❏ 掌握 DOM 元素的操作方法

技能目标

❏ 熟练获取 DOM html 元素
❏ 熟练操作 DOM html 元素
❏ 掌握元素节点与元素节点集合获取方法的区别

素质目标

❏ 鼓励个性发展
❏ 弘扬关注社会、服务社会、奉献爱心的精神
❏ 养成创新思维的意识

重点

❏ 获取 DOM html 元素
❏ 操作 DOM html 元素

难点

❏ 获取 DOM html 元素
❏ 操作 DOM html 元素

一、任务描述

将表格或列表隔行异色显示，如图 4-1-1 所示。

志愿项目						
内容	联系电话	时间	需要志愿者数	已报名人数		
打扫卫生	1111111111	2021.7.21 10:00~12:00	20	3	报名	详情介绍
图书馆图书整理	2222222222222	2021.7.21 15:00~17:00	30	5	报名	详情介绍
实验室机房	2222222222222	2021.7.22 12:30~14:00	20	2	报名	详情介绍
讲座宣传	2222222222222	2021.7.22 12:30~14:00	10	9	报名	详情介绍
新冠疫苗宣传	2222222222222	2021.7.22 12:30~14:00	20	3	报名	详情介绍
我的任务						
内容	联系电话		时间	操作		

图 4-1-1　隔行异色显示的表格

二、思路整理

可以使用 JS 将表格或列表的背景以不同的样式显示，分 3 个步骤来完成这个任务。

第 1 步：利用 CSS 定义两种颜色 bg1 和 bg2。

第 2 步：获取表格及其子元素。

```
var table = document.getElementById("cart-table");
var trs = table.getElementsByTagName('tr');
```

第 3 步：利用循环遍历所有的行元素，将奇数行设置成颜色 bg1，偶数行设置成颜色 bg2。

三、代码实现

利用 CSS 定义两种颜色的样式文件，在这里就不做介绍了。下面是实现本任务的核心代码。

```
1 var table = document.getElementById("cart-table");
2 var trs = table.getElementsByTagName('tr');
3 for (var i = 0; i < trs.length; i++) {
4   if(i % 2 == 1){
5     trs[i].className = "bg1";
6     trs[i].oldClassName = "bg1"; //为响应鼠标事件做准备
7   }else{
8     trs[i].className = "bg2";
9     trs[i].oldClassName = "bg2";
10   }
11 }
```

其中，第 1 行代码利用 document 对象提供的 getElementById()函数来获取表格，第 2 行代码使用表格的 getElementsByTagName('tr')函数来获取表格的所有行元素，第 3～11 行利用循环遍历所有的行元素，使用 if 语句判断每一行的奇偶性，将奇数行设置成一种颜色，偶数行设置成另一种颜色。这里的 oldClassName 属性暂时存储当前 className 的值，为响应鼠标事件做准备。

扫描二维码 4-1-1 查看核心代码的讲解。

二维码 4-1-1

核心代码解释

四、创新训练

1. 观察与发现

一个元素的类选择器可以有多个，在开发中如何对选择器列表进行操作？

2. 探索与尝试

HTML 的解决方案：利用元素对象的 className 属性获取，获取的结果是字符型，然后再根据实际情况对字符串进行处理。

HTML5 的解决方案：新增的 classList（只读）元素的类选择器列表。

例如，若一个 div 元素之前没有指定名称的样式，则添加；如果有，则移除，如图 4-1-2 所示。

图 4-1-2　个性导航

利用 JS 完成这个功能的核心代码如下：

```
div元素对象.classList.toggle("red");      //red为自定义的CSS样式
```

3. 职业素养的养成

历史告诉我们，世界上的任何一项创新乃至发明创造都与人的兴趣爱好和个性特长有着直接的关系。爱迪生一生为什么会有那么多发明创造，其主要原因就是他对科学实验产生了浓厚兴趣，尽管屡受欺辱，但他并没有因此而放弃自己的个性特长。人的个性不是生来就有的，而是在个人生理素质的基础上、在一定社会历史条件下通过实践活动逐渐形成和发展起来的。职业规划的发展方向很重要，选择一个热衷的行业，清楚自己的发展目标，通过解决问题，沉淀职业能力和专业素养，综合职场获取的资源，朝着目标前行，实现人生价值的突破。

五、知识梳理

DOM（Document Object Model，文档对象模型）是 HTML 和 XML 文档的编程接口。HTML DOM 是关于如何获取、修改、添加或删除 html 元素的标准。

1. 节点树

当浏览器载入 HTML 文档时，HTML 文档就会成为 document 对象。在网页中所有对象和内容都被称为节点，例如文档、元素、文本、属性、注释等。节点（Node）是 DOM 最基本的单元，并派生出不同类型的节点，用节点树来表示页面内部结构，这种结构被称为节点树。大家先看下面这段代码：

```
<!DOCTYPE html>
<html>
    <head>
        <meta charset="utf-8">
        <title>认识 HTML DOM 节点树</title>
    </head>
    <body>
        <h1>h1 节点</h1>
        <p>p 与 h1 互为兄弟节点</p>
    </body>
</html>
```

对应的节点树如图 4-1-3 所示。

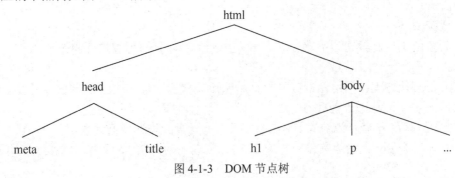

图 4-1-3　DOM 节点树

从图 4-1-3 所示的树形结构可以看出，html 标签没有父辈，没有兄弟，所以 html 标签为根标签。head 标签是 html 的子标签，meta 和 title 标签之间是兄弟关系。如果把每个标签当作一个节点，那么这些节点组合成了一棵节点树。

节点（Node）是 DOM 层次结构中任何类型对象的通用名称，Node 是相对于 Tree 这种数据结构而言的。Tree（节点树）由 Node（节点）组成。

根据 DOM 规范，整个文档是一个文档节点，每个标签是一个元素节点，元素包含的文本是文本节点，元素的属性是一个属性节点，注释属于注释节点，以此类推。每个节点都有 nodeType、nodeName 和 nodeValue 这 3 个属性，其含义如表 4-1-1 所示。不同类型的节点，nodeName 和 nodeValue 属性的取值不同。元素的 nodeName 属性的返回值是标签名，而元素的 nodeValue 属性的返回值为 null。因此在读取属性之前应该先检测类型。

表 4-1-1　节点的属性和说明

属　　性	说　　明
nodeType	判断一个节点的类型，返回值为 1 表示的是 Element 节点；返回值为 2 表示的是 Attr 节点；返回值为 3 的表示是 Text 节点
nodeName	读取节点的名称
nodeValue	读取节点的值

扫描二维码 4-1-2 查看节点树的讲解。

2. 获取节点元素

W3C 提供了比较方便、简单的定位节点的方法和属性，以便用户快速地对节点进行操作，如表 4-1-2 所示。

二维码 4-1-2
节点树

表 4-1-2　document 对象的方法和属性

分　类	名　　称	说　　明
方　法	document.getElementById()	返回对拥有指定 id 的第一个对象的引用
	document.getElementsByName()	返回带有指定名称的对象集合
	document.getElementsByTagName()	返回带有指定标签名的对象集合
	document.getElementsByClassName()	返回带有指定类名的对象集合（不支持 IE6～IE8）
属　性	document.body	返回文档的 body 元素
	document.documentElement	返回文档的 html 元素
	document.forms	返回对文档中所有 Form 对象的引用
	document.images	返回对文档中所有 Image 对象的引用

例如：

```
document.getElementById("userno");                  //获取 id="userno"的元素
document.getElementsByTagName('input');             //获取所有 input 标签元素
document.getElementsByClassName("intro");           //获取 class="intro"的所有元素
document.getElementsByTagName('li');                //获取所有 li 元素，返回数组
document.getElementsByTagName('li')[0];             //获取第一个 li 元素
document.getElementsByTagName('li').item(0);        //获取第一个 li 元素
document.getElementsByTagName('li').length;         //获取所有 li 元素的数目
```

在 DOM 操作中，元素对象也提供了获取某个元素内指定元素的方法和属性，常用的两个方法为 getElementsByClassName()和 getElementsByTagName()。它们的使用方式与 document 对象中的同名方法相同。

例如，获取 id=info 的 li 元素的子元素：

```
var lis = document.getElementById('info').getElementsByTagName('li');
var lis = document.getElementById('info').children;
```

扫描二维码 4-1-3 查看获取节点元素的视频讲解。

二维码 4-1-3
获取节点元素

3. DOM 集合（HTMLCollection）的使用

getElementsByTagName()以及 getElementsByClassName()方法的返回值就是一个 HTMLCollection 对象。

HTMLCollection 对象类似 html 元素的一个数组，但不是一个数组。集合中的元素可以通过索引（以 0 为起始位置）来访问。HTMLCollection 对象的 length 属性定义了集合中元素的数量，常用于遍历集合中的元素。

例如，修改所有 p 元素的背景颜色：

```
var myCollection = document.getElementsByTagName("p");   //获取 p 元素的集合
var i;
for (i = 0; i < myCollection.length; i++) {              //遍历集合中的元素
    myCollection[i].style.backgroundColor = "red";       //修改所有 p 元素的背景颜色
}
```

注意：HTMLCollection 不是一个数组，无法使用数组的方法 valueOf()、pop()、push()或 join()。

4. 获取节点元素的内容

获取节点元素的内容可以使用 innerHTML、innerText 以及 textContent 属性，其中，innerHTML 属性会保持编写的格式以及标签样式，innerText 属性则是去掉所有格式以及标签样式，得到纯文本内容，textContent 属性在去掉标签样式后会保留文本格式。

例如，获取 id 为 userno 的元素的值：

```
var userno=document.getElementById("userno").value;
```

扫描二维码 4-1-4 查看获取节点元素的内容的视频讲解。

5. 操作节点元素的属性

Attributes 用于返回一个元素的属性集合，setAttribute(name,value) 用于设置或者改变指定属性的值，getAttribute(name)用于返回指定元素的属性，removeAttribute(name)用于从元素中删除指定的属性。例如：

二维码 4-1-4
获取节点元素的内容

```
document.getElementById('box').getAttribute('id');      //获取元素的 id 值
document.getElementById('box').id;                      //获取元素的 id 值
document.getElementById('box').getAttribute('mydiv');   //获取元素的自定义属性值
document.getElementById('box').mydiv                    //获取元素的自定义属性值，非 IE 浏览器不支持
```

```
document.getElementById('box').getAttribute('class');
                                //获取元素的class值，IE浏览器不支持
document.getElementById('box').getAttribute('className');    //非IE浏览器不支持
document.getElementById('box').setAttribute('align','center');  //设置属性和值
document.getElementById('box').setAttribute('bbb','ccc');    //设置自定义的属性和值
document.getElementById('box').removeAttribute('style');    //移除属性
```

6. 操作节点元素的样式

操作节点元素样式的语法：

```
document.getElementById(id).style.property=新样式
```

例如：

```
del.style.width="400";
del.innerHTML="<button onclick='del(this)'>删除</button>";
```

二维码4-1-5
操作节点元素的样式

扫描二维码4-1-5查看操作节点元素的样式的视频讲解。

7. 任务总结

本任务的知识树如图4-1-4所示。

8. 拓学内容

（1）节点类型；

（2）querySelector()；

（3）querySelectorAll()。

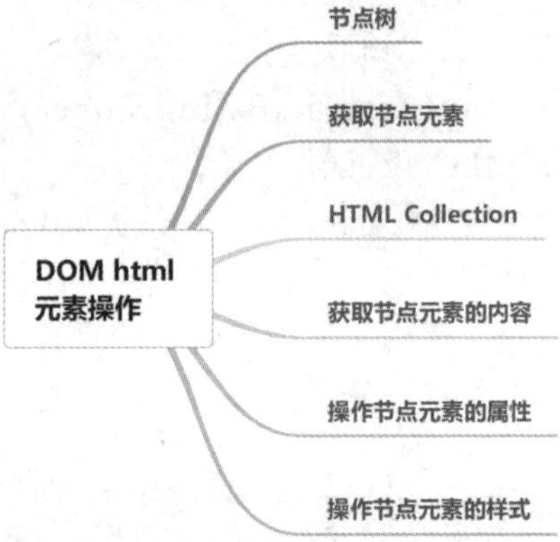

图 4-1-4　任务知识树

六、思考讨论

（1）节点类型的分类是什么？

（2）节点与元素有什么区别？

（3）getElementById()与 getElementsByClassName()
有什么区别？

（4）getElementsByTagName()与getElementsByName()有什么区别？

七、自我检测

1. 单选题

（1）获取页面中超链接数量的方法是（　　）。

    A. document.links.length　　　　　　　　B. document.length

    C. document.links[1].length　　　　　　　D. document.links[0].length

（2）下列语句中可以用来实现改变HTML文档的背景颜色的是（　　）。

    A. document.bgColor("yellow")　　　　　B. document.bgColor()="yellow"

    C. document.bgColor="yellow"　　　　　　D. document.background="yellow"

（3）当前元素失去焦点并且元素的内容发生改变时触发（　　）。

    A. onfocus 事件　　　B. onchange 事件　　　C. onblur 事件　　　D. onsubmit 事件

（4）在下面的JavaScript语句中，（　　）实现检索当前页面的表单元素中的所有文本框，并将它们全部清空。

    A. for(var i=0;i< form1.elements.length;i++) {

        if(form1.elements[i].type=="text")

```
                form1.elements[i].value="";
        }
    B. for(var i=0;i<document.forms.length;i++) {
            if(forms[0].elements[i].type=="text")
                forms[0].elements[i].value="";
        }
    C. if(document.form.elements.type=="text")
            form.elements[i].value="";
    D. for(var i=0;i<document.forms.length; i++){
            for(var j=0;j<document.forms[i].elements.length; j++){
                if(document.forms[i].elements[j].type=="text")
                    document.forms[i].elements[j].value="";
            }
        }
```

（5）下面可用于获取文档中全部 div 元素的是（   ）。

    A. document.querySelector('div')

    B. document.querySelectorAll('div')

    C. document.getElementsByName('div')

    D. 以上选项都可以

（6）下列选项中可以作为 DOM 的 style 属性操作的样式名为（   ）。

    A. LEFT   B. display

    C. Background   D. background-color

（7）下列选项中可用于实现动态改变指定 div 中内容的是（   ）。

    A. console.log()   B. document.write()

    C. innerHTML   D. 以上选项都可以

（8）在 JavaScript 语言中，event 对象用于描述一个 JavaScript 程序中的（   ）。

    A. 对象   B. 程序

    C. 事件   D. 以上选项均错

（9）下列（   ）不是 document 对象的属性。

    A. forms   B. links

    C. images   D. location

（10）javascript 怎样将一个 checkbox 设为无效，假设该 checkbox 的 id 为 checkAll（   ）。

    A. document.getElementById("checkAll").enabled = false;

    B. document.getElementById("checkAll").disabled = true;

    C. document.getElementById("checkAll").enabled = true;

    D. document.getElementById("checkAll").disabled = "disabled";

2. 多选题

下面（   ）是 JavaScript 中 document 的方法。

    A. getElementById()   B. getElementsById()

    C. getElementsByTagName()   D. getElementsByName()

    E. getElementsByClassName()

3. 填空题

（1）在 JavaScript 语言中，Number 对象中的数字常量 MAX_VALUE 表示（　　）。

（2）创建对象实例 nmb，语法为"var nmb=New Number(<值>);"，这里的<值>用于表示初值，可以是任何（　　）类型的数据。

（3）在 DOM 中（　　）方法可用于创建一个元素节点。

（4）HTML DOM 中的根节点是（　　）。

（5）document 对象中的属性数组必然有相应的 length 属性值，该属性代表整个数组元素的个数，也就是网页中（　　）的个数。

4. 判断题

（1）在 HTML 文档中超链接被称为锚，但在 JavaScript 中 link 对象代表超链接，而不是用锚（anchor）对象来代表。　　　　　　　　　　　　　　　　　　　　　（　　）

（2）document.querySelector('div ').classList 可以获取文档中所有 div 的 class 值。　（　　）

（3）删除节点的 removeChild()方法返回的是一个布尔类型值。　　　　　　　　（　　）

（4）HTML 文档的每个换行都是一个文本节点。　　　　　　　　　　　　　（　　）

（5）document 对象的 getElementsByClassName()和 getElementsByName()方法返回的都是元素对象集合 HTMLCollection。　　　　　　　　　　　　　　　　　　　（　　）

八、挑战提升

项目任务工作单

课程名称　<u>前端交互设计基础</u>　　　　　　　　　　　　任务编号　　<u>4-1</u>

班　　级　<u>　　　　　　　　　</u>　　　　　　　　　　　学　　期　<u>　　　　　　</u>

项目任务名称	导航栏的切换	学　时	
项目任务目标	（1）熟练地获取元素节点。 （2）熟练地操作元素节点属性。		
项目 任务 要求	任务 1：导航栏切换（如图 4-1-5 所示） 图 4-1-5　导航栏效果 扫描二维码 4-1-6 查看运行效果。 任务 2：表格隔行异色（如图 4-1-6 所示） 图 4-1-6　志愿项目表		 二维码 4-1-6 导航栏切换效果

续表

项目任务要求	总要求： （1）将上面的两个任务分别录屏（录屏过程或加字幕或含声音讲解）。 （2）将完成的作品展示分享。 提示：扫描二维码 4-1-7 查看导航栏切换的源代码。 二维码 4-1-7　导航栏切换的源代码
评价要点	（1）完成了项目的所有功能（50 分）。 （2）代码规范、界面美观（30 分）。 （3）结题报告书写工整等（20 分）。

任务 4-2　志愿者报名

知识目标

❏ 熟练掌握 DOM 获取节点的方法

❏ 熟练掌握 DOM 插入、删除节点的方法

技能目标

❏ 熟练使用 JS 插入节点

❏ 熟练使用 JS 删除节点

素质目标

❏ 培养长幼有序、敬长/尊长/爱长的美德

❏ 培养正确定位、自我完善的成长观

❏ 培养发现问题、分析问题、解决问题的能力

重点

❏ DOM 获取节点的方法

❏ DOM 插入、删除节点的方法

难点

❏ DOM 获取节点的方法

❏ DOM 插入、删除节点的方法

一、任务描述

在志愿者输入关键字搜索自己感兴趣的志愿项目后，搜索结果如图 4-2-1 所示。

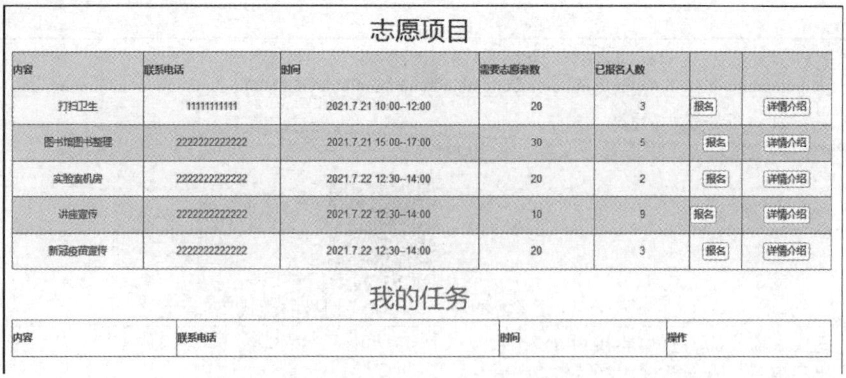

志愿项目

内容	联系电话	时间	需要志愿者数	已报名人数		
打扫卫生	11111111111	2021.7.21 10:00--12:00	20	3	报名	详情介绍
图书馆图书整理	222222222222	2021.7.21 15:00--17:00	30	5	报名	详情介绍
实验室机房	222222222222	2021.7.22 12:30--14:00	20	2	报名	详情介绍
讲座宣传	222222222222	2021.7.22 12:30--14:00	10	9	报名	详情介绍
新冠疫苗宣传	222222222222	2021.7.22 12:30--14:00	20	3	报名	详情介绍

我的任务

内容	联系电话	时间	操作

图 4-2-1　查看志愿项目单

单击“报名”按钮，实现报名，“已报名人数”自动加 1，若“已报名人数”与“需要志愿者数”相等，则“报名”按钮不可用。单击“已报名项目”可以查看自己已经报名的志愿者项目，如图 4-2-2 所示。

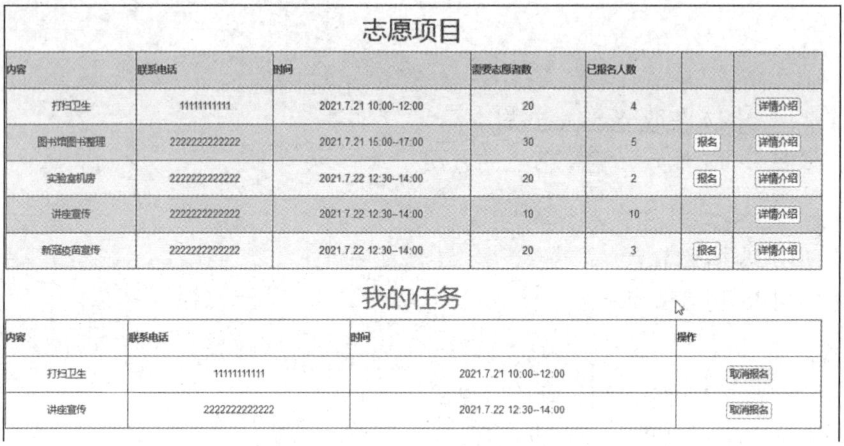

志愿项目

内容	联系电话	时间	需要志愿者数	已报名人数		
打扫卫生	11111111111	2021.7.21 10:00--12:00	20	4		详情介绍
图书馆图书整理	222222222222	2021.7.21 15:00--17:00	30	5	报名	详情介绍
实验室机房	222222222222	2021.7.22 12:30--14:00	20	2	报名	详情介绍
讲座宣传	222222222222	2021.7.22 12:30--14:00	10	10		详情介绍
新冠疫苗宣传	222222222222	2021.7.22 12:30--14:00	20	3	报名	详情介绍

我的任务

内容	联系电话	时间	操作
打扫卫生	11111111111	2021.7.21 10:00--12:00	取消报名
讲座宣传	222222222222	2021.7.22 12:30--14:00	取消报名

图 4-2-2　我的任务单

若不想报名了，可以单击“取消报名”按钮，从“我的任务”表格中删除当前项目内容，此时“志愿项目”表格的相应项目中“已报名人数”自动减 1，“报名”按钮恢复可用。

二、思路整理

1. 实现思路

（1）“报名”按钮。通过 parentNode 获取当前“报名”按钮所在的行，通过 childNodes[i] 找出当前行的“内容”“联系电话”“时间”以及“已报名人数”列，并通过 innerHTML 获取它们的值。新建一个行节点，其子节点（“内容”“联系电话”“时间”）的值为前面获取的值，并将这个行节点通过 appendChild()方法插入“我的任务”表格中，“志愿项目”表格中“已报名人数”的值减 1。

（2）“取消报名”按钮。与“报名”按钮一样，先通过 parentNode 获取当前“报名”按钮所在的行，获取当前行的第一个元素的内容，根据该内容，在“志愿项目”表格中循环查找，如果相同，那么其报名人数需加 1，在“我的任务”表格中删除这个行节点。

2. 涉及的知识点

（1）获取父节点、兄弟节点的方法。

（2）数值转换的方法。

（3）appendChild()方法、insertBefore()方法以及cloneNode()方法。

三、代码实现

以下是实现"报名"按钮的核心代码：

```
1  function choose(obj){
2      var n = parseInt(obj.parentNode.parentNode.childNodes[9].innerHTML);
3      var tr = document.createElement('tr');        //创建一个tr节点对象
4      var td0 = document.createElement('td');        //创建一个td节点对象td0
5      td0.innerHTML = obj.parentNode.parentNode.childNodes[1].innerHTML;
6      var td1 = document.createElement('td');
7      td1.innerHTML = obj.parentNode.parentNode.childNodes[3].innerHTML;
8      var td2 = document.createElement('td');
9      td2.innerHTML = obj.parentNode.parentNode.childNodes[5].innerHTML;
10     var del = document.createElement("td");
11     del.style.width = "400";                       //设置del节点的样式，width为400
12     del.innerHTML = "<button onclick='del(this)' >删除</button>";
13     tr.appendChild(td0);                           //tr节点对象追加一个子节点td0
14     tr.appendChild(td1);
15     tr.appendChild(td2);
16     tr.appendChild(del);
17     mytable.appendChild(tr);                       //mytable表格追加一个子节点tr
18     n = n+1;
19     obj.parentNode.parentNode.childNodes[9].innerHTML = n;
20     obj.style.display = "none";                    //设置当前对象obj的display样式为none
21  }
```

其中obj对象就是每个"报名"按钮。第2条语句将当前节点对象的父节点的父节点的第10个子节点的内容转换为整型，为实现报名人数增加或减少做准备。第3条语句创建一个tr行节点对象。第4～12条语句创建列节点对象并赋值。第13～16条语句给新建的行节点对象依次添加各个子节点。第17条语句为mytable表格追加一个子节点tr。第18、19条语句实现报名人数加1。第20条语句设置当前对象obj的display样式为none。对于每个志愿项目，每个志愿者只能报一次名。

二维码4-2-1 "报名"
按钮的核心代码讲解

扫描二维码4-2-1查看"报名"按钮的核心代码讲解视频。

"取消报名"按钮的代码如下：

```
1   function del(obj){
2     var tr=obj.parentNode.parentNode;
3     var str=tr.firstChild.innerHTML.toString();
4     //志愿项目的报名人数加1
5     for(var i=1;i<trs.length;i++){
6       var n=parseInt(trs[i].childNodes[9].innerHTML);
7       if(trs[i].childNodes[1].innerHTML==str){
8         n=n+1;
9         trs[i].childNodes[9].innerHTML=n;
```

```
10          trs[i].childNodes[11].firstChild.style.display="block";
11       }
12     }
13   tr.parentNode.removeChild(tr); //从表格中删除节点 tr
14 }
```

第 2 条语句：获取当前"取消报名"按钮所在的行。

第 3 条语句：获取当前"取消报名"按钮所在行的第一个元素的内容。

第 5~12 条语句：根据第 3 条语句所获得的内容，在"志愿项目"表格中循环查找，如果相同，那么其报名人数需加 1。

第 13 条语句：在"我的任务"表格中删除节点 tr。

扫描二维码 4-2-2 查看"取消报名"按钮的核心代码讲解视频。

二维码 4-2-2 "取消报名"
按钮的核心代码讲解

四、创新训练

1. 观察与发现

appendChild()用于在表格的末尾追加一个子节点，那么用 insertBefore()、cloneNode()、replaceChild()如何来实现本任务呢？

2. 探索与尝试

下面给出用 insertBefore()实现的关键代码：

```
function choose(obj){
        var n=parseInt(obj.parentNode.parentNode.childNodes[9].innerHTML);
        var headTr=document.getElementById("head");
        var tr=document.createElement('tr');
        var td0=document.createElement('td');
        td0.innerHTML=obj.parentNode.parentNode.childNodes[1].innerHTML;
        var td1=document.createElement('td');
        td1.innerHTML=obj.parentNode.parentNode.childNodes[3].innerHTML;
        var td2=document.createElement('td');
        td2.innerHTML=obj.parentNode.parentNode.childNodes[5].innerHTML;
        var del=document.createElement("td");
        del.style.width="400";
        del.innerHTML="<button onclick='del(this)'>取消报名</button>";
        tr.appendChild(td0);
        tr.appendChild(td1);
        tr.appendChild(td2);
        tr.appendChild(del);
        //mytable.appendChild(tr);
        mytable.insertBefore(tr, headTr.nextElementSibling);
        n=n+1;
        obj.parentNode.parentNode.childNodes[9].innerHTML=n;
        if(n>=parseInt(obj.parentNode.parentNode.childNodes[7].innerHTML)){
            obj.style.display="none";
        }
    }
```

对于 cloneNode()、replaceChild()这两个方法的使用，请大家课后去实现。

3. 职业素养的养成

团队能否高效地运转，首先要求每一个员工都能够正确认识自己在团队中所扮演的角色，对自己的实际工作能力和职责进行正确定位。正所谓"尺有所短，寸有所长"，每一个员工都有自己擅长的工作和技能。

五、知识梳理

1. 节点关系

节点之间的关系是 DOM 中最重要的一个方面，如果要正确地引用节点对象，那么一定要清楚节点树中各个节点的相互描述方式，节点根据层次结构可以划分为父节点、子节点、兄弟节点。在节点树中，顶端的节点为根节点。除了根节点以外，每个节点都有一个父节点。节点可以包含任何数量的子节点。叶子节点是没有子节点的节点。同级节点是拥有相同父节点的节点。

在获取一个元素节点的时候，可以使用层次节点属性来获取其相关层次的节点。例如 node.parentNode 返回当前节点的父节点，node.childNodes 返回当前节点的所有子节点的集合（包含文本节点和标签节点），node.firstChild 返回第一个子节点，node.lastChild 返回最后一个子节点，node.nextSibling 返回当前节点后面的第一个同级节点，node.previousSibling 返回当前节点前面的第一个同级节点，节点之间的关系如图 4-2-3 所示。DOM 获取节点的属性如表 4-2-1 所示。

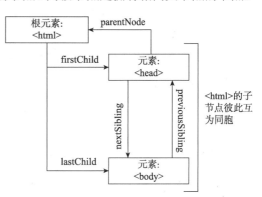

图 4-2-3 节点之间的关系

表 4-2-1 DOM 获取节点的属性

属　　性	说　　明
firstChild	访问当前节点的第一个子节点
lastChild	访问当前节点的最后一个子节点
nodeName	访问当前节点的名称
nodeValue	访问当前节点的值
nextSibling	返回同一层级中指定节点之后紧跟的节点
previousSibling	返回同一层级中指定节点的前一个节点
parentNode	访问当前节点的父节点
childNodes	访问当前节点的所有子节点的集合

例如：

```
//获取当前节点的父节点的父节点的第 10 个子节点的内容
obj.parentNode.parentNode.childNodes[9].innerHTML;
```

2. NodeList 对象

NodeList 对象是一个从文档中获取的节点列表（集合），类似于 HTMLCollection 对象。NodeList 中的元素可以通过索引（以 0 为起始位置）来访问。NodeList 对象的 length 属性定义了节点列表中元素的数量，length 属性常用于遍历节点列表。

示例：修改节点列表中所有 p 元素的背景颜色。

```
var myNodelist = document.querySelectorAll("p");      //获取 p 元素的集合
var i;
for (i = 0; i < myNodelist.length; i++) {             //遍历节点列表
```

```
    myNodelist[i].style.backgroundColor = "red";      //修改背景颜色
}
```

注意：一些较低版本的浏览器中的方法（例如 getElementsByClassName()）返回的是 NodeList 对象，而不是 HTMLCollection 对象。所有浏览器的 childNodes 属性返回的是 NodeList 对象。

大部分浏览器的 querySelectorAll()返回 NodeList 对象。

3. DOM 节点的追加

如果要创建新的 HTML 元素（节点），需要先创建一个元素，然后在已存在的元素中添加它。DOM 节点的追加方法如表 4-2-2 所示。

表 4-2-2　DOM 节点的追加方法

方　　法	说　　明
document.createElement()	创建元素节点
document.createTextNode()	创建文本节点
document.createAttribute()	创建属性节点
appendChild()	在指定元素的子节点列表的末尾添加一个节点
insertBefore(newItem,existingItem)	在指定的已有子节点 existingItem 之前插入新的子节点 newItem
getAttributeNode()	返回指定名称的属性节点
setAttributeNode()	设置或者改变指定名称的属性节点

例如：

在表格 mytable 的末尾追加一行 tr	mytable.appendChild(tr);
在表格 mytable 的表头插入一行 tr	mytable.insertBefore(tr, headTr.nextElementSibling);

注意：

（1）createElement()在创建一般元素节点的时候，浏览器的兼容性都比较好，但是在几个特殊标签上，例如 iframe、input 的 radio 和 checkbox、button 元素中，可能会在 IE6 或 IE7 以下版本的浏览器中存在不兼容问题。

（2）createTextNode()与 innerHTML 的区别：innerHTML 和 createTextNode()都可以把一段内容添加到一个节点中，若添加的内容中包含标签，例如\<strong\>Hello!\</strong\>，createTextNode()会把 strong 标签当成文本处理，输出的是"\<strong\>Hello!\</strong\>"，而 innerHTML 会把它当成一段代码处理，输出的是"Hello!"。

（3）IE6 及更低版本的浏览器不支持 removeAttribute()方法。

4. DOM 节点的替换、复制以及删除

DOM 节点的替换、复制以及删除的方法如表 4-2-3 所示。

表 4-2-3　DOM 节点的替换、复制以及删除的方法

方　　法	说　　明
cloneNode()	复制节点
removeChild()	删除（并返回）当前节点的指定子节点
replaceChild(newnode,oldnode)	用新节点 newnode 替换一个子节点 oldnode

例如：

```
var box = document.getElementById('box');      //通过 id 获取元素节点 box
var clone = box.firstChild.cloneNode(true);    //获取第一个子节点，true 表示复制内容
box.appendChild(clone);                        //添加到子节点列表的末尾
box.parentNode.removeChild(box);               //删除指定节点
```

```
box.parentNode.replaceChild(p,box);          //把<div>换成了<p>
```

appendChild()、insertBefore()、removeChild()和 replaceChild() 4 个方法用于对子节点进行操作。在使用这 4 个方法之前，可以先使用 parentNode 属性获取父节点。另外，并不是所有类型的节点都有子节点，如果在不支持子节点的节点上调用了这些方法，将会导致错误发生。

cloneNode()有两种 boolean 类型的参数。若参数是 true，为深度复制，就是复制当前节点的所有子孙节点；若参数是 false，仅复制当前节点。

5. 任务总结

本任务的知识树如图 4-2-4 所示。

6. 拓学内容

（1）COM；

（2）HTMLCollection；

（3）NodeList。

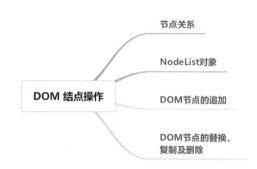

六、思考讨论

（1）appendChild()与 insertBefore()的
区别体现在哪里？

图 4-2-4　任务知识树

（2）querySelector()与 querySelectorAll()的区别是什么？

（3）HTML5 新增的 document 对象方法有哪些？

（4）HTMLCollection 对象与 NodeList 对象的区别有哪些？

七、自我检测

1. 单选题

（1）浏览器对象 screen 可以用于表示（　　）等。

　　A. 显示器的颜色设置和分辨率　　　　B. 浏览窗口的颜色设置

　　C. 浏览窗口的分辨率　　　　　　　　D. 浏览窗口的颜色设置和分辨率

（2）在 JavaScript 语言的文件中，focus 将触发的事件是（　　）。

　　A. 元素失去焦点　　　　　　　　　　B. 当前焦点位于该元素

　　C. 页面被载入　　　　　　　　　　　D. 将当前内容提交

（3）setTimeout("move(),20) 语句的含义是（　　）。

　　A. 每隔 20 秒，move()函数就会被调用一次

　　B. 每隔 20 分钟，move()函数就会被调用一次

　　C. 每隔 20 毫秒，move()函数就会被调用一次

　　D. move()函数被调用 20 次

（4）下列 JavaScript 原生方法访问 DOM 节点的语句中错误的是（　　）。

　　A. document.find("div");

　　B. document.getElementByld("id");

　　C. document.getElementsByClassName("class");

　　D. document.getElementsByTagName("div");

2. 多选题

下列关于 document 对象的说法中错误的是（　　　）。

A. 不是每个载入浏览器的 HTML 文档都会成为 document 对象

B. document 对象使用户可以从脚本对 HTML 页面中的所有元素进行访问

C. document 对象是 window 对象的一部分，可以通过 window. document 属性进行访问

D. 使用 document 对象中的 title 属性不可以修改网页的标题

八、挑战提升

项目任务工作单

课程名称　<u>前端交互设计基础</u>　　　　　　　　　　　　任务编号　<u>　4-2　</u>

班　　级　<u>　　　　　　　　</u>　　　　　　　　　　　　学　　期　<u>　　　　　　　　</u>

项目任务名称	报名志愿项目	学　时	
项目任务目标	（1）熟练地获取元素节点。 （2）熟练地添加、插入、删除元素节点。		
项目 任务 要求	在我的任务单中取消报名后，总的任务单中对应志愿项目的"已报名人数"应该减 1，如果"已报名人数"小于"需要志愿者数"，那么"报名"按钮应该恢复其相应功能，如图 4-2-5 所示。扫描二维码 4-2-3 查看效果。 	内容	联系电话	时间	需要志愿者数	已报名人数		
---	---	---	---	---	---	---
打扫卫生	11111111111	2021.7.21 10:00～12:00	20	3	报名	详情介绍
图书馆图书整理	2222222222222	2021.7.21 15:00～17:00	30	5		
实验室机房	2222222222222	2021.7.22 12:30～14:00	20	2	报名	详情介绍
讲座宣传	2222222222222	2021.7.22 12:30～14:00	10	10		详情介绍
新冠疫苗宣传	2222222222222	2021.7.22 12:30～14:00	20	3	报名	详情介绍 | ### 我的任务 | 内容	联系电话	时间	操作
讲座宣传	2222222222222	2021.7.22 12:30～14:00	取消报名 | 图 4-2-5　我的任务单 总要求： （1）将任务录屏（录屏过程或加字幕或含声音讲解）。 （2）将完成的作品展示分享。 提示：扫描二维码 4-2-4 查看我的任务单的源代码。 　　　　 二维码 4-2-3　我的任务单　　二维码 4-2-4　我的任务单的源代码
评价 要点	（1）完成了项目的所有功能（50 分）。 （2）代码规范、界面美观（30 分）。 （3）结题报告书写工整等（20 分）。

项目五

首页轮播图

任务 5-1 幻灯片轮播

知识目标
- 深入理解 Array 对象
- 对比理解 window 对象与 document 对象

技能目标
- 灵活使用 getElementsByTagName()方法
- 会给 window 对象创建属性
- 具有认识对象方法的能力

素质目标
- 培养胸怀天下的家国情怀
- 树立正确的价值观
- 培养求真务实的工作作风
- 培养创新的能力

重点
- window 对象和 document 对象的使用
- window 方法的使用，体会全局性
- getElementsByTagName()方法的使用
- 数组的灵活使用

难点
- 数组循环赋值的灵活实现
- 幻灯片轮播的实现思路

一、任务描述

实现网站首页中某新闻图片的幻灯片轮播效果。
轮播效果如图 5-1-1 所示，具体包括：
（1）多张图片以幻灯片放映的形式依次定时自动轮播；

（2）手动控制轮播，通过单击左/右按钮改变图片轮播的顺序；

（3）鼠标指针移入图片区时轮播停止，移出则继续轮播。

扫描二维码 5-1-1 观看幻灯片轮播效果视频。

图 5-1-1　静态网页布局　　　　　　　二维码 5-1-1　幻灯片轮播效果视频

二、思路整理

1. 静态网页布局

如图 5-1-1 所示，用一个 div 容纳两个 a 标签和一个 img 元素，a 标签用来做左/右轮播控制，img 元素承载图片，呈现轮播。

元素的设计示意图如图 5-1-2 所示。

2. CSS 样式美化

对于图 5-1-2，编写 CSS 代码对网页元素的样式进行美化设计，详见"代码实现"部分。

3. 轮播原理分析

多张图片按照图片顺序依次以幻灯片形式播放，如图 5-1-3 所示。当播放完最后一张后，再从最前面一张循环轮播，直到被手动干预。

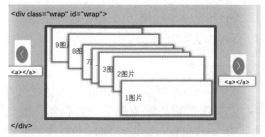

图 5-1-2　元素的设计示意图　　　　　　　图 5-1-3　轮播示意图

这里要注意图片轮播次序、首尾图片衔接、图片循环等问题。

扫描二维码 5-1-2 观看视频。

建议：以编号方式命名图片文件，例如 A1、A2、A3 等，这样便于编程过程中图片的获取与循环的描述。

二维码 5-1-2　幻灯片轮播实现原理视频

4. JS 交互思路

（1）将交互功能整体封装为 slideshow()函数。

（2）用 setInterval()代替 for 实现图片的循环展示。setInterval()是 window 的计时器方法，每经过指定的毫秒数调用一个函数，实现图片的循环展示。

（3）为不同事件编写事件处理程序。根据需求分析对象的事件需要什么样的事件处理程序，例如两个 a 标签对象的鼠标单击事件、img 对象的鼠标移入/移出事件需要相应的事件处理程序。

（4）细节处理。由于数组元素可以被看成命名有规律的变量集合，所以若干图片和两个 a 标签用数组 imgArr[]、btnArr[]保存，用 img 元素.src="路径/文件名"完成图片的展示。对于鼠标移入、停止、移出继续的实现，用一个循环计时器变量 index 记录停止轮播的当前图片的序号，index 的变化从首张图片的序号 0 开始直到最后一张图片的序号，再从 0 开始进行下一轮轮播。

轮播的运行从启动计时器（timer = setInterval()）开始，停止轮播用 clearInterval()清除计时器，再次轮播，则再次启动计时器，用鼠标单击控制图片的展示，实现 index 变量加 1 或减 1。

理清了思路，开始清清楚楚做事，做头脑清晰的学习者。

三、代码实现

1. 工程文件的关系
工程文件的关系如图 5-1-4 所示。

2. HTML 文件（以二维码扫码形式获取内容）
HTML 文件中列于 body 标签之后的 script 标签的代码如下：

```
<script src="js/slideshow1.js"></script>
<script stype="text/javascript">
    slideshow();
</script>
```

图 5-1-4　工程文件的关系

3. style1.css 文件
style1.css 文件以二维码扫码形式获取内容。

4. slideshow1.js 文件

```
1   function slideshow() {
2       var img = document.getElementById('wrap').getElementsByTagName('img');
3       var btnArr = document.getElementById('wrap').getElementsByTagName('a');
4       var index = 0,
5       timer = null;
6       //声明 imgArr 图像数组并赋值
7   var imgArr = ["images/1.jpg", "images/2.jpg", "images/3.jpg","images/4.jpg",
8       "images/5.jpg", "images/6.jpg","images/7.jpg", "images/8.jpg", "images/9.jpg"
9   ];
10  img[0].src = imgArr[index];
11  auto();
12  function auto() {                          //自动轮播
13      timer = setInterval(function() {
14      index++;
15      if (index > imgArr.length - 1) {       //解决最后一张 -> 最前面一张
16      index = 0;
17       }
18      img[0].src = imgArr[index];            //注意数组的下标变量
19      }, 1000);
20  }
21  img[0].onmouseover = clearInterval(timer); //鼠标移入，停止轮播
22  img[0].onmouseout = auto();                //鼠标移出，调用自动轮播函数，重新启动计时器
23  btnArr[0].onclick = function() {           //单击 next 按钮
24      index++;
25          if (index > imgArr.length - 1) {
```

```
26                    index = 0;
27            }
28    img[0].src = imgArr[index];
29    }
30    btnArr[1].onclick = function() {          //单击 prev 按钮
31    index--;
32    if (index < 0) {
33        index = imgArr.length - 1;
34    }
35    img[0].src = imgArr[index];
36    }
```

本任务的重点是用 JS 文件实现交互，以 function slideshow() {...}的形式将 JS 文件整体封装为无参函数 slideshow()。

在 HTML 文件中用<script src="js/slideshow1.js"></script>导入该 JS 文件，并通过另外的 script 标签对调用 slideshow()完成 JS 文件内容的执行。在 slideshow()函数体内进行变量的声明与初始化时要注意以下 4 个问题。

问题 1：

```
var img = document.getElementById('wrap').getElementsByTagName('img');
var btnArr = document.getElementById('wrap').getElementsByTagName('a');
```

document 的方法名是单词组合，通过元素标签名获取元素，无论获取到多少元素，即使是一个元素，均按照**对象集合**处理，所以变量 img、btnArr 是元素集合列表对象。

结论：getElementsByTagName()的返回值是与数组类似的集合性质的对象。

问题 2：

代码"var index = 0, timer = null;"中声明的两个变量的作用域为 slideshow()函数内的所有区域。

问题 3：

```
var imgArr = ["images/1.jpg", "images/2.jpg", "images/3.jpg","images/4.jpg",
    "images/5.jpg", "images/6.jpg","images/7.jpg", "images/8.jpg", "images/9.jpg"
];
```

声明变量数组对象 imgArr，同时以字面量的形式为其赋值，9 个字符串分别为数组元素的值，每个字符串代表存储图片的路径与名字，差异之处为数字序号不同。

问题 4：

代码"img[0].src = imgArr[index];"中的 img 表示 getElementsByTagName()方法获取的网页元素集合，尽管只有一个元素，JS 也视其为元素集合数组，而 img[0]表示一个 img 元素。

"auto();"函数调用语句实现自动轮播。auto()函数的定义从第 12 行延续到第 20 行，在该函数内，timer = setInterval()以变量赋值的形式启动计时器，setInterval()函数有两个参数，参数 1 为匿名函数 function() {...}，代码延续到第 19 行，参数 2 为"1000"，表示每隔 1000 毫秒调用一次参数 1 的匿名函数，变量 timer 的值为此计时器的 ID 号，即 setInterval()函数的返回值。

思考：timer 的值与类型如何测试输出？

index 表示当前轮播的图片的编号，index++表示即将轮播的图片的编号，if 语句解决图片组的尾张后的下一图片为首张的问题。imgArr.length=9，length 是数组属性，代表元素的数量。

第 18 行"img[0].src = imgArr[index];"实现轮播图片的呈现。

对于鼠标移入（onmouseover）、移出（onmouseout）、单击（onclick）事件，触发这些事

件的对象是 img[0]、btnArr[0]、btnArr[1]，事件发生后要执行的交互动作由相应的 function() {…} 完成。

以对象.事件= function() {…}的形式将函数与对象的事件建立联系，称为该对象的该事件的事件处理程序，在该对象的该事件发生时调用该函数。

"img[0].onmouseover = clearInterval(timer);"中的 clearInterval()是 window 的方法，window 是将浏览器的顶级对象省略了，等价于 window. clearInterval()的写法。

"img[0].onmouseout = auto();"调用自动轮播函数 auto()实现 img[0]的鼠标移出事件，再次启动计时器 timer。

思考：

（1）再次启动的 timer 的值发生变化了吗？如何知道呢？

（2）btnArr[0]和 btnArr[1]的 onclick 事件处理程序有两处不同，一是 if 语句的条件不同，二是 index++或 index--。这两个单击事件能合并为一个吗？如何实现？

四、创新训练

1. 观察与发现

理解了，运行了，不代表彻底弄懂，克服浮躁，全面认识变量 img 和 btnArr，保持清醒的思路，确保真知、真懂。扫描二维码 5-1-3 观看视频。

二维码 5-1-3　全面认识 img 和 btnArr

在代码行中加入 console.log()对变量和变量的类型进行了控制台输出验证。

在图 5-1-5 中，左侧控制台输出 HTMLCollection 告诉大家 img 和 btnArry 是 HTML 定义的元素，元素后面的中括号说明对应 HTML 文件中的相应元素、元素的属性信息等，大家还可以展开左侧前面的折叠三角形查看这些元素的详细信息，只是以大家目前的知识储备还不能完全看懂，但只要有一颗求知、求证的心，有一个随时记录问题的习惯，并且做好定期知识回顾，很快就能有较大的提高。注意，不要忘记截图，做好环境描述。

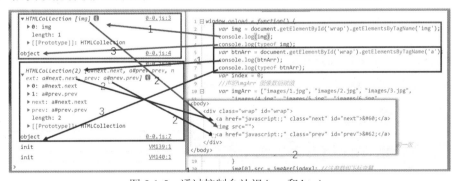

图 5-1-5　通过控制台认识 img 和 btnArr

两个变量的类型均为 object 型，JS 通过 getElementsByTagName()方法获取的网页元素对象是作为数组使用的，而非 Array 型，具有和数组一样的属性和方法，对于网页元素对象与 JS 内置的 Array 对象的区别，请大家自行体会与总结，如图 5-1-6 所示。

第 10 行与第 18 行使用的变量，imgArr 具有数组的特点，为 JS 内置对象；img[0]代表有一张图片的图片对象，为网页元素对象。它们的类型均为 object 型。

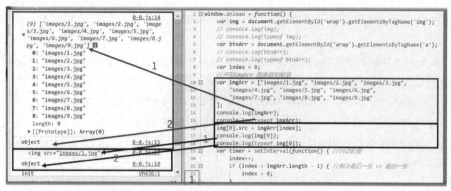

图 5-1-6　网页元素对象与 JS 内置对象的对比

将鼠标指针移至图片链接处，可以观察图片的属性信息，如图 5-1-7 所示。

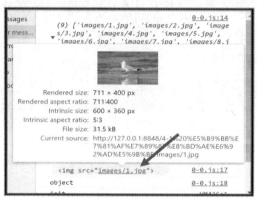

图 5-1-7　观察图片的属性信息

控制台输出结果的对比如下：

（1）JS 获取网页元素集合，视为数组。

（2）以[ ]方式（字面量方式）定义数组。

（3）以 new Array()构造函数方式定义数组。

结论：它们都具有数组属性与方法，都是 object 类型，但生成方式不同。

2. 探索与尝试

触类旁通做归纳，总结现象找规律，延伸思考得结论。用同样的思考方式继续探寻其他变量，又有什么样的收获呢？结合图 5-1-8 分析 img[0].src 和 timer 的值与类型。

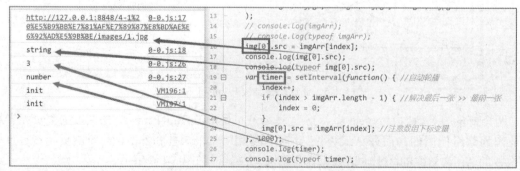

图 5-1-8　img[0].src 和 timer 的值与类型

3. 职业素养的养成

（1）正确的学习方法能够提高学习效率。

（2）踏实的工作作风能够助力求真务实。

（3）努力成为勤学善思、脚踏实地、思维敏捷的优秀前端开发工程师。

扫描二维码 5-1-4 了解程序员的"疯子精神"。

二维码 5-1-4　程序员的"疯子精神"

五、知识梳理

1. Array 是什么

（1）案例欣赏：

```
<!DOCTYPE html>
<html>
    <head>
        <meta charset="utf-8"/> <title>数组是什么</title>
    </head>
    <body> </body>
    <script type="text/javascript">
        var arr=new Array(80,'abc',true);          //定义数组
        document.write("<br>数字 1:"+arr[0]);
        document.write("<br>数字 2:"+arr[1]);
        document.write("<br>数字 3:"+arr[2]);
    </script>
</html>
```

运行效果如图 5-1-9 所示。

（2）结论：

① 数组对象是有序数据集合，由一个或多个元素组成，元素之间用逗号","分隔。

图 5-1-9　运行效果图

② 数组元素由"下标"和"值"构成。下标默认始于 0，为依次递增的数字，用于识别元素。值为元素存储的内容，可以是任意类型的数据。

③ 数组还可以根据维数划分为一维、二维、多维数组。一维数组就是指数组的"值"是非数组类型的数据。二维数组是指数组元素的"值"是一个一维数组。当一个数组的值又是一个数组时，就可以形成多维数组。

（3）不同之处：

① 同一数组元素的值的数据类型可以不同，这是 JavaScript 的特色。

② 数组为 JS 内置对象，有属于自己的属性、方法。

2. 数组的创建与赋值

二维码 5-1-5
数组的创建与赋值

扫描二维码 5-1-5 学习数组的创建与赋值。

（1）案例欣赏：

```
<!DOCTYPE html>
<html>
<head>
    <meta charset="utf-8"/> <title>数组的创建与赋值</title>
</head>
```

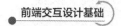

```
<script>
/*----创建一维数组----*/
    //元素值的类型为数值型
    var s = new Array(10, 20, 30, 40);              //方法 1: new Array()
    document.write("数组 s 的第 1 个值: " + s[0] + '<br/>');   //数组 s 的第 1 个值: 10

    //元素值的类型为字符型
    var a = Array('北京', '上海', '深圳', '成都');      //方法 2: Array(), 省略 new
    document.write("数组 a 的值: " + a + '<br/>');       //数组 a 的值: 北京,上海,深圳,成都

    //元素值的类型为混合型
    var m = [123, 'abc', null, true];               //方法 3: [ ]
    document.write("数组 m 的值: " + m + '<br/>');       //数组 m 的值: 123,abc,,true

    //空数组
    var a1 = new Array();                           //或 var arr2 = new Array;
    document.write("数组 a1 的值: " + a1+ '<br/>');     //数组 a1 的值:

    /*----创建二维数组----*/
    //创建一维数组
    var arr = new Array();
    for (var i = 0; i < 3; i++) {                   //将每个一维数组元素定义成新的一维数组
        arr[i] = new Array();
    }
    //为二维数组元素赋值
    arr[0][0] = 0;
    arr[0][1] = 1;
    arr[0][2] = 2;

    arr[1][0] = 3;
    arr[1][1] = 4;
    arr[1][2] = 5;

    arr[2][0] = 6;
    arr[2][1] = 7;
    arr[2][2] = 8;
    document.write("数组 arr 的值: " + arr);           //数组 arr 的值: 0,1,2,3,4,5,6,7,8
</script>
<body></body>
</html>
```

运行效果如图 5-1-10 所示。

（2）实例化 Array 对象方式。

① 使用 new 运算符：arr=new Array();

② 使用 window 的方法：arr=Array();

等价于：arr=window.Array();

③ 使用字面量方式，用"[ ]"：arr=[];

数组的创建与赋值

数组s的第1个值：10
数组a的值：北京,上海,深圳,成都
数组m的值：123,abc,,true
数组a1的值：
数组arr的值：0,1,2,3,4,5,6,7,8

图 5-1-10　运行效果图

（3）数组的赋值：可以在创建的同时赋值，也可以先创建空数组再赋值。

（4）创建二维数组：

① 先创建一维数组。

② 将一维数组的每个元素赋值为一个新的一维数组。

对于多维数组的创建，请模仿二维数组。

二维码 5-1-6　数组的属性

3. 数组的 length 属性（扫描二维码 5-1-6 观看视频）

使用 Array 对象提供的 length 属性可以获取数组的长度，其值为数组元素的最大索引下标加 1。

（1）创建数组但未指定数组的长度。

```
var course = new Array();
for (var i = 0; i < 3; i++) {
        course[i] = '课程'+i;
}
//获取数组属性 length
document.write("<br>course 数组的长度: " + course.length);  //course 数组的长度: 3
document.write("<br>course 数组的元素: " + course);  //course 数组的元素: 课程 0,课程 1,课程 2
document.write("<br>" );
```

（2）在创建数组时指定数组的长度，但不赋值。

```
var arr0 = new Array(3);
//获取数组属性 length
document.write("<br>arr0 数组的长度: " + arr0.length);        //arr0 数组的长度: 3
document.write("<br>arr0 数组的元素: " + arr0);               //arr0 数组的元素: ,,
document.write("<br>");
```

（3）数组的空值元素会占用空的存储位置，数组的下标依然会递增。

```
var arr = [1,2,,,3]
//获取数组属性 length
document.write("<br>arr 数组的长度: " + arr.length);          //arr 数组的长度: 5
document.write("<br>arr 数组的元素: " + arr);                 //arr 数组的元素: 1,2,,,3
document.write("<br>");
```

使用数组的 length 属性不仅可以获取数组的长度，还可以修改数组的长度。在利用 length 属性指定数组的长度时有以下 3 种情况。

（1）设置的 length=原数组的长度：数组的长度不变。

```
arr.length = 5;
document.write("<br>arr 数组的长度: " + arr.length);          //arr 数组的长度: 3
document.write("<br>arr 数组的元素: " + arr);                 //arr 数组的元素: 1,2,,,3
document.write("<br>");
```

（2）设置的 length>原数组的长度：没有值的数组元素会占用空存储位置。

```
arr.length = 6;
document.write("<br>arr 数组的长度: " + arr.length);          //arr 数组的长度: 6
document.write("<br>arr 数组的元素: " + arr);                 //arr 数组的元素: 1,2,,,3,
document.write("<br>");
```

（3）设置的 length<原数组的长度：多余的数组元素将会被舍弃。

```
arr.length = 3;
document.write("<br>arr 数组的长度: " + arr.length);          //arr 数组的长度: 3
document.write("<br>arr 数组的元素: " + arr);                 //arr 数组的元素: 1,2,
document.write("<br>");
```

在 JavaScript 中不论以何种方式指定数组的长度，都不影响继续为数组添加元素，同时数组的 length 属性值会发生相应的改变。

数组的常用属性如表 5-1-1 所示。

表 5-1-1 数组的常用属性

名　称	描　述
length	设置或返回数组元素的个数
constructor	返回创建数组对象的原型函数
prototype	允许用户向数组对象添加属性或方法

4. 数组的访问与遍历（扫描二维码 5-1-7 观看视频）

（1）案例欣赏：

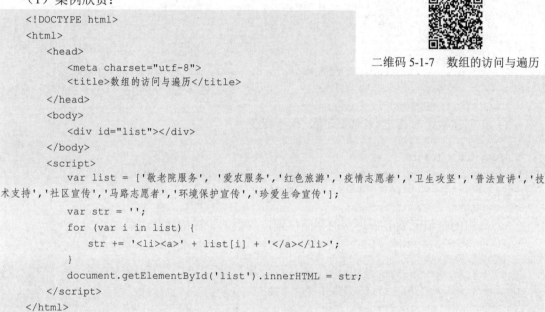

二维码 5-1-7　数组的访问与遍历

```html
<!DOCTYPE html>
<html>
    <head>
        <meta charset="utf-8">
        <title>数组的访问与遍历</title>
    </head>
    <body>
        <div id="list"></div>
    </body>
    <script>
        var list = ['敬老院服务', '爱农服务','红色旅游','疫情志愿者','卫生攻坚','普法宣讲','技术支持','社区宣传','马路志愿者','环境保护宣传','珍爱生命宣传'];
        var str = '';
        for (var i in list) {
            str += '<li><a>' + list[i] + '</a></li>';
        }
        document.getElementById('list').innerHTML = str;
    </script>
</html>
```

（2）结论：

① 数组元素访问方式："数组名[下标]"。

② 遍历数组就是依次访问数组中所有元素的操作。

利用下标遍历数组可以使用的语句有 for 语句、for…in 语句等。

语法格式：for (variable in object) {...}

5. 数组的常用方法（扫描二维码 5-1-8 观看视频）

数组是 JavaScript 中最常用的数据类型之一，为此 Array 对象中提供了许多内置方法。

ECMAScript 提供了一种让数组的行为类似于其他数据 结构的方法，即让数组像栈一样，可以限制插入和删除项。

二维码 5-1-8　数组的常用方法

栈是一种数据结构（后进先出），也就是说最新添加的元素最早被移除，而栈中元素的插入（或叫推入）和移除（或叫弹出）只发生在一个位置（栈的顶部）。ECMAScript 为数组专门提供了 push()和 pop()方法。

栈方法是后进先出，而队列方法是先进先出。队列在数组的末端添加元素，从数组的前端移除元素。

栈和队列的操作方法如表 5-1-2 所示，检索方法如表 5-1-3 所示，数组转义字符如表 5-1-4 所示，其他方法如表 5-1-5 所示。

表 5-1-2 栈和队列的操作方法

方法名称	功能描述	返回值
push()	将一个或多个元素添加到数组的末尾	数组的新长度
unshift()	将一个或多个元素添加到数组的开头	数组的新长度
pop()	从数字的末尾移出	一个元素
	若是空数组	undefined
shift()	从数字的开头移出	一个元素
	若是空数组	undefined

表 5-1-3 检索方法

方法名称	功能描述	返 回 值
includes()	用于确定数组中是否含有某个元素	若有则返回 true，无则返回 false
isArray()	用于确定传递的值是否为一个 Array	若是则返回 true，不是则返回 false
indexOf()	数组中匹配给定值的第一个索引	若找到则返回索引位置，否则返回-1
lastIndexOf()	数组中匹配给定值的最后一个索引	若找到则返回索引位置，否则返回-1

表 5-1-4 数组转义字符

方法名称	功能描述
join()	将数组的所有元素连接到一个字符串中
tostring()	转换为一个字符串，表示指定的数组及其元素

表 5-1-5 其他方法

方法名称	功能描述
sort()	对数组的元素进行排序，并返回数组
fill()	用一个固定值填充数组中指定下标范围内的全部元素
reverse()	颠倒数组中元素的位置
splice()	对于一个数组，在指定下标范围内删除和添加元素
slice()	从一个数组的指定下标范围内复制数组元素到一个新数组
concat()	将多个数组合并为一个新数组
copyWithin()	从数组的指定位置复制元素到数组的另一个指定位置
entries()	返回数组的可迭代对象
every()	检测数组的每个元素是否都符合条件
filter()	检测数组元素，并返回符合条件的所有元素的数组
find()	返回符合传入测试（函数）条件的数组元素
findIndex()	返回符合传入测试（函数）条件的数组元素的索引
forEach()	数组中的每个元素都执行一次回调函数
from()	通过给定的对象创建一个数组
keys()	返回数组的可迭代对象，包含原始数组的键（key）
map()	通过指定函数处理数组中的每个元素，并返回处理后的数组
reduce()	将数组元素计算为一个值（从左到右）
reduceRight()	将数组元素计算为一个值（从右到左）
some()	检测数组中是否有元素符合指定的条件

6. 任务总结

从理论的角度理解，无论数组被如何定义，都具有数组的属性与方法。JS 中一切皆对象的思想要贯穿学习的整个过程，在学习各种对象时要注意它们的类型，多了解对象的属性和方法，同时尽量形成知识体系，如图 5-1-11 所示。

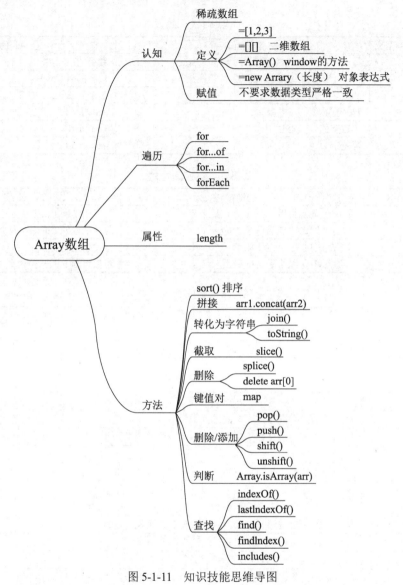

图 5-1-11　知识技能思维导图

7. 拓学内容

（1）for…of；

（2）forEach。

六、思考讨论

（1）网页元素对象（或网页元素集合）与 JS 内置对象有哪些异同点？

（2）数组遍历方法的区别是什么？

（3）每种 JS 内置对象在实例化时都能类似使用 Array 内置对象的方法（例如 Date()）实现吗？

七、自我检测

（1）下列语句中不能用于遍历数组的是（　　）。

　　A. for　　　　　　　B. for...of　　　　　　C. for...in　　　　　　D. if

（2）下列方法中不能用于添加数组元素的是（　　）。

　　A. unshift()　　　　B. push()　　　　　　　C. shift()　　　　　　D. splice()

（3）下列创建空数组的格式中正确的是（　　）。

　　A. arr　　　　　　　　　　　　　　　　　B. arr = [];

　　C. var arr = new [];　　　　　　　　　　　D. var arr = new Array();

（4）"var arr = new Array(5);console.log(arr.length);"的运行结果为（　　）。

　　A. 0　　　　　　　　B. 1　　　　　　　　　C. 5　　　　　　　　　D. 10

（5）下列表达式中用来获取数组的最后一个元素的是（　　）。

　　A. arr[arr.length+1]　B. arr[arr.length]　C. arr[arr.length−1]　D. arr[arr.length−2]

（6）下列关于 arr.slice()的说法中错误的是（　　）。

　　A. 将所有元素转换为字符串再排序　　　B. 将所有元素转换为数字再排序

　　C. 将所有元素直接排序　　　　　　　　D. 将所有元素打散后再排序

（7）在 JavaScript 语言中，创建一个数组对象实例时使用关键字（　　）。

　　A. array　　　　　　B. Array　　　　　　　C. dimension　　　　　D. Dimension

（8）在 JavaScript 语言中，下列能正确访问一维数组 a 中的第 3 个元素的是（　　）。

　　A. a[2]　　　　　　　B. a[3]　　　　　　　　C. a(2)　　　　　　　　D. a(3)

（9）"[1,2,3,4].join('0').split('')"的执行结果是（　　）。

　　A. '1,2,3,4'　　　　　　　　　　　　　　B. [1,2,3,4]

　　C. ["1","0","2","0","3","0","4"]　　　　　D. '1,0,2,0,3,0,4'

（10）数组的索引值是从（　　）开始的。

　　A. 0　　　　　　　　B. 1　　　　　　　　　C. 都可以　　　　　　　D. 都不可以

八、挑战提升

项目任务工作单

课程名称　前端交互设计基础　　　　　　　　　　　**任务编号**　　　5-1

班　　级　＿＿＿＿＿＿＿＿　　　　　　　　　　　**学　　期**　＿＿＿＿＿＿＿

项目任务名称	志愿者个性化报名	学　时	
项目任务目标	（1）掌握 JS 内置对象 Array 的实例化方法。 （2）熟练使用 Array 的常用方法与属性。 （3）熟练掌握 Array 的遍历方法。		
项目任务要求	在"校园志愿服务网站"中，当志愿者报名时，在志愿项目较多的情况下给志愿者提供个性化选择方式。 要求： （1）界面设计自由发挥。 （2）如图 5-1-12 中的左图所示，实现全选复选框的开关式设计，即单击全选，再次单击都不选。		

项目 任务 要求	（3）如图 5-1-12 中的右图所示，实现反选复选框的开关式设计，即单击反选，已选择的放弃选择，未选择的变为选择，再次单击反选，同理。 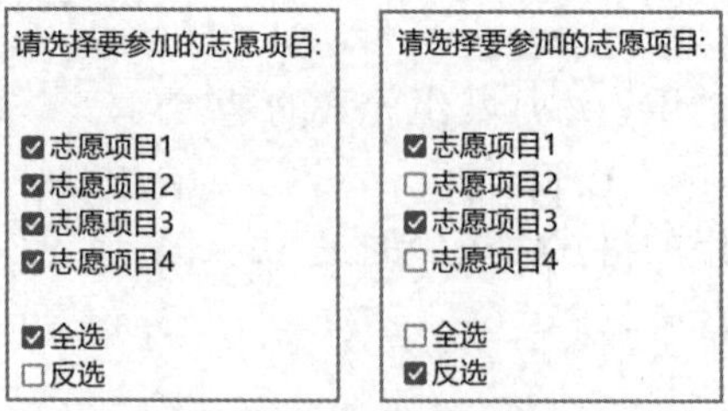 图 5-1-12　界面选中状态 在完成基本任务的前提下鼓励精益求精，优化界面与代码。
评价 要点	（1）完成了项目的所有功能（50 分）。 （2）代码规范、界面美观（30 分）。 （3）结题报告书书写工整等（20 分）。

任务 5-2　点动控制幻灯片轮播

知识目标

❑ 理解 document 对象的方法与网页元素的方法

❑ 理解 JS 实现 CSS 样式控制的方法

❑ 深入理解 Array 对象

技能目标

❑ 灵活使用方法链

❑ 体会程序的通用性（用 for 循环解决数组赋值问题）

❑ 灵活使用立即执行函数

❑ 学会为对象添加属性

❑ 学会 Array 对象的多种创建方法以及属性的使用

素质目标

❑ 培养终身学习的习惯

❑ 树立视学习为信仰的追求

❑ 做有高度、有格局、有胸怀的学习者

重点

❑ 立即执行函数

❑ JS 实现 CSS 样式控制的方法

❑ 数组的循环赋值

难点

❑ 立即执行函数的优点

❑ 点动控制幻灯片轮播的实现思路

❑ 闭包函数

一、任务描述

点动控制图片以幻灯片形式轮播，具体如图 5-2-1 所示，在幻灯片轮播效果的基础上加入点动控制，即图片在以幻灯片形式轮播的同时，图片序号与图中小点同步、同序号移动；当用鼠标单击某个小点时，轮播的当前图片即为与之序号相同的图片，经过一定时间的延迟后，当前图片的下一张图片继续呈现，进入依次轮播状态。

扫描二维码 5-2-1 观看幻灯片轮播点动控制效果。

图 5-2-1　轮播效果

二维码 5-2-1　幻灯片轮播点动控制效果

二、思路整理

1. document 是什么

```
1    var warp = document.getElementById('wrap');
2    var img = wrap.getElementsByTagName('img');
3    var btnArr = wrap.getElementsByTagName('a');
```

首先看这 3 行代码中的 document，载入浏览器的 HTML 文档都会成为 document 对象，它是 window 对象的子对象，是 window 的属性。

JS 对 HTML 页面中的所有元素进行访问，用 getElementById()、getElementsByTagName()等方法获取一个网页元素或一个网页元素列表，类似的 getElement…方法是获取每个网页元素的方法，不只是 document 的方法。wrap.getElementsByTagName('img')的写法是将 getElementsByTagName() 看成 wrap 的方法。每个网页元素或网页元素列表都可以调用这些方法，或者作为这些方法的对象。

在 HBuilder 中，当鼠标指针指向 document 时，编辑环境提示如图 5-2-2 所示，即 document 为 HTMLDocument，类型也为 HTMLDocument，是包含在 window 窗口中的文档。

```
document : HTMLDocument
类型: HTMLDocument
所属对象: Window

Reference to the document that the window contains.
```

图 5-2-2　编辑器认识的 document

图 5-2-3 给出了通过控制台输出认识的 document，它通过浏览器窗口展示自己，包含了HTML 的所有内容。

2. 方法链

方法链即对象.方法.方法。注意"对象.方法"返回的一定是 object 型（又称引用型）对象。

方法链的写法最明显的优点就是可以使代码更易读。对象 1.方法的返回值必须是对象 2，才可以继续执行对象 2.方法，联合写法才会有对象.方法.方法。方法链示意如图 5-2-4 所示。

图 5-2-3 document 的控制台输出

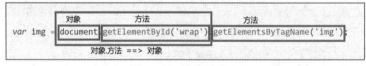

图 5-2-4 方法链示意

3. 思维逻辑的差异

对比如图 5-2-5 所示的两组代码,可见解决同样的问题,思维逻辑不同,用(b)组 for 循环实现,通用性强,方便多图轮播的情况。

```
var imgArr = ["images/1.jpg", "images/2.jpg", "images/3.jpg",
    "images/4.jpg", "images/5.jpg", "images/6.jpg",
    "images/7.jpg", "images/8.jpg", "images/9.jpg"      (a)
];
```

```
var imgArr = [];                                        (b)
for (var i = 1; i <= 9; i++) {
    imgArr[i - 1] = 'images/' + i + '.jpg';
}
```

图 5-2-5 两种思维逻辑的代码

4. 立即执行函数

如图 5-2-6 所示，控制台首先输出第 6 行代码的结果，然后输出 fun 函数的数据类型 function。第 2～5 行代码声明函数，在第 7 行代码执行时，fun()调用函数，第 3 行代码得到执行，输出"我是函数体"，然后返回数值 1，typeof fun()等价于 typeof 1，第 7 行代码的控制台输出为 number。函数名 fun 和函数调用 fun()的写法不同，意义也不同。

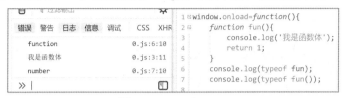

图 5-2-6　fun 与 fun()

图 5-2-7 对函数名进行了测试输出，代表定义的函数。

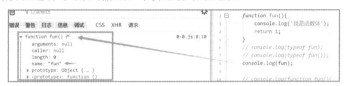

图 5-2-7　fun 代表什么

在图 5-2-8 中，第 2～5 行在完成函数声明的同时赋值给变量，为赋值语句；第 2 行声明的函数 fun 是否存在都无意义，因为它被变量封存；第 8 行输出 undefined，说明 fun 对外不可见，无法使用。

第 2 行赋值，变量名成为函数名，二者具有同样的作用，代表函数的入口地址，变量名后若加括号（即 f()），用来实现函数调用。

图 5-2-8　函数的声明与赋值

如图 5-2-9 和图 5-2-10 所示，总结如下：

图 5-2-9　函数的两种写法

图 5-2-10　函数调用的两种写法

（1）函数声明是声明（或定义）语句。
（2）在声明函数的同时赋值给变量，是赋值语句。
（3）函数调用是函数表达式，又可独立为表达式语句。
（4）函数名代表函数，不代表函数调用。

在图 5-2-10 中将匿名函数的定义形式用括号包裹起来，相当于 fun，后面再加一对括号，相当于函数调用。

同样，在定义的匿名函数的后面加括号相当于函数调用，为了不让 JS 解析器误解，将全体内容用括号包裹，因为 JS 解析器见到不被括号包裹的 function 首先理解为函数声明。和很多语言一样，()被作为运算符看待，具有运算优先权。

将匿名函数的声明写在函数调用中，称为立即执行函数，其在实际工程中被广泛使用。

5. 点动控制思路

（1）声明变量 index：代表当前轮播呈现的图片的序号。

（2）圆点同步：this.index 与 index 建立联系，保持相等。

（3）圆点布局：用 li 元素和 CSS 实现圆点的位置布局。

（4）当前圆点：className='active'，仅一个。

通过 className='active'确定当前圆点的选中色，在轮播过程中始终只有一个 li 的 className 为 active。

```css
.active {
background-color: orangered !important;
}
```

（5）圆点单击事件：获取该圆点的序号赋值给 index，保证当前点与当前的图片呈现继续同步。

（6）自动轮播：用 setInterval()方法启动计时器，用 setInterval()代替 for 循环实现图片的循环展示。

三、代码实现

1. HTML 文件

```html
<body>
  <div class="wrap" id="wrap">
    <img src="">
    <ul id="dotul">
      <li class="active"></li>
      <li class=""></li>
      <li class=""></li>
      <li class=""></li>
      <li class=""></li>
      <li class=""></li>
      <li class=""></li>
    </ul>
  </div>
</body>
<script type="text/javascript" src="js/slideShowDot.js">
</script>
```

img 标签用于当前轮播的图片展示，ul 内嵌入 li 标签，除第一个 li 的 className='active'外，其他 li 的 class 值都为空。同时注意 HTML 文件中没有 JS 函数调用，只有 JS 文件外部引入。

2. style.css 文件

扫描二维码 5-2-2 观看视频。

二维码 5-2-2
style.css 文件

3. slideShowDot.js 文件

```javascript
1    function slideShowDot() {
2        //var img = document.getElementById('wrap').getElementsByTagName('img');
3        var imgs = document.getElementsByTagName('img');
```

```
4        var lis = document.getElementsByTagName('li');
5        var index = 0,
6            timer = null; //计时器变量
7        //声明 imgArr 图像数组并赋值
8        var imgArr = [ ];
9        for (var i = 1; i <= 7; i++) {
10  imgArr[i - 1] = 'images/' + i + '.jpg';
11  }
12  imgs[0].src = imgArr[index];
13  for (var i = 0; i < lis.length; i++) {
14  lis[i].liIndex = i;
15  lis[i].onclick = function() {
16  index = this.liIndex - 1;
17  }
18  }
19  ( function() { //移动与点动同步
20  timer = setInterval(function() {
21  index++;
22  if (index > imgArr.length - 1) {     //最后一张 -> 最前面一张
23      index = 0;
24  }
25  for (var k = 0; k < lis.length; k++) {
26      if (lis[k].className='active'){
27          lis[k].className=''
28      }
29  }
30  lis[index].classList.add('active');
31  imgs[0].src = imgArr[index];
32  }, 1000);
33  } ) ();
```

　　JS 文件仍然将所有的交互封装在一个函数里面。第 3、4 行代码分别获取了 img 标签和 li 标签的元素集合，第 5、6 行声明了两个变量，第 7~11 行声明了存储图片的数组，并以 for 循环的形式完成数组元素的赋值，注意第 9 行的数字 7 与圆点的数量要相等（即 li 的个数）。

　　思考：当图片数量和圆点数量不相等时该如何处理？

　　第 12 行代码实现初次运行首张图片时的呈现，此时 index=0。

　　第 13~18 行完成对 li 的所有标签的依次访问，在循环语句内解决两件事，首先第 14 行为每个 li 对象添加 index 属性，并依次赋值；然后第 15~17 行为每个 li 对象添加单击事件，单击事件处理程序用匿名函数封装，功能是实现获取被单击的 li 的 liIndex 值，减 1 后赋值给变量 index，index 的作用域为 slideShowDot 函数内，保存当前图片的前一张图片在数组中的元素序号。以循环的形式处理单击事件属于经典做法，具有代表性，这里的 this 表示发生单击事件的 li 对象，对于 this，后面会有深入的学习。

　　第 19~33 行是函数调用，采用立即执行函数的形式。其内部定义了匿名函数，实现幻灯片播放与圆点的颜色变化同步，函数体内第 20~32 行启动计时器，每隔 1000 毫秒调用的匿名函数做了 3 件事：①第 21 行修改变量 index++作为下一张轮播图片的序号；②第 22~24 行判断是否为最后一张图片，如果是，则 index=0，回到第一张图片进行处理；③第 25~29 行将圆点原有的红色去掉，办法是将 li 的 className='active'改为 className=' '，第 30 行给被单击的 li（圆点）的 className 添加'active'值，实现圆点的红色设置。第 31 行完成同序号幻灯片的呈现。

四、创新训练

1. 观察与发现

学而不思则罔，思而不学则殆，大家要善学、善思、善发现。如图 5-2-11 所示，在 HTML 文件中引入 JS 文件的位置不同，且均不是函数调用，对应图 5-2-12 中前两种 JS 文件的写法，运行效果相同，为什么？重点在于 onload 事件，无论 JS 文件的引入位置在哪里，都是在 HTML 文档加载完成后才发生

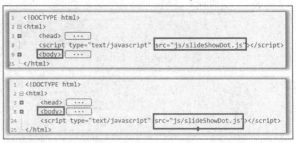

图 5-2-11　不同的 JS 文件引入位置

onload 事件的。onload 事件的最后一种写法添加了括号，是错误的，为什么？请大家通过学习自己找答案。

图 5-2-13 展示了在 HTML 文件中引入 JS 文件，但 JS 文件中并不调用，而是采用立即执行函数的形式。实现目的的方法有很多，大家在选择时应该有依据。

图 5-2-12　onload 事件与其事件处理函数

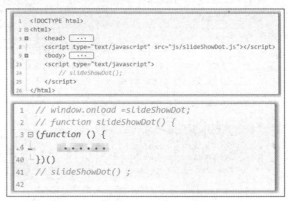

图 5-2-13　JS 文件为立即处理函数

"没有比较就没有伤害"反映人的心态和处世观，没有比较就没有经验归纳，没有比较就没有规律总结，就没有理论与技能的提升，善于观察思考，勤于比较，学会从比较中收获、从比较中发现创新点等，都是乐观积极的表现。

图 5-2-14　JS 文件封装有名函数

如图 5-2-14 所示，JS 文件封装有名函数，图 5-2-15～图 5-2-17 给出了在 HTML 文件中引入 JS 文件与调用函数的位置的差异，且不是将函数作为 onload 事件的处理程序，对运行效果有什么影响呢？

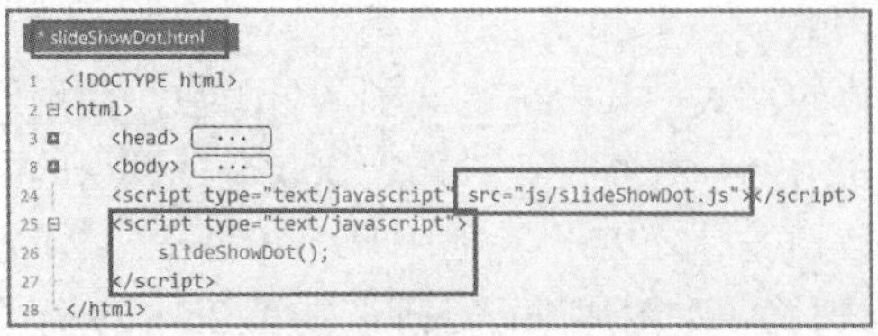

图 5-2-15　在 HTML 文件中的 body 后引入
JS 文件和调用函数

图 5-2-16　在 HTML 文件中的 body 前引入
JS 文件和调用函数

对于如图 5-2-18 所示的情况，函数定义与调用在同一个 JS 文件中，属于在 HTML 中 JS 文件引入即调用的写法，那么 JS 文件的引入位置有差异还会带来什么影响呢？请大家试一下，并做好学习总结与整理。

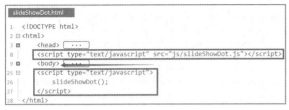

图 5-2-17 在 HTML 文件中的 body 前引入
JS 文件、body 后调用函数

图 5-2-18 JS 文件引入即调用的写法

2. 探索与尝试

细心的学习者会想到，在 JS 文件的函数封装中有一个立即执行函数，如果取消立即执行函数的写法，对于 JS 文件的引用和函数的调用又有不同的要求，如图 5-2-19 和图 5-2-20 所示，你会有怎样的结论？该如何使用验证法证明你的结论？提示：在规律的整理过程中要思考 JS 解析原则以及函数的定义与调用问题。

大家既要完成任务，也要知其所以然，还要有算法优化意识，学习目标设定的高度不同，思考的问题就会不同。

编程能力来自于大量的编码实践，大家要在实践中培养持续学习的能力、培养勤于思考的习惯，不断从改变中积累经验，从量变到质变，在变化中求发展、在变化中发现兴趣，这样不知不觉间就会变强。

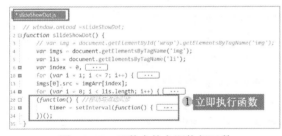

图 5-2-19 函数内的立即执行函数

图 5-2-20 函数内立即执行函数的替换形式

3. 职业素养的养成

知识是学会的，心有多大，舞台就有多大，保持自觉、兴趣和激情，让学习成为习惯、成为信念是学习的最高境界。欲穷千里目，更上一层楼。登高方能远眺，才有可能领略"横看成岭侧成峰"的美景，才有可能一览众山小，努力让自己成为有高度、有格局的人，成为胸怀天下的有志者。

扫描二维码 5-2-3 了解勤奋、奉献与创新。

在学习过程中，大家要时常思考所学的知识点处在知识树的什么位置，与其他课程的关联在哪里，对于自己未来的专业发展和职业规划有什么作用，努力使自己在知识体系上有广度、有深度，从而成为从合格走向优秀的工程师。

二维码 5-2-3
勤奋、奉献与创新

五、知识梳理

1. 闭包与作用域（扫描二维码 5-2-4 观看视频）

二维码 5-2-4
闭包

如图 5-2-21 所示，fun1()函数内嵌套声明函数 fun2()，fun1()的返回值是 fun2，理论上 fun2()和变量 str 的作用域为 fun1 局部范围内，fun1()执行结束后变量 str 的空间被释放而不能访问，实际上 JS 解析器是如何解析、执行这段代码的呢？

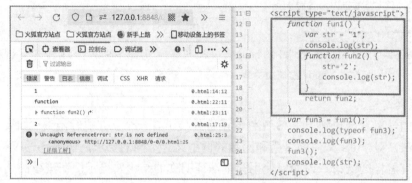

图 5-2-21　回调函数与作用域

第 21 行将 fun1()函数调用表达式的值赋给变量 fun3，fun1()函数的调用执行过程是声明内部局部变量 str 并赋值字符串"1"，声明函数 fun2()，将 fun2()函数作为返回值赋给变量 fun3。

到这里，fun3 的类型是什么？fun3 是什么？第 22、23 行的输出说明 fun3 是 function 类型的函数，可以理解为 fun3 和 fun2 是同一个函数，代表相同函数的入口地址，所以 fun3()、fun2()的含义相同。

由于 fun2 赋值给 fun3，fun2 函数及函数体内涉及的变量均不能被释放，保持有效。但是当 fun3()函数调用结束时，str 变量被释放，或者说 str 变量只在 fun1、fun2 或 fun3 中有效。

str 在 fun1 中声明，作用域仅限于 fun1 之中，对 fun1 内部声明的 fun2 有效，fun2 内引用了 str 同时作为 fun1 的返回值，赋值给 fun3，致使 JS 引擎的垃圾回收器无法回收 str 的内存空间，如此作用域为 fun1 内的局部变量 str 只允许在 fun1 内定义的 fun2 使用，无论 fun2 在 fun1 内还是 fun1 外都可以使用，这种保护私有变量的机制、保护私有变量合法作用域的环境称为闭包。

函数在创建时会产生闭包，但感受到闭包的存在要在函数外使用作用域为函数内的变量时，这是 JS 的与众不同之处。

第 25 行的控制台输出说明 str 未定义，表明 str 的作用域只在 fun1 中，或者在 fun1 中使用，或者由 fun1 的子函数，即闭包函数 fun2（或 fun3，实际上是 fun2）引用。

2. 闭包函数

一个函数（外部函数）中包含另一个函数（内部函数），并且返回这个内部函数，内部函数在定义内部函数之外的作用域被调用，这时的内部函数就是一个闭包函数。

3. 闭包的特点

内部函数引用了外部函数的变量，这个变量不会因为内部函数的回收而被回收；通过闭包可以访问闭包中保存的变量。

其缺点如下：

（1）因为闭包的变量保存在内存中，如果内存泄露，对内存的消耗很大，所以不要滥用闭包。解决方法是在使用完变量后手动为它赋值 null。

（2）由于闭包涉及跨域访问，所以会导致性能损失，此时可以通过把跨作用域变量存储在局部变量中，然后直接访问局部变量来减轻对执行速度的影响。

其优点如下：

（1）保护函数内的变量安全，实现封装，防止变量流入其他环境发生命名冲突。

（2）在内存中维持一个变量，可以做缓存（但使用多了也存在一个缺点，即会消耗内存）。

（3）匿名自执行函数可以减少内存消耗。

4. 任务总结

本任务的理论与技能总结如图 5-2-22 所示。

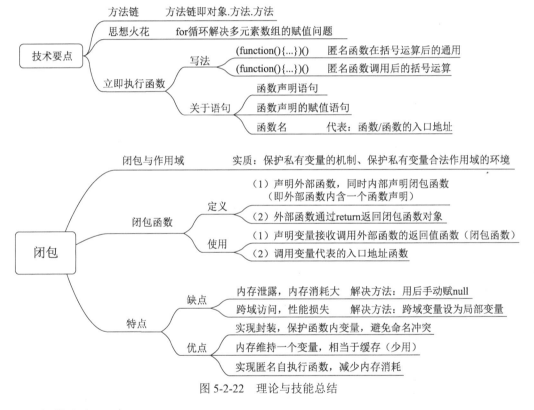

图 5-2-22　理论与技能总结

5. 拓学内容

（1）基于词法的作用域；

（2）作用域链。

六、思考讨论

（1）如何理解"作用域是根据名称查找变量的一套规则"？

（2）函数声明与变量声明在提升时哪个优先？函数声明表达式会被提升吗？

（3）函数在作为值进行参数传递的时候会形成闭包吗？举例阐述。

七、自我检测

1. 判断题

通过 hasClass() 方法判断是否含有某个样式，如果有则返回 true，没有则返回 false。（　　）

2. 单选题

（1）在调用函数时，如果不指明对象直接调用，则 this 指向（　　）对象。

    A. document   B. window   C. function   D. object

（2）下列对象设置属性和属性值的方法正确的是（　　）。

    A. obj.name = "xxx"   B. obj["name"] = "xxx"

    C. obj{name} = "xxx"   D. obj->name = "xxx"

八、挑战提升

项目任务工作单

课程名称	前端交互设计基础		任务编号	5-2
班　级			学　期	

项目任务名称	志愿者个性化报名	学　时	
项目任务目标	（1）理解 document 对象的方法与网页元素的方法。 （2）理解 JS 实现 CSS 样式控制的方法。 （3）灵活使用方法链。 （4）体会程序的通用性（用 for 循环解决数组赋值问题）。 （5）灵活使用立即执行函数。 （6）学会为对象添加属性。 （7）学会 Array 对象的多种创建方法以及属性的使用。		
项目任务要求	使志愿服务网站首页中图片的展示效果个性化，增强用户的视觉关注，要求完成手动正方体轮播效果。 （1）如图 5-2-23 所示，单击左、右按钮实现正方体的左右转动，转动到每张图片。 （2）每单击一次按钮，图片按方向转换一张，具体扫描二维码 5-2-5 进行观看。 （3）界面设计自由发挥。  图 5-2-23　运行效果图　　　　二维码 5-2-5　手动正方体轮播 在完成基本任务的前提下鼓励精益求精，优化界面与代码。		
评价要点	（1）完成了项目的所有功能（50 分）。 （2）代码规范、界面美观（30 分）。 （3）结题报告书写工整等（20 分）。		

任务 5-3 无缝轮播

知识目标
- ❏ 掌握变量声明关键字 var 与 let 的差异
- ❏ 理解关键字 const 的作用
- ❏ 掌握箭头函数与 function 函数的差异
- ❏ 深入理解计时器的工作原理

技能目标
- ❏ 掌握使用 JS 内置对象与 document 对象的区别
- ❏ 灵活使用函数嵌套调用与计时器调用函数

素质目标
- ❏ 培养全局观，学会用辩证的观点处理问题
- ❏ 培养既解放思想又求真务实的习惯
- ❏ 培养工程意识与工程能力

重点
- ❏ 关键字 var、let、const
- ❏ 箭头函数
- ❏ document 对象与 JS 内置对象的不同之处
- ❏ 深入理解计时器

难点
- ❏ 技术实现的思路对比
- ❏ 对回调函数的理解

一、任务描述

实现图片的无缝轮播，即在第一张图片移出图片展示区域的过程中，下一张图片连续跟进移动展示，不出现缝隙，效果如图 5-3-1 所示，视频效果扫描二维码 5-3-1 观看。

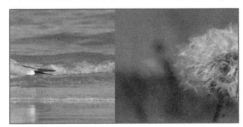

图 5-3-1 无缝轮播效果图   二维码 5-3-1 无缝轮播效果

二、思路整理

1. 网页元素
网页元素的层级关系如图 5-3-2 所示。

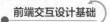

2. 网页布局

网页布局如图 5-3-3 所示。

```
<div id="content">
    <div id="divImg">
        <li><img src="images/1.jpg" /></li>
        <li><img src="images/2.jpg" /></li>
        <li><img src="images/3.jpg" /></li>
        <li><img src="images/4.jpg" /></li>
        <li><img src="images/5.jpg" /></li>
        <li><img src="images/6.jpg" /></li>
        <li><img src="images/7.jpg" /></li>
    </div>
</div>
```

图 5-3-2   网页元素的层级关系

```
 1  #content {
 2      width: 1000px;
 3      height: 500px;
 4      overflow: hidden;
 5      position: relative;
 6      margin: 10px auto;
 7  }
 8
 9  #divImg {
10      height: 500px;
11      position: absolute;
12      left: 0;
13  }
14
15  li {
16      list-style: none;
17      width: 1000px;
18      height: 500px;
19      float: left;
20  }
21
22  img {
23      width: 1000px;
24      height: 500px;
25  }
26
```

图 5-3-3   seamless.css

3. 轮播分析

（1）id="content"的 div 容器的大小是 1000×500，单位为 px。

（2）每个 li、每个 img 的大小都是 1000×500，单位为 px。

（3）id="divImg"的 div 的大小是 7000×500，单位为 px，为 7 张图片的宽度，由于父元素的 overflow 设置为 hidden，意味着超过父容器的 6000×500 的区域隐藏，如图 5-3-4 所示。扫描二维码 5-3-2 了解无缝轮播。

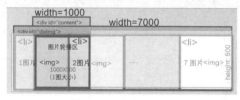

图 5-3-4   布局示意图

二维码 5-3-2   无缝轮播的观察与分析

（4）通过计时器定时控制 id="divImg"的 div 的 left 发生变化实现该 div 向左（left 减小）或向右（left 增加）移动，left 值从 0 向负值减小，轮播图片向左移动，如图 5-3-5 所示，框内为可见区域，直到图片移出呈现区域，立刻将移出的 li（包含内部的 img）移到 li 元素组的最后，下一个 li 变为 li 元素组的首个元素，同时其父元素 div 的 left 再次等于 0，注意该 div 的宽度始终是 7 张图片的宽度。结论：轮播图片其实是这个 div 在移动。扫描二维码 5-3-3 观看视频。

图 5-3-5   div 移动示意图

二维码 5-3-3   轮播图-无缝
轮播演示 1

（5）7 个 li 中分别有一个 img 标签始终链接固定的图片，图片轮播区域内始终有左、右两张图片的部分或全部存在。首张图片的向左移出、下一张图片的紧跟，是因为它们依次置于同一个 id="divImg"的 div 中，div 移动，其内元素同步移动，由于呈现区域 id="content"只有一张图片大小，所以超出部分不予呈现。扫描二维码 5-3-4 观看视频。

overflow 属性不能忽视，用于控制内容溢出元素框时显示的方式。overflow 的值有 4 种情况，等于 hidden 时对象的内容会被裁剪，裁剪

二维码 5-3-4
轮播图-无缝轮播演示 2

掉的内容将不可见。最外层的 div 为 1000×500 的宽和高，等于一张图片的宽和高，外面 div 的 overflow 属性等于 hidden 后，7 个 li 装在里面的 div 中，导致里面的 div 超宽而产生溢出，溢出的内容会被裁剪而不可见，从而实现 1000×500 的一张图片大小的轮播区域中图片的轮播。

强调：overflow 属性只工作于指定高度的块元素上。

4. 求同存异

求同存异抓重点，去伪存真取精华。通过无缝轮播过程的分析，再次观察轮播视频，大家发现了哪些共同点？不同之处在哪里？共同点是基本的，差异是局部的，用求同存异的观点想问题，如图 5-3-6 所示，轮播效果其实包含两组重复的动作。

重复动作 1：一张图片从 A_0 移动到 A_1，经过 n 个相似的轮回，到达 A_n 点，完全移出观者的视线范围后被删除，然后借助自身强大的内动力，添加到图片组的尾部继续下一个。

重复动作 2：换一张图片，再做重复动作 1 的流程，周而复始。

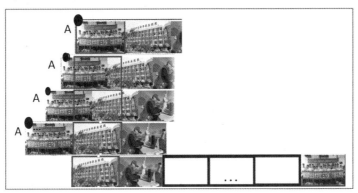

图 5-3-6　一张图片的轮播过程图

5. 发现规律，清醒做事

发现了规律，整理交互思路，让自己的学习有方法，继续清醒做事，做有思想、有主见的人。总方针不变，无缝轮播交互工作用一个总函数封装，作为 window 的装载事件处理函数，即 "window.onload = function() {   };"。

总结经验，先完成无缝左轮播，技术总结好了，向右方向的无缝轮播自己拓展完成。然后就是解决问题的主要工作，即实现总封装函数的功能（如图 5-3-7 所示），其实现思路如下：

（1）初始化变量。

（2）启动自动轮播计时器，让首张图片进入轮播状态。

借助 window 的 setInterval()方法，让一个函数每隔固定的时间重复执行。这个被重复调用的函数 nextMove()应该使某张图片开始移动。

```
(1)
//获取页面元素

//定义所有需要的变量

(2)
//启动自动轮播计时器（首张图片进入轮播状态）
mainTimer = setInterval(nextMove, stopTime);

(3)
//鼠标移入/移出处理
content.onmouseover = function() { };
content.onmouseout = function() { };

(4)
//定义：左轮播一张图片的函数
function nextMove() { }

//定义：一张图片单次移动的函数
function nextImg() { }
```

图 5-3-7　封装函数的功能

（3）鼠标移入停止，清除自动轮播计时器停止轮播；鼠标移出继续，重启计时器实现继续轮播。

（4）问题的关键：定义两个函数，即左轮播一张图片的函数 nextMove()和一张图片单次移动的函数 nextImg()。

6. appendChild()方法

技术难点：

问题 1：如何从头部移除？

问题 2：怎样在尾部追加新的子节点？

appendChild()方法向节点的子节点列表的末尾添加新的子节点，若新节点存在，则移除后添加。

例如 newchild 是 DocumentFragment 节点，则不直接插入，而是把它的子节点按序插入当前节点的 childNodes[]数组的末尾。

三、代码实现

1. 在 HTML 文件中引入 JS 文件的两行代码

```
<link type="text/css" href="css/seamless.css" rel="stylesheet"/>
<script src="js/seamless.js"></script>
```

思考：

（1）img 的 src 属性为什么不采取 for 循环的方式赋值？

（2）每个 li 和 img 标签都是直接写入的，能否像动态网页那样动态生成？

2. seamless.js 文件

```
1    window.onload = function() {    //图片放大
2      //获取页面元素
3      var content = document.getElementById("content");
4      var divImg = document.getElementById("divImg");
5      var imgli = divImg.getElementsByTagName("li");
6      //定义所有需要的变量
7      var stopTime = 2000;              //图片切换的间隔时长
8      var animationSpeed = 50;          //单张图片移动的间隔时长
9      var minSpeed = 10;                //图片单次移动的位移
10     var moveWidth = 0;                //单张图片移动的总位移
11     var type = true; //状态类型变量为 true 则停止单张图片的移动，启动下一张图片的移动；为 false
则处于单张图片的移动
12     var nextTimer = null;
13     var mainTimer = null;
14     divImg.style.width = imgli[0].offsetWidth * imgli.length + "px";
                                         //将 ul 的宽度设置为所有图片的宽度之和
15     mainTimer = setInterval(nextMove, stopTime);        //自动轮播

16     //鼠标移入与移出处理
17     content.onmouseover = function() {
18         clearInterval(mainTimer);
19     };

20     content.onmouseout = function() {
21         mainTimer = setInterval(nextMove, stopTime);
22     };

23     //左轮播一张图片的函数
24     function nextMove() {
25         if (type) {                        //type=true 停止单张图片的移动，启动下一张图片的轮播
26             clearInterval(nextTimer); //清除前一张图片的轮播计时器
27             moveWidth = 0;
28             type = false;
29             nextTimer = setInterval(nextImg, animationSpeed); //开启下一张图片的轮播计时器
```

```
30              }
31    };
32    //一张图片单次移动的函数
33    function nextImg() {
34        divImg.style.left = "-" + moveWidth + "px";
35        moveWidth += minSpeed;
36        if (moveWidth >= imgli[0].offsetWidth) {
37            clearInterval(nextTimer);
38            divImg.appendChild(imgli[0]);        //先删除 imgli[0]，然后添加到末尾
39            divImg.style.left = 0;
40            type = true;
41            }
42    }
43    }    //函数封装结束
```

思考：第 14 行，设置移动 div 的宽度等于所有图片的宽度之和，若仅设置为 3 张图片的宽度之和，是否可行？请进行利弊分析。

第 15 行启动计时器，实现自动轮播，实际上是定时调用 nextMove()函数，nextMove()函数用于实现启动一张图片的移动。

思考：下面两种写法意义相同吗？

```
mainTimer = setInterval(nextMove, stopTime);
mainTimer = setInterval(nextMove(), stopTime);
```

第 17～19 行，轮播展示区 div 的鼠标移入事件处理函数实现停止这个自动轮播的计时器。

第 20～22 行，鼠标移出事件，重启该计时器。

第 24～31 行，nextMove()函数主要是定时调用一张图片向左移动一次的函数 nextImg()，那么如何判断一张图片是否全部移出轮播区域呢？通过图片移出状态类型变量 type 的值为真或假来判断，如果为真，则条件具备，停止前一张图片移动的计时器，并将单张图片移动的总位移变量 moveWidth 置为 0，启动单张图片向左移动的计时器，定时调用 nextImg()函数，并改变状态类型变量 type=false。

第 33～41 行，nextImg()函数解决以下两个问题：

（1）单步移动 1 次，以 left 被重新赋值实现，然后修改单张图片移动的总位移变量 moveWidth 的值，即累加一个等值的移动量。

（2）判断总位移量，若超过或等于单张图片的宽度，那么首先应该停止移动的计时器，然后完成图片由头部移入尾部的工作，最后将承载图片组的 div 的 left 置为 0，并将状态类型变量的值改为 true，表示图片从头部追加到尾部的工作已经完成。

四、创新训练

1. 观察与发现

溯本求源求真知，锲而不舍探究竟。在求知的道路上允许从模仿起步，但不允许知其然而不知其所以然。appendChild()方法可以实现将最前面的图片移除，追加到尾部，那么这个方法是谁的方法？JS 中一切皆对象，那么这个方法是哪个对象的方法？

借助互联网，实现互联网+学习，百度一下就会知道，该方法属于 HTML DOM 的方法，意味着 DOM 模型中的元素、节点都可以使用这个方法，比如代码行中用到 divImg.appendChild(imgli[0])，表示它是 div 元素的方法，这个方法可以让 DOM 树枝繁叶茂，因为它既可以添加节点，又可以添加元素。

除此之外，还有哪些方法可以使 DOM 树枝繁叶茂呢？使用 insertBefore()方法，可以在指定的已有子节点之前插入新的子节点。使用 appendChild()方法添加的节点只能做小弟节点，排行最小，而使用 insertBefore()方法插入的节点既有哥哥又有弟弟，排行中间。对于它们的使用细节，请大家自行深入探究。

如果轮播是向右轮播的，是不是可以借助 insertBefore()方法？还有更好的方法吗？

2. 探索与尝试

大胆假设，小心求证。数组对象有两对方法，unshift()与 push()、shift()与 pop()，如图 5-3-8 所示。这两对方法的功能分别是添加与移除数组元素。unshift()与 push()添加新项到数组的开头或数组的末尾，返回值都是添加后数组的新长度。shift()与 pop()分别用于移除数组的第一或最后一个元素，返回值都是被移除项。

图 5-3-8　数组对象的两对方法

问题：能否利用这两对数组对象的方法实现将轮播图片组最前面的图片移动到最后面？

3. 职业素养的养成

在面对复杂项目需求时应该学会去繁求简，去伪存真，分清主次，站在全局看问题，紧紧围绕主要问题和中心任务，优先解决主要问题和问题的主要方面，然后再蔓延开来，解决其他问题。像这样站在全局解决问题的思路，无论是在工作、生活还是学习中，都具有指导意义。

解放思想，大胆假设，要基于局部事实；放飞想象力，是策略，是创新的需要；严谨务实，溯本求源，小心求证，会有新发现。

五、知识梳理

1. ES6 的关键字 let、const 以及箭头函数

1）关键字 let

关键字 let 是 ES6 中新增加的，在 ES6 之前，JS 只有全局变量和函数内的局部变量。在 ES6 之后，引入了块和块级作用域的概念。用 let 声明块级变量，let 声明的变量只在 let 命令所在的代码块内有效，即作用域为 let 命令所在的代码块 { } 内，在{}外失效。

var 声明的变量因为 JS 解析器的预解析机制，存在变量提升现象，而 JS 解析器对 let 声明的变量不进行预解析，自然也不存在变量提升现象。

在使用 let 时要注意以下几点：

（1）不混合使用 var 和 let 两个关键字。

（2）用 let 声明变量后多次重新赋值与 var 不同。

（3）变量的声明用 var，如果将其全部替换为 let，会发现对运行没有影响。

2）关键字 const

关键字 const 声明一个只读的常量，一旦声明，常量的值就不能改变。

3）箭头函数

ES6 新增的内容还有箭头函数，箭头函数让代码更短、更灵活。

先看声明函数的等价写法（如图 5-3-9 所示），包括有参和无参两种，将 JS 文件中的函数都改成箭头函数，可以发现对于本任务是没有影响的。

2. arguments 对象

1）案例欣赏与 arguments 概念

arguments 是什么？它是一个类数组对象，该对象的元素是当前函数的参数，arguments.length 代表当前函数的参数个数，如图 5-3-10 所示。例如，在该例中调用函数 f(1,2,3)时有参数 1、2、3，所以 arguments.length 等于 3，表示当前函数 f 有 3 个参数，每个参数的值分别为 1、2、3。

声明函数的等价写法：	（无参、有参）
function() { } 等价 () => { }	function(a,b) { } 等价 (a,b) => { }

图 5-3-9　箭头函数的写法

```
var f =function(){
    console.log(arguments[0]);
    console.log(arguments[1]);
    console.log(arguments[2]);
}
f('a','b', 'c');
```

错误	警告	日志
a		
b		
c		
»		

图 5-3-10　对 arguments 是什么的验证

```
console.log(typeof arguments);    //'object'
```

arguments 不是 Array 实例，不能使用标准的数组方法，例如 push()、pop()等。

2）arguments 的属性

属性 callee 指向参数所属的当前执行的函数，具有调用函数自身的能力，当函数正在执行时可以调用，可以实现递归，如图 5-3-11 和图 5-3-12 所示。

```
function sum(num) {
    if (num <= 1) {
        return 1;
    } else {
        console.log(num,arguments.callee(num - 1));
        return num * arguments.callee(num - 1);
    }
}
console.log(sum(3));
```

图 5-3-11　递归的实现

错误	警告	日志	信
2 1			
3 2			
2 1			
6			
»			

图 5-3-12　递归的输出

大家还记得青蛙跳台阶的语句实现吗？它也可以用对象的思想 arguments.callee()来实现。

3）arguments 的常见用途

（1）获取实参和形参的个数，同时还可以检测参数的合法性，当函数的参数个数不确定时用于访问调用函数的实参值，如图 5-3-13 和图 5-3-14 所示。

```
function f(x) {
    console.log(arguments.length);
    console.log(arguments.callee.length);
    if (arguments.length != arguments.callee.length)
    console.log("实参与形参个数不同");
}
```

图 5-3-13　验证参数个数的函数定义

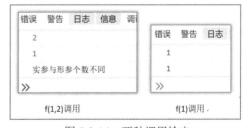

错误	警告	日志	信息	调
2				
1				
实参与形参个数不同				
»				

f(1,2)调用

错误	警告	日志
1		
1		
»		

f(1)调用

图 5-3-14　两种调用输出

（2）检测一个函数的形参和实参是否一致，如果不一致则抛出异常。

（3）修改实参值与改变实参的个数，同时实现遍历或访问实参的值。

这里通过"arguments[1]=6;"方式直接改变参数值，同时用 for 循环遍历每个函数参数，如图 5-3-15 和图 5-3-16 所示。

```
function f() {
    arguments.length = 3;
    arguments[1]=6;
    for (var i = 0; i < arguments.length; i++) {
        console.log(arguments[i]);
    }
}
f(1, 2, 3, 4);
```

图 5-3-15　函数定义与调用　　　　　　　　图 5-3-16　输出结果

思考：通过修改 length 属性值，使 length 属性值减小，实参将丢失，如果将 length 属性值改为大于实参个数，则增加的实参值是怎样的呢？

arguments 对象不能显式创建，存储的是函数实际传递给参数的值，在实际开发中常用于提升所使用函数的灵活性，增强函数在抽象编程中的适应能力和纠错能力。

3. Error 对象

若 JavaScript 程序在运行时发生"异常"或"错误"，JS 解释器会为每个错误创建并抛出一个 Error 对象，其中包含错误的描述信息。ECMAScript 定义了 6 种类型的错误。

（1）ReferenceError：找不到对象。

（2）TypeError：错误地使用了类型或对象的方法。

（3）RangeError：使用内置对象的方法时参数超范围。

（4）SyntaxError：语法写错了。

（5）EvalError：错误地使用了 Eval。

（6）URIError：URI 错误。

对于如图 5-3-17 所示的代码，当 isNum 变量为假时，条件不满足，第 18 行通过创建的 Error 对象抛出错误提示字符串，如图 5-3-18 所示。

```
10 ⊟    function add(...number) {
11          console.log(arguments.length);
12          console.log(number);
13          console.log(typeof number);
14          var isNum = number.every(v => !isNaN(v));
15          if (isNum) {
16              return eval(number.join("+"));
17          } else {
18              throw new Error("参数必须是数字或数字字符串!");
19          }
20      }
21      console.log(add(0, 1, 2)); //3
22      console.log(add(0, 1, '2')); //3
23      console.log(add(0, 1, '2w')); //报错!
```

图 5-3-17　案例欣赏　　　　　　　　　图 5-3-18　案例输出

1）Error 对象的创建

其创建有两种方法，即 Error()、new Error()，在图 5-3-17 中采用 new Error()方法创建错误对象。

2）抛出错误

throw 语句用来抛出一个用户自定义的异常。

throw 语句的格式：throw 抛出的内容。

throw 语句可以直接抛出常量、变量、对象，在图 5-3-17 中第 18 行抛出的是一个 Error

对象。当 throw 语句得到执行时，当前函数的执行将被停止，throw 之后的语句将不会执行，并且控制将被传递到调用堆栈中的第一个 catch 块。图 5-3-17 所示属于调用函数中没有 catch 块的情况，程序将会终止。在图 5-3-18 中，箭头所指处为错误抛出情况。

3）错误处理

当错误发生时要对错误进行捕获，捕获语句为 try…catch。

try...catch 语句的格式如图 5-3-19 所示。

```
try{
    //被检测的程序代码
}catch(error){
    //如被监测的代码发生错误是执行的代码
    //必传参数 error 是程序错误的信息对象
}finally{
    //无论错误与否必执行的代码(可略)
}
```

图 5-3-19　try…catch 语句的格式

4. 任务总结

技术要点如图 5-3-20 所示，知识要点如图 5-3-21 所示。

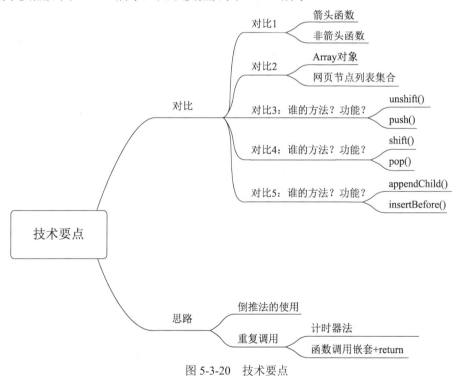

图 5-3-20　技术要点

5. 拓学内容

（1）try…catch；

（2）every()；

（3）join()；

（4）eval()；

（5）箭头函数与非箭头函数。

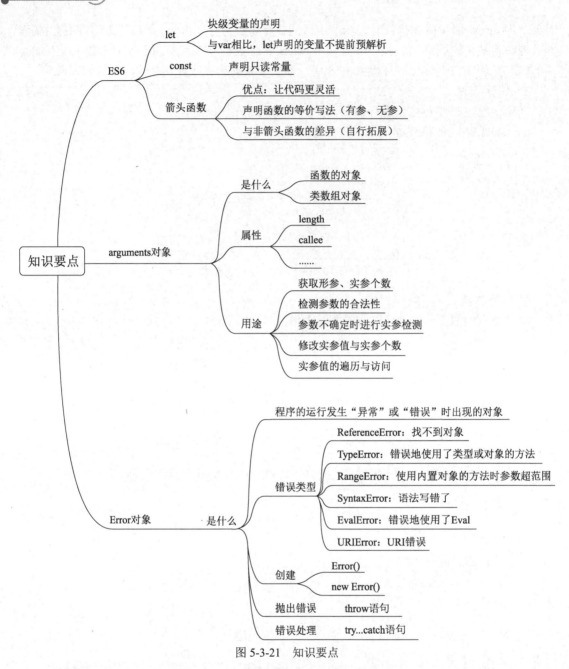

图 5-3-21　知识要点

六、思考讨论

（1）arguments 是谁的内置对象？

（2）图 5-3-17 中 v => !isNaN(v)的含义是什么？

（3）举例阐述 isNaN()。

（4）1+X 训练，对比分析下面两组代码（如图 5-3-22 和图 5-3-23 所示）。

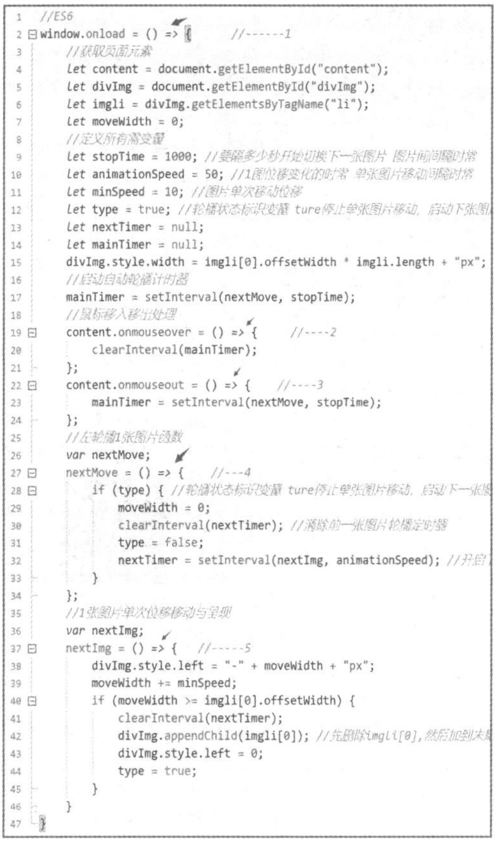

```
1    //ES6
2  □ window.onload = () => {        //------1
3        //获取页面元素
4        let content = document.getElementById("content");
5        let divImg = document.getElementById("divImg");
6        let imgli = divImg.getElementsByTagName("li");
7        let moveWidth = 0;
8        //定义所有需变量
9        let stopTime = 1000;  //要隔多少秒开始切换下一张图片 图片间间隔时常
10       let animationSpeed = 50;  //1图位移变化的时常 单张图片移动间隔时常
11       let minSpeed = 10;  //图片单次移动位移
12       let type = true;  //轮播状态标识变量 ture停止单张图片移动, 启动下张图...
13       let nextTimer = null;
14       let mainTimer = null;
15       divImg.style.width = imgli[0].offsetWidth * imgli.length + "px";
16       //启动自动轮播计时器
17       mainTimer = setInterval(nextMove, stopTime);
18       //鼠标移入移出处理
19 □     content.onmouseover = () => {        //----2
20           clearInterval(mainTimer);
21       };
22 □     content.onmouseout = () => {        //----3
23           mainTimer = setInterval(nextMove, stopTime);
24       };
25       //左轮播1张图片函数
26       var nextMove;
27 □     nextMove = () => {        //---4
28           if (type) {  //轮播状态标识变量 ture停止单张图片移动, 启动下一张...
29               moveWidth = 0;
30               clearInterval(nextTimer);  //满除前一张图片轮播定时器
31               type = false;
32               nextTimer = setInterval(nextImg, animationSpeed);  //开启...
33           }
34       };
35       //1张图片单次位移移动与呈现
36       var nextImg;
37 □     nextImg = () => {        //-----5
38           divImg.style.left = "-" + moveWidth + "px";
39           moveWidth += minSpeed;
40           if (moveWidth >= imgli[0].offsetWidth) {
41               clearInterval(nextTimer);
42               divImg.appendChild(imgli[0]);  //先删除imgli[0], 然后加到末尾
43               divImg.style.left = 0;
44               type = true;
45           }
46       }
47  □ }
```

图 5-3-22　代码 1

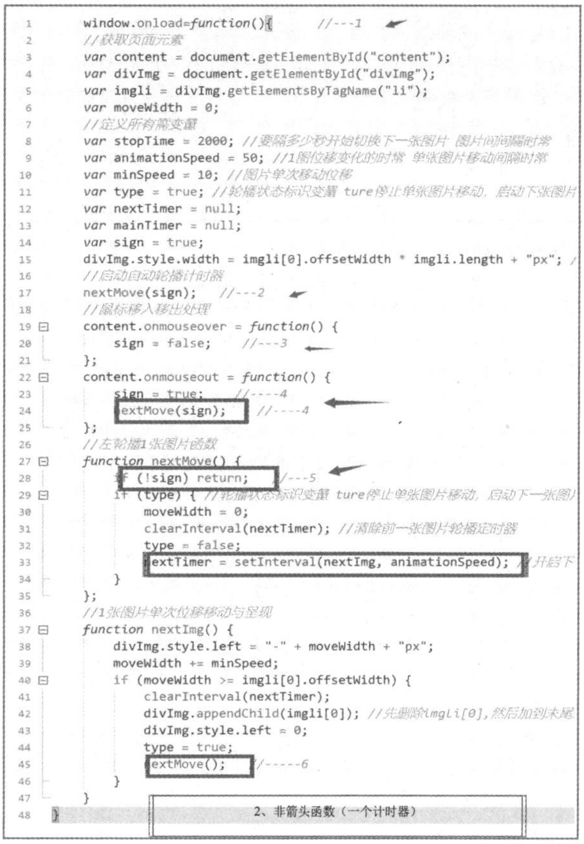

```
1    window.onload=function(){        //---1
2        //获取页面元素
3        var content = document.getElementById("content");
4        var divImg = document.getElementById("divImg");
5        var imgli = divImg.getElementsByTagName("li");
6        var moveWidth = 0;
7        //定义所有需变量
8        var stopTime = 2000;  //要隔多少秒开始切换下一张图片 图片间间隔时常
9        var animationSpeed = 50;  //1图位移变化的时常 单张图片移动间隔时常
10       var minSpeed = 10;  //图片单次移动位移
11       var type = true;  //轮播状态标识变量 ture停止单张图片移动, 启动下张图片
12       var nextTimer = null;
13       var mainTimer = null;
14       var sign = true;
15       divImg.style.width = imgli[0].offsetWidth * imgli.length + "px"; //
16       //启动自动轮播计时器
17       nextMove(sign);        //---2
18 □     content.onmouseover = function() {
19           sign = false;        //---3
20       };
21 □     content.onmouseout = function() {
22           sign = true;        //---4
23           nextMove(sign);        //----4
24       };
25       //左轮播1张图片函数
26 □     function nextMove() {
27           if (!sign) return;        //---5
28           if (type) {  //轮播状态标识变量 ture停止单张图片移动, 启动下一张)
29               moveWidth = 0;
30               clearInterval(nextTimer);  //满除前一张图片轮播定时器
31               type = false;
32               nextTimer = setInterval(nextImg, animationSpeed);  //开启下
33           }
34       }
35       //1张图片单次位移移动与呈现
36 □     function nextImg() {
37           divImg.style.left = "-" + moveWidth + "px";
38           moveWidth += minSpeed;
39           if (moveWidth >= imgli[0].offsetWidth) {
40               clearInterval(nextTimer);
41               divImg.appendChild(imgli[0]);  //先删除imgli[0], 然后加到末尾
42               divImg.style.left = 0;
43               type = true;
44               nextMove();        //-----6
45           }
46       }
47   }
48 □                    2、非箭头函数（一个计时器）
```

图 5-3-23　代码 2

七、自我检测

（1）以下代码输出的结果是（　　）。

```
var length = 20;
function fn() {
    console.log(this.length);
    }
 var obj = {
    length: 10,
    method: function(fn) {
        fn();
        arguments[0]();
        }
    };
obj.method(fn, 1,"aa");
```

　　A. 20,10　　　　　　　　B. 10,3　　　　　　　C. 20,3　　　　　　D. 以上都不正确

（2）下列选项中，可以用于获取用户传递的实际参数值的是（　　）。

　　A. arguments.length　　　　　　　　B. theNums

　　C. params　　　　　　　　　　　　　D. arguments

八、挑战提升

项目任务工作单

课程名称	前端交互设计基础		任务编号	5-3
班　级			学　期	

项目任务名称	不一样的无缝轮播		学　时	
项目任务目标	（1）掌握变量声明关键字 var 与 let 的差异。 （2）理解关键字 const 的作用。 （3）掌握箭头函数与 function 函数的差异。 （4）掌握使用 JS 内置对象与 document 对象的区别。 （5）灵活使用函数嵌套调用与计时器调用函数。		
项目 任务 要求	志愿服务网站首页的新闻链接图经常需要个性化的轮播，根据不同的新闻 展示需求，需要实现手动选择无缝左右轮播+点动控制。 　要求： （1）无缝轮播默认向左侧轮播。 （2）同时加入圆点，实现点动控制。 （3）实现手动按钮控制向左或向右轮播，扫描二维码 5-3-5 观看效果。 在完成基本任务的前提下鼓励精益求精，优化界面与代码。	二维码 5-3-5　无缝 轮播-点动+方向选择	
评价 要点	（1）完成了项目的所有功能（50 分）。 （2）代码规范、界面美观（30 分）。 （3）结题报告书写工整等（20 分）。		

任务 5-4　特效轮播（一）

知识目标
- 正确认识 JSON 数据格式
- 体会函数的作用域及函数所属

技能目标
- 会使用 JSON 数组与 JSON 对象
- 灵活使用数组的多种方法

素质目标
- 养成构建知识体系的习惯
- 培养分享的美德
- 遵守 DRY 原则

重点
- 解题方法与思路
- 函数的作用域
- 对象封装与函数封装
- JSON 数组与 JSON 对象

难点

☐ 复杂问题的简单化方法

☐ 立即执行函数：解决多 onload 事件处理函数共存问题

☐ 封装思想：函数封装思想与对象封装

一、任务描述

本任务实现如图 5-4-1 所示的多图特效轮播，即多图依次改变层次向左移动轮播，同时伴有鼠标移入移出展示区轮播停止与继续、按钮单击控制单步单向特效移动效果。

扫描二维码 5-4-1 观看效果。

图 5-4-1　多图特效轮播效果图

二维码 5-4-1　多图特效轮播效果

二、思路整理

1. Leader 的分析

无论多么复杂的问题，探寻解决问题的思路是有共性的，让自己的心沉下来，保持清醒的头脑，给自己信心，这很重要。反复观察目标效果，寻找要解决的主要问题和解决主要问题的关键点。这既需要大家平时的知识储备，也需要大家的综合素养，不要急，只要不断努力，回馈大家的就是进步。

仔细观察图 5-4-2，从下面几个问题找思路。

（1）以一张图片为关注点，观察有几个轮播位置？

（2）每个位置上哪些属性发生了变化？除了下面给出的属性发生变化以外，还有其他属性发生变化吗？

● 表示位置的属性：top、left。

● 表示大小的属性：width、height。

● 表示层次的属性：zIndex。

● 表示透明度的属性：opacity。

（3）每张图片轮播经过的位置及位置的顺序是否相同？答案为相同，但轮播的起始位置不同。

（4）每张图片轮播的顺序是否固定？答案为固定。

（5）对比几个轮播效果，观察一张图片从当前位置到下一个目标位置的过渡效果有什么差异。

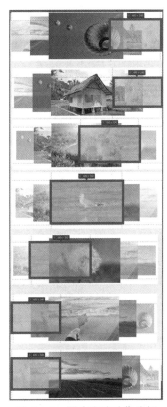

图 5-4-2　图片移动动作分解

2. Leader 的计划

扫描二维码 5-4-2 观看 3 组特效轮播对比，扫描二维码 5-4-3 了解一图轮播思路。

二维码 5-4-2　3 组特效轮播对比

二维码 5-4-3　一图轮播思路

计划 1：如图 5-4-3 所示，Leader 计划 li 的背景为一张图片，让图片轮播变成 li 元素循环实现轮播。每个 li 的背景图片是固定的。

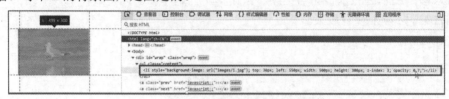

图 5-4-3　仅一图轮播的网页元素设计

计划 2：如图 5-4-4 所示，在 ul 标签下动态生成（为什么动态生成？这是在任务完成后要思考的问题）7 个 li 标签兄弟。7 个 li 的相关属性值如图 5-4-5 所示。

计划 3：通过定时改变每个 li 的 6 个 style 属性来实现图片轮播，每个 li 的表示大小、位置、层数、透明度的属性是变化的。

扫描二维码 5-4-4 了解多图轮播思路。

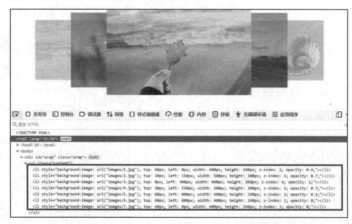

图 5-4-4　5 图轮播的网页元素设计

二维码 5-4-4　多图轮播思路

```
"top":60, "left":0,    "width":400, "height":240, "zIndex":1, "opacity":0
"top":60, "left":0,    "width":400, "height":240, "zIndex":2, "opacity":40
"top":30, "left":150, "width":500, "height":300, "zIndex":3, "opacity":70
"top":0,  "left":300, "width":600, "height":360, "zIndex":4, "opacity":100
"top":30, "left":550, "width":500, "height":300, "zIndex":3, "opacity":70
"top":60, "left":800, "width":400, "height":240, "zIndex":2, "opacity":40
"top":60, "left":800, "width":400, "height":240, "zIndex":1, "opacity":0
```

图 5-4-5　7 个 li 的属性值设计

3. Leader 的分工

观察一张图片的轮播，再观察 7 个不同位置的 li 的相关属性值的变化，发现每张图片移动（或每个 li 属性的变化）的规律相同，但每个 li 移动的起点不同。

1）animate(obj, json)函数

A 组完成一张图片从原始轮播状态到下一轮播状态的动画过渡效果，要求将代码封装成函数 animate(obj,json)，该函数的两个参数分别代表需要过渡的轮播对象（即一个 li）和该对象过渡完成后目标位置的 style 属性组对象，这里给出了属性组对象的属性构成的固定模式。该函数不需要返回值，只需要完成从当前样式状态过渡到目标样式状态。

animate(obj,json)的功能为完成一张图片到一个轮播状态的动画过渡，参数 obj 为被轮播的对象 li 之一，json 为 style 属性组对象。

如图 5-4-6 所示，属性组以键值对（JSON 数据格式）的形式用大括号封装为对象，思考这样做有什么好处呢？

2）move()函数（扫描二维码 5-4-5 观看视频）

B 组完成的功能具体如下。

（1）自动轮播：以固定时间间隔每张图片，给每张图片一组新的目标属性值，然后将这个图片对象和新的属性值组作为参数传入 animate()函数，进行函数调用，完成图片过渡到目标属性状态。

（2）鼠标指针移入轮播区，控制按钮出现，停止轮播。

（3）鼠标指针移出轮播区，控制按钮消失，继续轮播。

（4）用鼠标单击控制方向按钮，完成单方向上轮播一个位置。

图 5-4-6　style 属性组对象

二维码 5-4-5　move()函数
的作用

4. move()函数的设计思路

（1）轮播元素为 li，背景为待轮播的图片。

（2）数据用数组管理，包括图片、样式、按钮等。

（3）图片轮播一次：调用一次 move()函数。

（4）move()函数有两个功能，即修改属性组中值的顺序以及每张图片循环调用 animate(obj,json)实现轮播动画过渡。

（5）自动轮播：定时调用 move()。

（6）事件与处理程序进行绑定。

5. JSON 数组

JSON 是一种轻量级的数据交换格式，属于 JS 原生格式。使用 JS 语法，JSON 数据必须是键值对的格式。

JSON 格式仅是一个文本。其优点是易于阅读和编写，易于机器解析和生成，并有效地提升网络传输的效率。

JSON 数组的值只能是字符串、数字、对象、数组、布尔值或空。

如图 5-4-7 和图 5-4-8 所示的 JSON 数组，其每个元素是一个对象，每个对象是由一个（图 5-4-7）或多个（图 5-4-8）键值对组成的属性与值的集合。

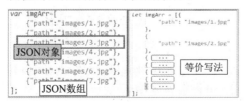

图 5-4-7　JSON 数组与等价写法

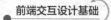

图 5-4-8　JSON 数组

JSON 对象是用{　}括起来的无序的名称值对集合或键值对集合，写法为{"top":60, "left":0,…}或{top:60, left:0,…}。

对于 JSON 的相关知识，大家可以自行深入学习。

三、代码实现

1. 网页元素与布局

如图 5-4-9 所示为一个静态网页文件的脚本，div 容器中承载了一个 ul 标签和两个 a 标签，a 标签作为按钮使用，ul 标签用来承载轮播元素 li。图 5-4-10 给出了相应网页元素在轮播图中的作用。

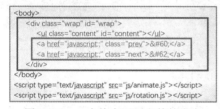

图 5-4-9　一个静态网页文件的脚本

图 5-4-10　网页元素在轮播图中的作用

2. rotation.js 文件

rotation.js 文件是一个封装函数，如图 5-4-11 所示，第 1 行与最后一行代码构成了立即执行函数——(function(){…})()。

```
2.    let imgArr = [
3.        {"path":"images/1.jpg"},
4.        {"path":"images/2.jpg"},
5.        {"path":"images/3.jpg"},
6.        {"path":"images/4.jpg"},
7.        {"path":"images/5.jpg"},
8.        {"path":"images/6.jpg"},
9.        {"path":"images/7.jpg"}
10.   ];
11.   let size = [
12.       {"top":60, "left":0,   "width":400, "height":240, "zIndex":1, "opacity":0   },
13.       {"top":60, "left":0,   "width":400, "height":240, "zIndex":2, "opacity":40  },
14.       {"top":30, "left":150, "width":500, "height":300, "zIndex":3, "opacity":70  },
15.       {"top":0,  "left":300, "width":600, "height":360, "zIndex":4, "opacity":100 },
16.       {"top":30, "left":550, "width":500, "height":300, "zIndex":3, "opacity":70  },
17.       {"top":60, "left":800, "width":400, "height":240, "zIndex":2, "opacity":40  },
18.       {"top":60, "left":800, "width":400, "height":240, "zIndex":1, "opacity":0   }
19.   ];
20.   let wrap=document.getElementById('wrap');  //获取div
21.   let cont = document.getElementById('content');  //获取ul
22.   let btnArr=wrap.getElementsByTagName('a');  //获取按钮组，<a>标签集合
23.   let speed=2000;  //轮播时间间隔
```

图 5-4-11　代码的第 2～23 行

1）数据的初始化

imgArr 和 size 中的每个数组元素为一个对象，每个对象有相同的属性和不同的属性值。

2）动态创建轮播元素 li，并添加背景图

在图片轮播区 div 中以循环方式添加轮播元素 li，并设置 li 的背景属性为图像。如图 5-4-12 所示，第 30 行获取 li 元素的列表集合 liArr。

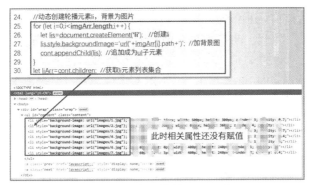

```
24.    //动态创建轮播元素li，背景为图片
25.    for (let i=0;i<imgArr.length;i++) {
26.        let lis=document.createElement('li');  //创建li
27.        lis.style.backgroundImage='url('+imgArr[i].path+')';  //加背景图
28.        cont.appendChild(lis);  //追加成为ul子元素
29.    }
30.    let liArr=cont.children;  //获取li元素列表集合
```

此时相关属性还没有赋值

图 5-4-12　代码的第 24～30 行

3）自动轮播对比

如图 5-4-13 所示的代码启动计时器，定时调用 move()函数，实现自动轮播。timer 计时器变量不同，在右图中作为 window 的属性，具有全局作用域；在左图中是对象 wrap 的属性，作用域是局部作用域，不会污染命名空间，所以应该首选左图的做法。

```
31.    //自动轮播                        31.    //自动轮播
32.    wrap.timer=setInterval(function(){   32.    timer=setInterval(function(){
33.        move(true);                       33.        move(true);
34.    },speed);                             34.    },speed);
```

图 5-4-13　自动轮播对比

4）事件处理

（1）鼠标移入：timer 计时器清零，停止轮播，方向按钮可见，代码如图 5-4-14 所示。

（2）鼠标移出：timer 计时器重启，继续轮播，方向按钮隐藏，代码如图 5-4-15 所示。

```
35.    //事件处理
36.    wrap.onmouseover=function(){//鼠标移入
37.        clearInterval(wrap.timer);
38.        for (let i=0;i<btnArr.length;i++) {
39.            btnArr[i].style.display='block';
40.        }
41.    }
```

图 5-4-14　鼠标移入的代码段

```
42.    wrap.onmouseout=function(){//鼠标移出
43.        wrap.timer=setInterval(function(){
44.            move(true);
45.        },speed);
46.        for (let i=0;i<btnArr.length;i++) {
47.            btnArr[i].style.display='none';
48.        }
49.    }
```

图 5-4-15　鼠标移出的代码段

（3）左、右按钮单击：如图 5-4-16 所示，不同方向按钮的单击事件需要调用不同参数值的 move()函数，以决定轮播方向。

5）图片组轮播移动的 move()

其代码如图 5-4-17 所示。

扫描二维码 5-4-6 了解 move()函数的功能。

```
50.    btnArr[0].onclick=function(){//左侧按钮单击事件
51.        move(true)
52.    }

53.    btnArr[1].onclick=function(){//右侧按钮单击事件
54.        move(false);
55.    }
```

```
56.    //图片组一个轮播移动
57.    function move(bool){
58.        if(bool){
59.            size.unshift(size.pop());
60.        }else {
61.            size.push(size.shift());
62.        }
63.    //具体移动方法，控制步调等
64.        for (let i=0;i<liArr.length;i++) {
65.            animate( liArr[i], size[i] );
66.        }
67.    }
```

图 5-4-16　按钮单击的代码段　　图 5-4-17　move()函数的功能代码段　　二维码 5-4-6　move()函数的功能

move()函数的参数值有两种情况。情况 1：为真，表示向左轮播，size 数组的首元素移除并追加到尾部；情况 2：为假，向右轮播，size 数组的末尾元素移除并添加为数组的首元素。

move()函数还有一个功能，即以循环方式为每一个参与轮播的 li 改变属性值，该功能实际上是调用 animate()函数。对于 animate()函数的实现问题将在任务 5-5 中讨论。

四、创新训练

1. 观察与发现

对于 rotation.js 文件中封装的函数，以往的做法是 window.onload=function(){…}，即将函数作为 window.onload 事件的处理程序，等待网页加载完成后调用而得到执行，本次任务却是将其以立即执行函数的形式进行处理，这样做有什么利与弊？

在 HTML 文件中引入 JS 文件的位置与立即执行函数处理法(function(){…})()有关系吗？立即执行函数处理法有什么利与弊？

在图 5-4-9 中分别引入了两个 JS 文件，引入的位置在 body 标签后，为什么？

上面的问题在实际项目中一定会遇到，如图 5-4-18 所示，在网站首页中完成不同交互任务的函数有很多，这些函数可能被封装在不同的 JS 文件中，比如网站首页中除了有轮播图需要在网页加载完成后执行外，赋值欢迎页移动的 JS 文件中同样有如此需求，该如何处理？window.onload 事件的处理程序建议只有一个，同一个对象的同一个事件被先后绑定不同的函数，最后起作用的只能是最后绑定的函数，保留一个函数做 window.onload 事件的处理程序，其余用立即执行函数作为解决问题的办法。这属于建立在原理型知识上的经验积累。

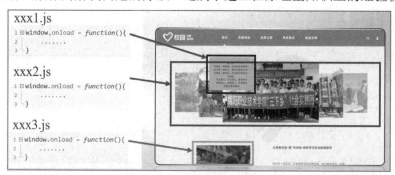

图 5-4-18　多 JS 文件的函数关系

编程知识可分为经验型知识和原理型知识两类。随着时间的推移、技术的更新，经验有可能过时，但原理型知识是不会过时的，这里建议大家多学、多练，在会做的基础上真正理解原理，知其然且知其所以然。

2. 探索与尝试

在如图 5-4-19 所示的 animate.js 文件中封装的函数是通过调用得到执行的，可以多次调用，也可以被更多的函数调用，问题是这里的共享函数的作用域怎样？属于谁的方法？

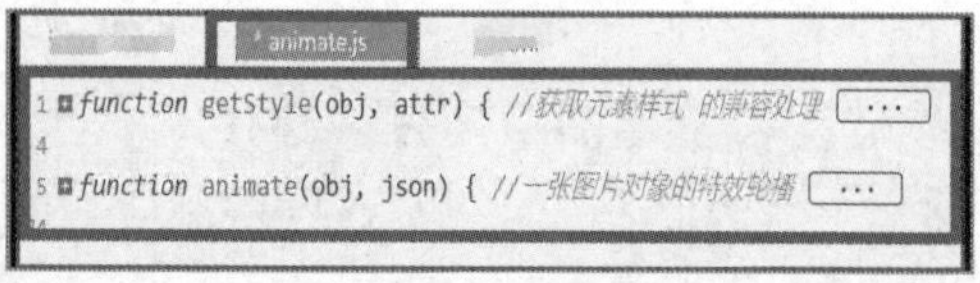

图 5-4-19　一个 JS 文件的两个函数

3. 职业素养的养成

构建知识体系能够让学习不盲目，有方向。无论是专业学习还是综合素养的提升，通过学习可以使大家丰富知识，拓宽认知，提升技能，让大家有能力服务社会，立足于社会。

学会构建知识体系，当遇到好的素材、好的工具、好的案例等时，将其分类、分领域存放，这个过程可以让学习条理化，这是一个好的学习习惯、好的学习方法。

构建知识体系能够帮大家走向专业化。JavaScript 是一门语言，它与其他语言相比有什么异同点？JavaScript 非常特殊，如果只学一部分（初级入门）将非常简单，如果要学到够用或完全学会（进阶或更高级）则很难，大家要做实践型、思考型、批判型的学习者，养成构建知识体系的习惯，永远走在构建知识体系的道路上，时刻构建 JavaScript 的知识体系，让所学的知识与技能入心、入脑，这样使用起来才能随心所欲。

五、知识梳理

1. 编程思想

从编程方式的角度看，函数式编程关心数据的映射、产生的结果；命令式编程关注函数执行的步骤；声明式编程告诉计算机应该做什么，但不指定具体怎么做，强调以数据结构的形式来表达程序执行的逻辑。

从编程逻辑的角度看，传统的面向过程编程侧重于编程逻辑，例如顺序、分支选择、循环；而面向对象编程是一种新方法、新思想，将算法和数据结构看成一个对象，将代表数据结构的属性和呈现算法的方法（或函数）统一封装成对象。

函数式编程是 JavaScript 语言的核心，以函数随时调用的方式解决了 for 和 while 循环语句的替代工作。

JavaScript 语言是基于对象编程的语言，在进行面向对象编程时要遵循 DRY 原则，从而减少代码中的重复信息，程序员之间也要进行代码共享，可以借助他人的代码来帮助自己走出困境，同样自己分享的代码也能为其他同行提供思路，这是一种良性循环，同时分享代码是境界、是品格。

程序员是优秀的还是普通的，区别之一就是能否在善于使用共享代码的同时也善于创造共享。

DRY 原则指在编程过程中不写重复代码，将能够共享的公共部分抽象出来，拆解成更小的单元封装，降低可管理单元的复杂度，降低代码的耦合性，这样不仅能够提高代码的灵活性、健壮性以及可读性，也方便后期的维护和修改。

2. 回调函数

（1）案例欣赏：

```
1    <!DOCTYPE html>
2    <html>
3    <head>
4        <meta charset="utf-8"><title>回调函数(callback)</title>
5    </head>
6    <body>
7        <button onClick=test()>单击体验回调函数</button>
8    </body>
9    <script language="javascript" type="text/javascript">
10       function main(m,callback) {
11           alert("调用体验即将开始");
12           callback(m);
13           alert("调用已经结束");
14       }
15       function one(n) {
```

```
16              alert("回调函数 one"+n);
17        }
18
19        function test() {
20            main(3,one);
21        }
22  </script>
23  </html>
```

运行效果如图 5-4-20 所示。

（2）回调函数的概念，扫描二维码 5-4-7 观看视频。

在有参函数中，函数的参数可以是常量、变量、表达式，值得强调的是函数的参数可以是函数，这个作为参数的函数自然会在函数体中被调用。作为函数参数的函数称为回调函数。

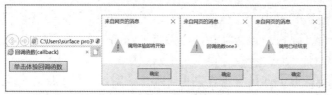

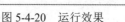

图 5-4-20　运行效果　　　　　　　　　　　　　　二维码 5-4-7　回调函数

从图 5-4-20 所示的运行效果可以看出，第 7 行的按钮单击事件发生后，调用第 19 行的 test() 函数，第 20 行调用 main(3,one) 函数，第 10 行定义的 main() 函数得到执行，其形参 m 获得实际的值 3（m=3），形参 callback 与函数 one() 具有相同的入口地址，第 11 行代码首先得到执行，弹出消息框等待用户的交互回答，大家可以明显感受到 JavaScript 的单线程运行机制。用户单击"确定"按钮后，继续执行第 12 行代码传参调用 callback(m)，即调用函数 one(3)，此时 one 的形参 n 接收 m 传来的值得到 3（n=3），main() 函数外的第 15 行定义的有参函数 one() 得到执行，第 16 行的 alert() 产生第二个消息框，在用户单击"确定"按钮后继续执行回到第 13 行代码，产生第三个消息框。

第 12 行的"callback(m);"即"one(3);"，one() 函数是作为 main() 的参数得到调用的，所以 one() 被称为回调函数。

（3）使用步骤：

① 声明回调函数 fun_callback()。

② 声明调用回调函数的函数 fun_main()。

③ 调用 fun_main()，将 fun_callback() 作为 fun_main() 的参数。

（4）回调函数的关键点：

① 回调函数 fun_callback() 的构建与获取不影响 fun_main()，不会立刻执行，而是根据需要在特定条件下执行。

② 在使用 fun_main() 时，回调函数作为参数传递给 fun_main()，传递的只是 fun_callback() 的定义（或入口地址），不是函数调用，所以并不会立即执行，而 fun_main() 只关心 fun_callback() 的调用格式和执行结果。

③ 回调函数的名字问题：one() 函数做回调函数是命名函数，在图 5-4-15 中对于"setInterval(function() {move(true); }.speed);"代码段，计时器定时调用的回调函数是匿名函数。

（5）回调函数的优点：

① 实现 DRY，避免重复代码。

② 实现通用的逻辑抽象。

③ 实现业务的逻辑分离。

④ 提高代码的可维护性和可读性。

（6）对回调函数的深度思考：

① ES6 推出了箭头函数，在箭头函数和非箭头函数中如果包含 this 对象的方法，则 this 对象的指向是有区别的，非箭头函数中的 this 指向所在函数的上下文对象，那么对于这个被指向的对象要关注它的全局性或非全局性；箭头函数中的 this 并没有上下文关系，当回调函数是 this 对象的方法时，值得大家注意和深入探讨。

② 回调函数是闭包函数吗？

3. 任务总结

图 5-4-21 和图 5-4-22 给出了技术要点与知识要点。回调函数是函数式编程中最主要的技术之一。回调函数是被作为参数传递给另一个函数的高级函数，回调函数会在其他函数内被调用（或执行）。回调函数是一种解决常见问题的回调模式。

4. 拓学内容

（1）JSON.parse()；

（2）数组的方法，例如 push()、pop()等；

（3）for…of、forEach；

（4）Promise 对象。

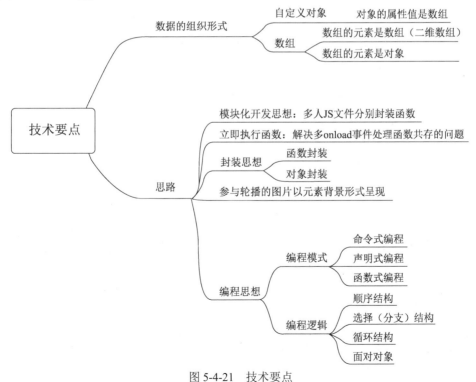

图 5-4-21　技术要点

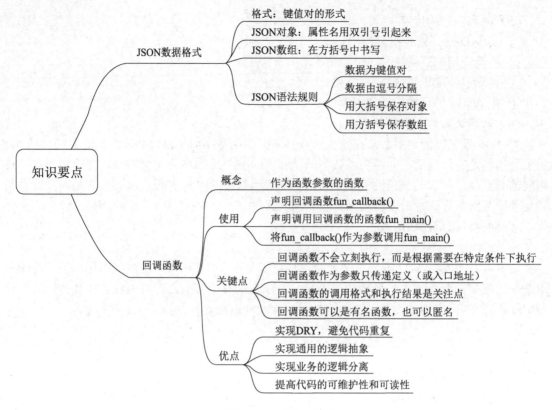

图 5-4-22　知识要点

六、思考讨论

（1）如何验证 move() 函数的作用域？

（2）下面代码中有回调函数吗？讨论该代码段的功能。

```
1    var users = [];
2        function mainFun(user) {
3        if (typeof user === "string")
4        {
5            console.log(user);
6        }
7        else if (typeof user === "object")
8        {
9            for (var item in user) {
10           console.log(item + ": " + user[item]);
11           }
12       }
13       }
14    function get(options, callback) {
15           users.push(options);
16           callback(options);
17       }
18   get({name:"zhang", tel:"13128763240"}, mainFun);
```

七、自我检测

1. 单选题

（1）以下代码运行后的结果为（　　）。

```
fn1();
    var fn1 = function(a){
    alert(a);
}
```

      A. 1　　　　　　　　　B. 程序报错　　　　　C. alert(1);　　　　　D. undefined

（2）以下代码运行后的输出（　　）。

```
var a = b = 10;
(function(){
    var a=b=20
})();
console.log(b);
```

      A. 10　　　　　　　　B. 20　　　　　　　　C. 报错　　　　　　　D. undefined

（3）下面代码的运行结果是：（　　）。

```
var a = 100;
function fn1() {
    alert(a);
    var a = 10;
}
alert(fn1());
```

      A. 100　　　　　　　　　　　　　　B. 10

      C. function fn1() {alert(1);}　　　　D. undefined

2. 多选题

（1）下面代码的运行结果：第一次输出（　　），第二次输出（　　）。

```
function fn1() {
    alert(1);
}
alert(fn1());
```

      A. 1　　　　　　　　　　　　　　　B. alert(1);

      C. function fn1() {alert(1);}　　　　D. undefined

（2）下面关于构造函数的优点的描述中正确的是（　　）。

      A. 构造函数可以通过 new 关键字创建对象，对象的创建比较规范

      B. 构造函数只能创建一个对象

      C. 可以解决多个同类对象创建时代码重复的问题

      D. 构造函数创建的对象是相等关系

（3）下列关于 JavaScript 中 return 的含义描述中正确的是（　　）。

      A. return 可以将函数的结果返回给当前函数名

      B. 如果函数中没有 return，则返回 undefined

      C. return 可以用来结束一个函数

      D. return 可以返回多个值

3. 判断题

（1）在函数内定义的变量都是局部变量。   （   ）

（2）使用匿名函数可避免全局作用域的污染。   （   ）

八、挑战提升

项目任务工作单

课程名称 前端交互设计基础   **任务编号** ____5-4____

班　　级 _____   **学　　期** _____

项目任务名称	首页新闻滚动	学　时	
项目任务目标	（1）学会使用 JSON 数组与 JSON 对象。 （2）灵活使用数组的多种方法。		
项目任务要求	志愿服务网站的文字或图片形式的新闻信息日益增加，需要实现文字新闻或图片新闻在指定区域内进行垂直方向的循环滚动播出。 要求： （1）界面设计自由发挥。 （2）如图 5-4-23 中的左图所示，实现图片新闻在指定区域内进行垂直方向的滚动播出（参与滚动的图片新闻的张数自行设定）。 （3）如图 5-4-23 中的右图所示，实现文字新闻在指定区域内进行垂直方向的滚动播出（参与滚动的文字新闻的条数自行设定）。 （4）鼠标移入滚动停止，移出继续。 （5）鼠标移入单击，跳转到相应新闻的详细信息页面（此项选做）。   图 5-4-23　图片新闻滚动（左）和文字新闻滚动（右） 扫描二维码 5-4-8 和 5-4-9 观察效果，在完成基本任务的前提下鼓励精益求精，优化界面与代码。 提示：scroll(x-coord,y-coord) 二维码 5-4-8　新闻滚动-图片　　　二维码 5-4-9　新闻滚动-文字
评价要点	（1）完成了项目的所有功能（50 分）。 （2）代码规范、界面美观（30 分）。 （3）结题报告书写工整等（20 分）。

任务 5-5　特效轮播（二）

知识目标
- ❏ 了解以 Array 为代表的 iterable 类型
- ❏ 掌握集合型数据的组织形式
- ❏ 掌握各种 for 语句的使用区别
- ❏ 正确认识 3 种样式对象

技能目标
- ❏ 灵活使用 style、currentStyle 与 getComputedStyle()
- ❏ 掌握 Object.values(obj)的使用方法
- ❏ 灵活组织集合型数据

素质目标
- ❏ 具有不畏困难的品质
- ❏ 有储备知识的决心
- ❏ 具有正确选择的能力

重点
- ❏ 集合型数据的组织形式
- ❏ 3 种样式对象与获取样式的简洁兼容写法
- ❏ 多种 for 语句的使用与归类总结

难点
- ❏ 对 iterable 类型的深入学习
- ❏ 工程能力的养成
- ❏ 归类学习的能力
- ❏ 拓展学习愿望的养成

一、任务描述

校园志愿服务网站的首页轮播图是一个多图特效轮播，本任务是实现轮播过程中的动画过渡，即轮播图片从一个位置（见图 5-5-1）移动到下一个位置（见图 5-5-2）的过程中过渡效果的实现。扫描二维码 5-5-1 观看视频。

图 5-5-1　特效轮播状态 1

图 5-5-2　特效轮播状态 2　　　　　　　　二维码 5-5-1　特效轮播过渡效果

二、思路整理

1. 过渡差异观察

图片移动动作分解如图 5-5-3 所示，6 个属性值决定图片在不同位置的状态，其中位置变化改变 top、left，大小变化改变 width、height，透明度变化改变 opacity，层次变化改变 zIndex，改变的时间间隔相同、差值不同，过渡到目标位置后短暂停留。

2. 动画逻辑观察

观察图 5-5-4 所示方框中的图片从一个位置过渡到下一个位置的差异，扫描二维码 5-5-2 观察演示效果，其中效果 1 最理想，效果 2 和 3 的轮播过渡或者速度慢，或者从过渡起始点到过渡目标点间的过渡幅度小，从而导致过渡不细腻。注意每次要逐步过渡，过渡时长要合适，过渡中 zIndex 值要一次到位，越接近目标位置过渡幅度越小，到达目标后停止过渡，等待下一次过渡的开始。

图 5-5-3　图片移动动作分解

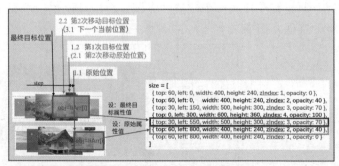

图 5-5-4　animate(obj,json)动画逻辑

扫描二维码 5-5-3 观看动画逻辑分析。

二维码 5-5-2 特效轮播对比　　　　　二维码 5-5-3 动画逻辑分析

animate(obj, json)函数调用传入对象 obj（即 liArr 数组的第 i 个元素）后，图片过渡的分解动画逻辑如下。

第 1 步：获取原始属性值，此处以从右侧 2 层过渡到 3 层图片为例，对应原始属性值{top: 30, left: 550, width: 500, height: 300, zIndex: 3, opacity: 70}。

第 2 步：根据最终目标属性{top: 60, left: 800, width: 400, height: 240, zIndex: 2, opacity: 40}计算单次改变量 step、单次目标值 leader。

思考：6 个属性中的每一个属性是否都要计算 step 和 leader？计算方法是否相同？

第 3 步：设置最终目标属性值。

第 4 步：判断是否到达最终目标，确定标识变量 bool 的值。

第 5 步：根据 bool 的值确定是否清除计时器，从而停止过渡。

第 6 步：进行两个重复工作。

- 1～4 步重复 6 次：调整每个属性值。
- 1～5 步重复 n 次：计时器的时间间隔重复，每个时间间隔只是原始位置和下次目标位置不同而已，上次的目标位置变成下次的原始位置，过渡到新的目标位置，这样周而复始，直到第 5 步 bool 的值为真时停止过渡。

3. 细节分析

计算属性值，这里以 top 为例描述 li 的 6 个属性的变化。

（1）第 1 次移动：

原始值为 60，目标值为 30，过渡改变量为-3，移后值为 60-3。10 秒后开始下一个移动过渡，周而复始，直至到达最终目标，如图 5-5-5 所示。

图 5-5-5　属性变化范围

属性计算方法：

- left、width、height 的计算方法相同。
- opacity 的计算方法略有不同，由于原始值为 0～1 的小数，所以在获取后乘以 100，然后用与前面同样的方法计算。
- zIndex 不需要逐步递进，直接等于移动目标时的层数值。

（2）第 2～n 次移动：

如图 5-5-6 所示，多次移动改变量 step=(最终目标属性-当前属性)/10，其中分母 10 是自由选取的，请大家尝试改变并观察、思考。扫描二维码 5-5-4 观看视频。

思考：每次 step 的值变小且不等，为什么这样设计？

图 5-5-6　过渡变化细节　　　　　　　　　　　二维码 5-5-4　细节分析

4. 样式对象

1）样式描述的 3 种方式

样式在 HTML 文件的行内写，为内联样式；在 HTML 的 style 标签内写，则为内部样式；在 CSS 文件中描述，由 HTML 文件引入，则为外部样式。扫描二维码 5-5-5 了解 3 种样式对象。

内联样式：写在 HTML 标签 style 中的值（style="…"）。

```
<div id="div" style="width: 400px;"></div>
```

内部样式：定义在<style type="text/css">里面。

```
<style type="text/css"> #wrap {width: 400px;}</div>
```

外部样式：写在 CSS 等外部文件中。

2）style 对象

JS 将 style 看成对象的属性，而且是对象型属性，所以 style 对象拥有 top、left 等属性。在 JS 中获取对象的样式时只能获取/设置内联样式。

获取的写法："obj.style.width;"与"obj.style[width];"。

设置的写法："obj.style.width="400px";"。

二维码 5-5-5
3 种样式对象

强调：

（1）style 是某对象的属性，也是某些属性的对象，因此 style 对象拥有许多属性。

（2）可以获取和设置。

3）currentStyle 对象

currentStyle 对象是网页元素的样式，与 style 对象相似，不是所有浏览器都支持。

功能：获取元素计算后（即当前或最后）的样式。

获取的写法：obj.currentStyle[attr]或 obj.currentStyle.attr。

注意：

（1）不能获取复合样式，只能获取单一样式。

（2）只读，不能直接修改，可通过 style 修改。

4）getComputedStyle()

getComputedStyle()实际上是 window 的方法，返回值是一个对象，不是所有浏览器都支持该方法。它可以获取 3 种（内联、内部、外部）样式，适应 IE 和 Opera 以外的浏览器。

功能：window 的方法，返回值为封装了当前元素对应样式的对象，获取当前元素所使用的 CSS 属性值。

获取的写法：

- window.getComputedStyle(obj, null)[attr]
- window.getComputedStyle(obj, null).attr

参数：

- 第一个参数为目标元素。
- 第二个参数为伪类（必需，没有伪类则设为 null）。

注意:

(1) 不能获取复合样式,只能获取单一样式。

(2) 只读,不能直接修改,可以通过 style 修改。

5) getStyle()简洁版

简洁版是适应浏览器的简洁兼容写法,即函数封装法,getStyle()的返回值为"?:表达式"的值,也就是计算后的样式值。

理解点: **return** (条件?样式属性值 1: 样式属性值 2);

```
function getStyle(obj,attr) {              //获取元素样式的兼容处理
    return obj.currentStyle ? obj.currentStyle[attr]: window.getComputedStyle(obj,
null)[attr];
}
```

三、代码实现

animate.js 文件:

```
1    function animate(obj, json) {          //一张图片对象的特效轮播
2        clearInterval(obj.timer);
3        obj.timer = setInterval(function() {
4            var bool = true;               //-------1
5            for (let k in json) {          //每个时间间隔属性值的变化
6                let leader;
7                //1、获取原始属性值
8                if (k == 'opacity') {
9                    leader = parseInt(getStyle(obj, k) * 100); //此处 getStyle(obj, k)
的值是原位置的 opacity 的值,范围为 0~1
10               } else {
11                   leader = parseInt(getStyle(obj, k));
12               }
13               //2、根据最终目标属性值计算单次改变量、单次目标值
14               let step = (json[k] - leader) / 10;
15               step = step > 0 ? Math.ceil(step) : Math.floor(step); //ceil(x)对 x
上舍入,floor(x)为小于或等于 x 的最大整数
16               leader = leader + step;
17               //3、设置最终目标属性值
18               if (k == 'zIndex') {
19                   obj.style[k] = json[k]; //obj.style['zIndex']等价于 obj.style.
zIndex,但是 obj.style[k]! = obj.style.k,是两种写法
20               } else if (k == 'opacity') {
21                   obj.style[k] = leader / 100;
22                   obj.style.filter = 'alpha(opacity=' + leader + ')'; //filter 属
性为图像添加了视觉效果(例如设置图像的不透明度为 0~100%)
23               } else {
24                   obj.style[k] = leader + 'px';
25               }
26               //4、判断是否到达最终目标,确定标识变量 bool 的值
27               if (json[k] != leader) { //-----2
28                   bool = false;
29               }
30           }
```

```
31              //5、根据 bool 的值确定是否清除计时器
32              if (bool) { //------3
33                  clearInterval(obj.timer);
34              }
35          }, 10);
36      }
37
38  function getStyle(obj, attr) {        //获取元素样式的兼容处理
39      return obj.currentStyle ? obj.currentStyle[attr] : window.getComputedStyle
(obj, null)[attr];
40      }
```

animate.js 文件完成的是 animate()、getStyle(obj,attr)函数的封装。animate(obj,json)函数有两个参数，用于接收一个轮播对象 obj 和一个属性组对象 json，json 对象是 size[i]的属性集合，即：

```
obj = liArr[i]
json = size[i]    依次轮播的最终目标属性对象
 {top: 30, left: 150, width: 500, height: 300, zIndex: 3, opacity: 70}
```

函数体首先进行计时器的清除工作，然后开始间隔 10 毫秒的新的计时器，注意这个计时器作为传入对象 obj（也就是 li 数组的第 i 个原始对象）的 timer 属性，再定义 bool 变量并初始化为 true，接下来第 5～30 行要做的是用 for…in 语句对传入的 json 对象 size[i]进行逐一属性遍历，在遍历过程中要做的工作如下：

（1）获取原始属性值，第 8～12 行分两种情况，如果是透明度属性，由于属性值是 0～1 的小数，乘以 100，变成整数，所以两种情况下代表原始属性值的 leader 的取值范围都是整数。

（2）第 14～16 行，以目标值属性 json[k]-leader 的差值除以 10 作为 step 值，将其整数化后完成第 16 行的每隔 10 毫秒过渡的 k 属性的目标值，注意从第 5 行起的 k 变量代表的是计算后的样式属性，obj.style[k]代表的是计算后样式属性的值。另外，请注意 Math.ceil()与 Math.floor() 的区别。

（3）第 18～25 行解决最终目标属性值的设置。这里分 3 种情况，情况 1 为层级属性，将目标值作为设置值；情况 2 为透明度属性，将计算值 leader 除以 100，以 0～1 的小数作为设置值；情况 3 为另外 4 个属性之一，将 leader 作为设置值，同时加上单位 px。

（4）第 27～29 行判断设置值 leader 与最终目标属性 json[k]，决定 bool 的逻辑值；第 32～34 行对 bool 的值进行判断决定是否停止过渡计时器。

四、创新训练

1. 观察与发现

对比图 5-5-7～图 5-5-9，归类总结，发现问题。

（1）写法的比较：

① obj.style['zIndex']等价于 obj.style.zIndex。

② obj.style[k]不等价于 obj.style.k。

（2）在不同的数据组织形式中，变量 imgArr 和 size 是数组对象还是自定义对象？

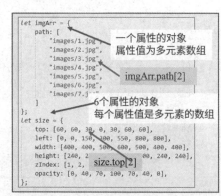

图 5-5-7　自定义对象的属性为数组型

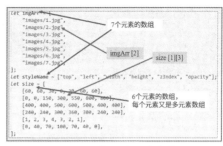

图 5-5-8　数组的元素为自定义对象　　　　图 5-5-9　数组的元素为数组

（3）如何获取 6 个指定的值？

2. 探索与尝试

（1）数据的不同组织形式决定了函数的编写思路不同，图 5-5-10 所示的变量 imgArr 和 size 都是自定义对象，对象的属性或多或少，属性的值也是多元素数组，那如何进行 move() 函数的定义呢？

（2）对于图 5-5-11 中的 Object.values(size) 应如何理解？

```
let imgArr = {
    path: [
        "images/1.jpg",
        "images/2.jpg",
        "images/3.jpg",
        "images/4.jpg",
        "images/5.jpg",
        "images/6.jpg",
        "images/7.jpg",
    ]
};
let size = {
    top: [60, 60, 30, 0, 30, 60, 60],
    left: [0, 0, 150, 300, 550, 800, 800],
    width: [400, 400, 500, 600, 500, 400, 400],
    height: [240, 240, 300, 360, 300, 240, 240],
    zIndex: [1, 2, 3, 4, 3, 2, 1],
    opacity: [0, 40, 70, 100, 70, 40, 0],
};
let imgSum = imgArr.path.length;
```

图 5-5-10　数据的组织形式

```
function move(bool) {
    if (bool) {
        for (const value of Object.values(size)) {
            value.unshift(value.pop());
        }
    } else {
        for (const value of Object.values(size)) {
            value.push(value.shift());
        }
    }
    //具体移动方法、控制步调等
    for (let i = 0; i < liArr.length; i++) {
        animate(liArr[i], size, i);
    }
}
```

图 5-5-11　代码段

（3）尝试使用 for…of 语句实现，通过个人努力和团队合作的形式自行消化、吸收如图 5-5-12 所示的代码。

```
for (let values = Object.value(size), i = 0; i < values.length; i++) {
    value = values[i];
}
```

图 5-5-12　代码段

（4）对比图 5-5-11 和图 5-5-12 中 for … of 与 for 语句的作用，思考 for … of、for、for … in、forEach 语句有什么本质的区别？

（5）在图 5-5-13 中 animate() 函数有 3 个形式参数，该函数的定义也发生了变化，挑战一下自己的代码阅读能力。

（6）图 5-5-14 中数据的组织形式使用的都是数组，数组的元素还是数组，体会一下用二维数组组织有什么不同；图 5-5-15 用 for 循环完成 move() 函数的定义；图 5-5-16 中 animate() 函数有 4 个形式参数，其定义涉及的问题又有变化。请大家继续挑战，尝试改变，在探索中求进步、变强大，在这个过程中积累的是经验，收获的是自豪与快乐。

```
1  function animate(obj, json, index) {
2      clearInterval(obj.timer);
3      obj.timer = setInterval(() => {
4          let bool = true;
5          for (let k in json) { //每个时间间隔属性值的变化
6              const key = json[k]; // 作为属性键对应数组，利用对应下标取
7              let leader;
8              //获取原始状态属性值
9              if (k == "opacity") { ... }
11             } else { ... }
14             //依据终级目标值，计算单次改变量，单次目标值
15             let step = (key[index] - leader) / 10;
16             step = step > 0 ? Math.ceil(step) : Math.floor(step); //
17             leader = leader + step;
18             //设置目标状态属性值
19             if (k == "zIndex") {
20                 obj.style[k] = key[index]; //等价于obj.style.k=json.
21             } else if (k == "opacity") {
22                 obj.style[k] = leader / 100;
23                 obj.style.filter = "alpha(opacity=" + leader + ")";
24             } else {
25                 obj.style[k] = leader + "px";
26             }
27             if (key[index] != leader) {
28                 bool = false;
29             }
30         }
31         if (bool) { ... }
34     }, 10);
35  }
```

图 5-5-13　有 3 个参数的 animate()函数

```
let imgArr = [
    "images/1.jpg",
    "images/2.jpg",
    "images/3.jpg",
    "images/4.jpg",
    "images/5.jpg",
    "images/6.jpg",
    "images/7.jpg",
];
let styleName = ["top", "left", "width", "height", "zIndex", "opacity"];
let size = [
    [60, 60, 30, 0, 30, 60, 60],
    [0, 0, 150, 300, 550, 800, 800],
    [400, 400, 500, 600, 500, 400, 400],
    [240, 240, 300, 360, 300, 240, 240],
    [1, 2, 3, 4, 3, 2, 1],
    [0, 40, 70, 100, 70, 40, 0],
];
var imgSum = imgArr.length;
```

图 5-5-14　数组数据

```
function move(bool) {
    if (bool) {
        for (let i = 0; i < styleName.length; i++) {
            size[i].unshift(size[i].pop());
        }
    } else {
        for (let i = 0; i < styleName.length; i++) {
            size[i].push(size[i].shift());
        }
    }
    //具体移动方法，控制步调等
    for (var i = 0; i < liArr.length; i++) {
        animate(liArr[i], size, i, styleName);
    }
}
```

图 5-5-15　用 for 循环实现 move()

```
1  function animate(obj, json, index, styleName) {
2      clearInterval(obj.timer);
3      obj.timer = setInterval(() => {
4          var bool = true;
5          for (let i = 0; i < styleName.length; i++) { //等个时间间隔
6              let k = styleName[i]; // 样式名
7              let key = json[i]; // 属性值 - -数组
8              let leader;
9              //获取原始状态属性值
10             if (k == "opacity") { ... }
12             } else { ... }
15             //依据终级目标值，计算单次改变量，单次目标值
16             let step = (key[index] - leader) / 10;
17             step = step > 0 ? Math.ceil(step) : Math.floor(step);
18             leader = leader + step;
19             //设置目标状态属性值
20             if (k == "zIndex") { ... }
22             } else if (k == "opacity") { ... }
25             } else { ... }
28             if (key[index] != leader) { ... }
31         }
32         if (bool) { ... }
35     }, 10);
36  }
```

图 5-5-16　有 4 个参数的 animate()函数

3. 职业素养的养成

优秀的程序员从不畏惧困难，在人生道路上，当面临选择时，不能没有信念，不能失去正确的人生方向。在代码实现的过程中要做好大量的知识储备，比如从多个形式的数据组织形式中选择正确的、合理的形式，这对于程序实现和提高运行效率都是有益的。

五、知识梳理

1. use strict

JavaScript 中存在一些语法不合理、不严谨的现象，为了减少或避免这些现象，保证代码安全运行，提高编译器的效率，产生了严格模式。

值得注意的是，相同代码在 use strict 模式下运行可能得到不同的效果，或者运行会受到影响。

1）声明方式

（1）在浏览器环境下单击鼠标右键，选择"检查"命令，或按 F12 键，或以"开发者工具"方式开启。

（2）在脚本或函数的头部添加""use strict";"来声明，如表 5-5-1 所示。

表 5-5-1　在脚本或函数的头部添加"use strict";

例 1	例 2

"use strict";
n = 1;　//报错（n 未定义）
	n = 1;　//不报错
	f();
	function f() {
	　　"use strict";
	　　n = 2;　//报错（n 未定义）
	}

例 1 在开发者工具环境中运行时的提示如图 5-5-17 所示，单击"详细了解"可以得到更多的相关信息。

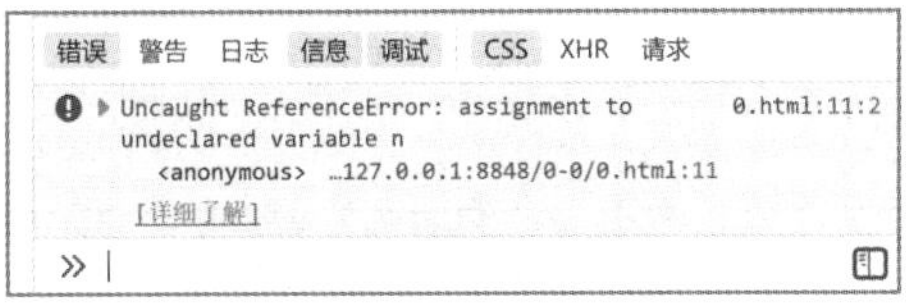

2）获知浏览器的运行模式

在 Firefox 中通过右键快捷菜单选择"查看页面信息"命令，然后查看渲染模式。对于其他浏览器，请大家自行学习。

图 5-5-17　运行时的提示

3）严格模式下的限制

变量必须先声明后使用，不允许未声明的变量存在；变量、对象（因为将对象也看成了变量）、函数（函数是对象的一个不同类型）不能删除；变量不能重复命名；不允许使用八进制数、转义字符；只读属性不能被赋值；特别是禁止 this 关键字指向全局对象。

这里仅列出了部分限制，对于其他限制和对所有限制的验证请大家自行完成。

2. 数据类型 iterable

在 ES6 中引入了 iterable 类型，使 JavaScript 语言的功能有了进一步提升，iterable 类型包括 Array、Map、Set 等，用于解决数据集合问题，通过 for…of 实现循环遍历。

iterable 类型常用的遍历方法如下。

for…in：遍历的是下标索引，只有数组能用。

for…of：遍历的是值，iterable 类型的对象都能用。

forEach：所有 iterable 类型的对象都能用，如表 5-5-2 所示。

表 5-5-2　forEach 的应用示例

代　　码	运行结果

var a = ['A','B','C'];　//创建 Array
a.forEach(function(element, index,array){
　//element：指向当前元素的值
　//index：指向当前索引
　//array：指向 Array 对象本身
　console.log(element +',index= '+index);
});
	A,index= 0
	
	B,index= 1
	
	C,index= 2

var s = new Set(['A', 'B', 'C']);　//创建 Set
s.forEach(function(element,sameElement,set){
　//element：指向当前元素的值
　//sameElement：指向当前元素的值
　console.log(element);
});
	A
	B
	C
	说明：Set 没有下标索引

var m = new Map([[1, 'x'],[2, 'y'],[3, 'z']]);　//创建 Map
m.forEach(function(value, key, map) {
　console.log(value);
});
	x
	y
	z

3. Map 对象

1）认识 Map 对象

Map 对象中存有键值对，其中的键可以是任何数据类型。Map 对象记得键的原始插入顺序。Map 对象具有表示映射大小的属性。Map 对象构造一种数据结构，适合在数据量较大时以牺牲存储空间换取速度上的提升。

2）创建 Map 对象

语法格式：new Map([[键名 1,数据 1],[键名 2,数据 2]]);

示例：采用构造函数法创建，并同时赋值。

```
const m = new Map(['name','李丽'],['age',20]);
```

其属性如表 5-5-3 所示。

表 5-5-3　Map 对象的属性

属　　性	描　　述
size	获取 Map 对象中某键的值

其方法如表 5-5-4 所示。

表 5-5-4　Map 对象的方法

方　　法	描　　述
new Map()	创建新的 Map 对象
set()	为 Map 对象中的键设置值
get()	获取 Map 对象中键的值
entries()	返回 Map 对象中键值对的数组
keys()	返回 Map 对象中键的数组
values()	返回 Map 对象中值的数组

4. 任务总结

本任务的知识要点如图 5-5-18 所示，技术要点如图 5-5-19 所示。

5. 拓学内容

（1）Set；

（2）Array.map()；

（3）对 iterable 类型的深入了解；

（4）Map.size 与 Array.length。

六、思考讨论

（1）JavaScript 中集合型数据有哪些灵活组织形式？

（2）简述 Math.ceil() 与 Math.floor() 的区别。

（3）简述 "obj.style.filter = "alpha(opacity=" + leader + ")";" 的含义。

（4）什么是复合样式？

（5）什么是计算后样式与计算后样式的值？

（6）举例说明数据组织形式对函数式编程的逻辑思路的影响。

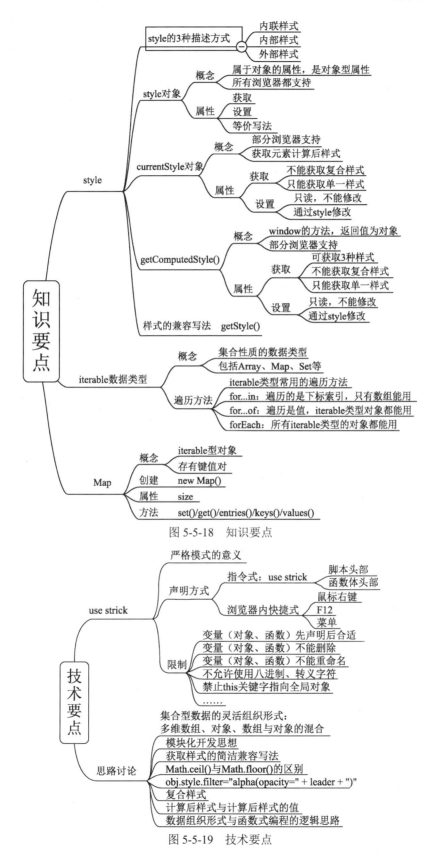

图 5-5-18　知识要点

图 5-5-19　技术要点

七、自我检测

1. 单选题

（1）在 JavaScript 中，下面关于 this 的描述中正确的是（　　）。

  A. 在使用 new 实例化对象时，this 指向这个父类对象

  B. 当对象调用函数或者方法时，this 指向这个对象

  C. 在严格模式下，this 指向 window

  D. 在任何情况下，this 的指向一旦确定就不能更改

（2）查看以下代码，下面的输出中正确的是（　　）。

```
var Test ={
    foo:"test",
    func:function() {
        var self=this;
        console.log(this.foo);
        console.log(self.foo);
        (function() {
        console.log(this.foo);
        console.log(self.foo);
        })();
    }
};
Test.func();
```

  A. test test undefined test   B. test undefined undefined test

  C. test test undefined   D. test test test test

（3）在 JavaScript 中声明一个对象，给它添加 name 属性并用 show 方法显示该属性的值，以下代码中正确的是（　　）。

A.

```
var obj = [
    name:"zhangsan",
    show:function(){
      alert(name);
    }
];
```

B.

```
var obj = {
    name:"zhangsan",
    show:"alert(this.name)";
}
```

C.

```
var obj = {
    name:"zhangsan",
    show:function(){
      alert(name);
    };
}
```

D.

```
var obj = {
    name:"zhangsan",
    show:function(){
        alert(this.name);
    };
}
```

（4）在 JavaScript 语言中可以使用（　　）。

  A. 预定义对象   B. 自定义对象

  C. 预定义对象和自定义对象 D. 以上选项均错

（5）下面关于数组的描述中正确的是（　　）。

  A. 数组的 length 既可以获取，也可以修改

B. 调用 pop()方法不会修改原数组中的值

C. shift()方法的返回值是新数组的长度

D. 调用 concat()方法会修改原数组的值

（6）在以下选项中，说法正确的是（　　）。

A. 可以在函数定义中定义另一个函数

B. 可以在函数调用中调用函数本身

C. 调用函数不能够调用函数本身

D. 以上选项均错

2. 判断题

（1）被 delete 关键字删除的数组元素依然占用一个空的存储位置。　　　　　　（　　）

（2）JavaScript 不支持真正意义上的多维数组，但是由于其数组元素可以是数组，所以可以通过将数组保存在数组元素中来模拟多维数组。　　　　　　　　　　　　　　　（　　）

（3）for 循环不能遍历数组，只有 forEach 循环可以。　　　　　　　　　　　（　　）

八、挑战提升

项目任务工作单

课程名称	前端交互设计基础		任务编号	5-5
班　　级			学　　期	

项目任务名称	网站首页的多图特效轮播	学　时	
项目任务目标	（1）灵活使用 style、currentStyle 与 getComputedStyle()。 （2）掌握 Object.values(size)的使用方法。 （3）灵活组织集合型数据。		
项目任务要求	观察四川奇石缘科技股份有限公司首页的图片轮播效果，然后对其进行模仿，将志愿服务网站首页的多图轮播效果做升级，要求每张图片定时轮播，每张图片轮播时的特效如下： （1）一张图片被切割为 7 个部分。 （2）切割后的 7 个部分从左向右依次排列组成一张原图。 （3）每张图片的 1/7 通过特效过渡出现到指定位置。 （4）特效可以自由设计。 （5）通过单击左、右按钮实现图片上、下张的特效过渡切换。 运行效果如图 5-5-20 所示，扫描二维码 5-5-6 进行观看。 　　　　　　 图 5-5-20　多图轮播瞬间图　　　　二维码 5-5-6　奇石缘网站的多图轮播效果 在完成基本任务的前提下发挥想象力与创造力，让动画效果更好，并优化界面与代码。		
评价要点	（1）完成了项目的所有功能（50 分）。 （2）代码规范、界面美观（30 分）。 （3）结题报告书写工整等（20 分）。		

项目六

首页注册页面

任务 6-1 表单验证（一）

知识目标
- ❏ 理解正则表达式的含义
- ❏ 理解特殊字符的应用
- ❏ 理解正则表达式的使用

技能目标
- ❏ 掌握正则表达式的定义
- ❏ 灵活使用正则规则
- ❏ 能够对不同的表单结构进行验证

素质目标
- ❏ 培养拓展学习的能力
- ❏ 培养规范意识

重点
- ❏ 正则表达式的基本用法
- ❏ RegExp 对象的实例属性和静态属性
- ❏ RegExp 对象的方法的使用

难点
- ❏ 正则表达式的组合用法
- ❏ 正则表达式的灵活运用

一、任务描述

在注册时通常需要对用户所输入的注册信息进行格式验证，本任务将使用正则表达式实现注册页面的格式验证，扫描二维码 6-1-1 观看视频。

二维码 6-1-1 注册
页面的格式验证

二、思路整理

1. 什么是正则表达式

正则表达式（Regular Expression，在代码中常简写为 regex、regexp 或 RE）又称为规则表达式，它是一个描述字符模式的对象。通俗地说，正则表达式是对字符串进行操作的一种逻辑公式，是用事先定义好的一些特定字符及这些特定字符的组合组成一个"规则字符串"，用来表达对字符串的一种过滤逻辑。

2. 正则表达式的作用

正则表达式主要用来验证客户端的输入数据。

（1）文本过滤逻辑（匹配）：判断给定的字符串是否符合正则表达式。

（2）文本检索与替换（获取特定字符串）：从字符串中获取符合正则表达式的特定部分。

3. 应用场景

正则验证通常用在客户端，比如用户注册时，如果每次都将用户输入的信息提交至服务器，让服务器去做格式等验证，就会占用大量的服务器端的资源，响应也会比较迟缓。因此，在实际开发中通常将简单的数据逻辑处理交给客户端处理，在客户端进行正则验证之后再提交数据，这样也可以为用户提供更好的体验。

正则验证还可以实现以下功能：

（1）替换指定内容到行尾。

（2）数字替换。

（3）删除每一行行尾的指定字符。

（4）替换带有半角括号的多行。

（5）删除空行。

（6）格式验证。

4. 如何使用正则表达式

正则表达式的创建和内置对象相似，也提供了两种方法，一种是采用字面量方式创建，另一种是采用对象方式创建。扫描二维码 6-1-2 观看其创建视频。

二维码 6-1-2　正则表达式的创建

1）字面量方式

其使用格式如下：

```
var reg1=/表达式/修饰符
```

其中"//"内为正则表达式的规范，后接修饰符，修饰符的参数与含义如表 6-1-1 所示。

表 6-1-1　正则表达式的修饰符的参数与含义

参　　数	含　　义
i	不区分大小写
g	全局匹配
m	多行模式，只有当目标字符串中含有\n，而且正则表达式中含有^或$的时候，/m修饰符才有作用
u	以 Unicode 编码执行的正则表达式
y	黏性匹配，仅匹配目标字符串中此正则表达式的 lastIndex 属性指示的索引

示例代码如下：

```
var reg1 = /he/;
var reg2 = /he/i;          //不区分大小写
var reg3 = /he/ig;         //不区分大小写，且全程（全局）匹配
```

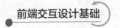

```
var reg4 = /^abc/m;
```

2）对象方式

通过 new 关键字创建 RegExp 对象，使用格式如下：

```
var reg2=new RegExp(/表达式/)
```

示例代码如下：

```
var reg11 = new RegExp('he');
var reg22 = new RegExp('he','i');        //不区分大小写
var reg33 = RegExp('he','ig');           //可省略 new，不区分大小写，且全程（全局）匹配
var reg44 = new RegExp('^abc','m');
```

RegExp 对象还有许多方法供用户使用，其方法名和具体描述如表 6-1-2 所示。

表 6-1-2   RegExp 对象的方法

方 法	描 述
test()	在字符串中测试模式匹配，返回 true 或 false
exec()	在字符串中执行匹配搜索，返回结果数组
match()	返回字符串中匹配的子串或 null
search()	返回与正则表达式匹配的子字符串的开始位置
replace()	用指定的字符串替换满足正则条件的子串
split()	返回字符串按正则表达式拆分的数组

这里以 test()和 exec()方法为例进行讲解。test()方法用于检测一个字符串是否匹配某种模式，如果匹配成功，返回 true，否则返回 false。

示例代码如下：

```
var reg1 = /e/;
console.log(reg1.test('abc'));
console.log(reg1.test('abce'));
```

运行结果如图 6-1-1 所示。

```
false                          正则表达式.html:12
true                           正则表达式.html:13
```

图 6-1-1   运行结果

这里定义了一个名为 reg1 的正则变量，要求匹配含有 e 的字符串。运用正则变量点 test()的方式来调用，test()的参数表示要检测的字符串，字符串'abc'中不包含字符'e'，因此返回 false；字符串'abce'中包含字符 e，因此返回 true。

exec()方法用于检索字符串中正则表达式的匹配，返回的不是 true 也不是 false，而是一个数组，其中存放了匹配的结果，如果未找到，则返回 null。

示例代码如下：

```
var reg2=/e/;
console.log(reg2.exec('aaa'));
console.log(reg2.exec('abe'));
```

运行结果如图 6-1-2 所示。

```
null                           正则表达式.html:17
                               正则表达式.html:18
▶ ['e', index: 2, input: 'abe', groups: undefine
▶ d]
```

图 6-1-2   运行结果

exec()方法的使用和test()类似，这里定义了一个名为 reg2 的正则变量，要求匹配含有 e 的字符串，从结果上看出，第一个字符串'aaa'不包含 e，因此返回的是 null，而第二个包含，返回的就是一个数组，里面包含了检索到的字段、索引位置等信息。

5. 如何编写正则表达式

在实际编写正则表达式时，仅用前面示例中的简单字符是无法满足正则验证的需求的，因此正则表达式提供了一系列特殊字符供用户使用，接下来介绍部分常用的字符。

1）边界符

边界符有^和$两个符号，其中^表示匹配输入的开始，$表示匹配输入的结束。边界符的限定让匹配范围更精确。通常在写规则时都会添加边界符。其使用示例如下：

```
/^abc$/
```

该例限定了匹配字符从 a 开始，以 c 结尾，结合起来就是只能匹配 abc 的字符串。

2）字符集

正则表达式还提供了特殊的字符来描述某一类字符，例如|、[]、-，这 3 种符号的使用如下。

x|y：匹配 x 或 y。

[xyz]：匹配 x、y、z 中的任何一个。

[a-z]：匹配字母 a～c 中的任何一个。

|与[]都可以表示或的关系，x|y 表示匹配到 x 或者 y；[xyz]表示只要能匹配到 x、y 或 z 中的任意一个即可。当要匹配所有小写字母中的任意一个时，不可能将全部的字母写出来，因此为了简便，提供了短横线的连接方式，代表从 a 到 z 这个范围中的任何一个字母。

3）字符组合

结合边界符与字符集，就可以形成字符的特殊组合。

/^[a-z]$/：匹配仅有小写字母中的任何一个。

/^[a-zA-Z0-9]$/：匹配仅有小写字母、大写字母、0～9 数字中的任何一个。

/^[^a-zA-Z0-9]$/：匹配不包含小写字母、大写字母、0～9 数字的其他符号。

第一个 a-z 外加上边界符，则只能是小写字母中的一个字符时才匹配成功，例如字母 a、ab 等这样的形式都不能匹配成功。第二个中括号里的内容变为匹配小写字母、大写字母、0～9 数字，如果还想加其他的符号，直接串联写，而在最外层加了边界符，代表也只能匹配其中的一个，例如数字 1。第三个在中括号内加了尖括号，这里要特别注意，里面加尖括号就不是边界符了，而是代表了取反，因此这个表达式的含义是要取不包含字母以及数字的其他符号。由此可以看出，正则表达式是非常灵活的，用户只要熟悉了这些符号的含义，那么无论是写还是阅读都不会被难倒。

思考：如果要验证只为数字的正则表达式该如何书写呢？

4）量词符

有时还需要限定某个字符出现的次数，因此正则表达式提供了量词符供用户使用，如表 6-1-3 所示。

表 6-1-3　量词符

量 词 符	描　　　述
*	代表 0 次或多次
+	代表一次或多次
?	代表 0 次或一次
{n}	表示重复 n 次
{n,}	表示重复 n 次及以上
{n,m}	表示重复 n～m 次，包含 n 与 m 次

5）预定义类

为了使写法简便，JavaScript 还提供了预定义类，如表 6-1-4 所示。

表 6-1-4　预定义类

预定义类	描　　　述
\d	匹配 0～9 的任意数字，相当于[0-9]
\D	匹配 0～9 以外的字符，相当于[^0-9]
\w	匹配任意的字母、0～9 数字和下画线，相当于[a-zA-Z0-9_]
\W	匹配除字母、0～9 数字和下画线以外的字符，相当于[^a-zA-Z0-9_]

6. 验证学号的正则表达式

思考学号的验证如何实现？首先分析学号的规则：学号必须为数字，且必须为 9 位。根据前面的知识，学号仅为数字的正则表达式的写法为[0-9]，而其长度为 9，需要使用量词符 {9}来实现，因此学号的正则表达式为/^[0-9]{9}$/。

三、代码实现

接下来思考学号验证的交互逻辑。在什么时候发生交互呢？也就是在什么时候进行验证呢？根据观察发现，是在输入完成后，输入框失去焦点时进行验证的。其次是验证的结果如何处理？这里先简单地向控制台输出结果。

根据以上分析，代码如下。

1. HTML 实现

```
<div class="card">
    <div class="title">学号/工号</div>
    <input class="input" type="text" id="number" required>
    <div class="placeholder"></div>
</div>
```

2. JS 实现

```
window.onload =function(){
    var regnum = /^[0-9]{9}$/;              //......................①
    var name = document.querySelector('#number');
    name.onblur = function(){
        if(regnum.test(this.value)){        //......................②
            console.log('正确的');
        }else{
            console.log('错误的');
        }
    }
}
```

语句①声明变量 regnum，该变量为一个正则对象，代表 9 位且每位只能是数字的正则对象。

在语句②中，if 语句的条件表达式 regnum.test(this.value)中的 test 是正则对象 regnum 的方法，测试在字符串 this.value 中匹配满足 regnum 正则对象规则的情况，返回 true 或 false。其中 this.value 代表的是字符串，this 表示发生 onblur 事件的对象 name。

四、创新训练

1. 观察与发现

从整个流程来分析，举一反三，思考其他正则表达式是怎样书写的，可以尝试写一下。另外，对于结果的显示，请从用户的角度思考，如果要完善，又该如何实施呢？

2. 探索与尝试

针对以上两个问题，尝试用其他格式验证，并思考结果的呈现如何完成。

3. 职业素养的养成

不以规矩，不成方圆，正则表达式越规范，验证的结果就越准确，养成规范意识，能够便于在工作中更好地协同办公。

五、知识梳理

1. 正则对象的属性

1）实例属性

正则对象的实例属性如表 6-1-5 所示。

表 6-1-5　正则对象的实例属性

属 性 名	属性描述	类　　型
global	表示是否设置了 g 标志	Boolean
ignoreCase	表示是否设置了 i 标志	Boolean
lastIndex	表示开始搜索下一个匹配项的字符位置，从 0 算起	Number
multiline	表示是否设置了 m 标志	Boolean
source	正则字符串表示，按字面量形式而非传入构造函数中的字符串模式返回	正则字符串

示例代码：

```
//ture, /he/ig 对象是否已经设置了全局匹配(g)
document.write('<br>11:'+/he/ig.global);
//ture, /he/ig 对象是否已经设置了不区分大小写(i)
document.write('<br>22:'+/he/ig.ignoreCase);
//false, 不支持换行
document.write('<br>33:' + /he/ig.multiline);
//he, 正则表达式的源字符串
 document.write('<br>44:' + /he/ig.source);
```

2）静态属性

静态属性又称全局属性，其相关描述如表 6-1-6 所示。

表 6-1-6 静态属性

属性名	属性描述
index	当前表达式首次匹配的内容的开始位置
input	返回当前字符串，可以简写为$_，初始值为空字符串
lastIndex	当前表达式首次匹配的内容中最后一个字符的下一个位置
lastMatch	当前表达式匹配的最后一个字符串，可以简写为$&，初始值是空字符串
lastParent	如果表达式中有括起来的子匹配，并且是最后匹配到的子字符串，可以简写为$+
leftContext	当前表达式匹配的最后一个字符串左边的所有内容，简写为$`
rightContext	当前表达式开始匹配的字符串右边的所有内容，简写为$'
$1...$9	如果表达式中有括起来的子匹配，那么分别代表第 1 个到第 9 个子匹配所捕获到的内容

示例代码：

```
/(h)e/ig.test('Hellow and  hellow');
//Hellow and hellow, 当前被匹配的字符串
document.write('<br>'+RegExp.input);
document.write('<br>'+RegExp['$_']);
document.write('<br>' + RegExp.$_);
document.write('<br>');
//初次匹配前（左侧）的子串，所以没有输出
document.write('<br>1:' + RegExp.leftContext);
//Hellow and hellow, 初次匹配后（右侧）的子串
document.write('<br>2:'+RegExp.rightContext);
//He, 初次匹配的字符串
document.write('<br>3:'+RegExp.lastMatch);
//H, 初次匹配一对圆括号内的子串
document.write('<br>4:'+RegExp.lastParent);
//undefined, 部分浏览器支持
document.write('<br>5:' + RegExp.multiline);
//返回匹配内容的最后一个索引位置，即下一个匹配的开始位
//置，注意索引从 0 开始
document.write('<br>6:' + RegExp.lastIndex );
```

正则对象的属性的使用方法请扫描二维码 6-1-3 观看视频。

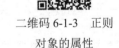

二维码 6-1-3 正则
对象的属性

2. 正则对象的方法

示例代码：

```
<script>
//替换匹配到的数据：replace(), 替换符合正则的子串
//替换一处 Hellow and yellow
document.write('<br>'+'Hellow and hellow'.replace(/he/,'ye'));
//替换一处 yellow and hellow
document.write('<br>'+'Hellow and hellow'.replace(/he/i,'ye'));
//替换两处 yellow and yellow , 全程(g)替换
document.write('<br>' + 'Hellow and hellow'.replace(/he/ig,'ye'));
document.write('<br>');
//拆分字符串：split(), 用符合正则的子串拆分
//Hellow and ,llow
document.write('<br>' + 'Hellow and hellow'.split(/he/));  // ,llow and ,llow
```

```
document.write('<br>' + 'Hellow and hellow'.split(/he/i));
// ,llow and ,llow
document.write('<br>' + 'Hellow and hellow'.split(/he/ig));
document.write('<br>');
//获取匹配数组：match()，返回符合正则的子串或null
//He, 非全程获取
document.writeln('<br>' + 'Hellow and hellow'.match(/he/i));
//He,he, 全程获取
document.writeln('<br>' + 'Hellow and hellow'.match(/he/ig));
//null, 无获取结果
document.writeln('<br>' + 'Hellow and hellow'.match(/oo/));
document.write('<br>');
//使用 search()查找匹配数据：search()返回符合正则的子串的开始位置
document.writeln('<br>' + 'Hellow and hellow'.search(/he/i)); //0
document.writeln('<br>' + 'Hellow and hellow'.search(/he/));  //11
//-1, 未找到
document.writeln('<br>' + 'Hellow and hellow'.search(/hq/));
document.write('<br>');
</script>
```

3. 正则表达式的规则

（1）单个字符和数字如表 6-1-7 所示。

表 6-1-7　单个字符和数字

元字符/元符号	匹配情况
.	匹配除换行符以外的任意字符
[a-z0-9]	匹配括号内字符集中的任意字符
m	多行匹配
[^a-z0-9]	匹配任意不在括号内的字符集中的字符
\d	匹配非数字，和[^0-9]相同
\w	匹配字母和数字及_
\W	匹配非字母和数字及_

（2）空白字符如表 6-1-8 所示。

表 6-1-8　空白字符

元字符/元符号	匹配情况
\0	匹配 null 字符
\b	匹配空格字符
\n	匹配换行符
\f	匹配进制字符
\t	匹配制表符
\s	匹配空白字符、空格、制表符和换行符
\T	匹配非空白字符

（3）锚字符如表 6-1-9 所示。

表 6-1-9　锚字符

元字符/元符号	匹配情况
^	行首匹配
$	行尾匹配
\A	只匹配字符串的开始处
\b	匹配单词边界，单词在[ ]内时无效
\B	匹配非单词边界
\G	匹配当前搜索的开始位置
\Z	匹配字符串的结束处或行尾
\z	只匹配字符串的结束处

（4）重复字符如表 6-1-10 所示。

表 6-1-10　重复字符

元字符/元符号	匹配情况
x?	匹配 0 个或一个 x
x*	匹配 0 个或任意多个 x
x+	匹配至少一个 x
(xyz)+	匹配至少一个(xyz)
x{m,n}	匹配最少 m 个、最多 n 个 x

（5）替代字符如表 6-1-11 所示。

表 6-1-11　替代字符

元字符/元符号	匹配情况
this|where|logo	匹配 this、where 和 logo 中的任意一个

（6）记录字符如表 6-1-12 所示。

表 6-1-12　记录字符

元字符/元符号	匹配情况
(string)	用于反向引用的分组
\1 或$1	匹配第一个分组中的内容
\2 或$2	匹配第二个分组中的内容
\3 或$3	匹配第三个分组中的内容

4. 任务总结

本任务通过学习正则表达式完成对注册页面的表单验证。

本任务所涉及的正则知识点如图 6-1-3 所示。

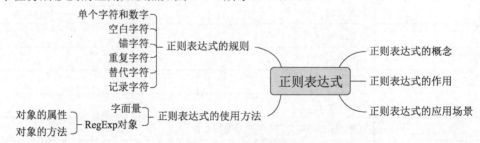

图 6-1-3　正则知识点

5. 拓学内容

（1）正则表达式的特殊字符；

（2）客户端与服务器；

（3）RegExp 对象。

六、思考讨论

（1）客户端与服务器有什么关系？

（2）在客户端做验证有什么好处？

七、自我检测

1. 单选题

（1）（   ）不是 String 对象提供的使用正则表达式的方法，而是正则对象的方法。

    A. search()　　　　　　B. split()　　　　　　C. test()　　　　　　D. replace()

（2）（   ）方法有两个参数，其余方法都有一个参数。

    A. split()　　　　　　B. search()　　　　　　C. replace()　　　　　　D. match()

2. 多选题

下面（   ）方法是 String 对象提供的使用正则表达式的方法，不是正则对象的方法。

    A. exec()　　　　　　B. match()　　　　　　C. search()

    D. test()　　　　　　E. split()　　　　　　F. replace()

3. 判断题

（1）search()是 String 对象提供的使用正则表达式的方法，不是正则对象的方法。（   ）

（2）String 对象提供的使用正则表达式的方法同时也是正则对象的方法。（   ）

八、挑战提升

项目任务工作单

课程名称	前端交互设计基础		任务编号	6-1
班　级			学　期	

	项目任务名称	身份证号码验证	学　时	
	项目任务目标	了解正则表达式的概念，掌握正则表达式的使用方法。		
项目任务要求		在登录过程中经常要验证身份证信息，本任务要求对用户输入的身份证号码进行正则验证，查看输入的身份证号码是否合法，当输入完毕后，离开输入框时会触发正则验证，如果输入正确则输入下一项，如果输入错误则会提示"身份证输入不合法！"并清空输入框，让用户重新输入。		
评价要点		（1）内容完成度（60 分）。 （2）文档规范性（30 分）。 （3）拓展与创新（10 分）。		

任务 6-2　表单验证（二）

知识目标
- □ 掌握字符在正则表达式中的运用
- □ 掌握聚焦、失去焦点、监听文本框输入状态的事件

技能目标
- □ 灵活使用正则规则
- □ 能够对不同的表单结构进行验证
- □ 在进行交互设计时能够运用相关事件

素质目标
- □ 培养拓展学习的能力
- □ 培养精益求精的精神

重点
- □ 正则表达式的用法
- □ 事件的用法

难点
- □ 特殊格式的验证
- □ 交互效果的实现

一、任务描述

在任务 6-1 中学习了正则表达式的基本用法，只完成了对学号的正则验证，本任务将继续完成注册页面的格式验证，包含对特殊格式（例如中文、邮箱等）的验证以及对验证结果的处理。实现效果请扫描二维码 6-2-1 观看。

二维码 6-2-1　注册页面格式验证的效果

二、思路整理

根据任务效果来分析，可以将任务的实现大体分为两个部分，一部分是完成对输入内容的格式验证，另一部分是验证之后的效果处理。首先来思考格式验证，也就是表中其他输入框的正则表达式如何书写。

1. 姓名的正则表达式

其格式要求是输入 2～5 位的汉字。首先要解决的第一个问题就是姓名的正则表达式该如何来表示。姓名的正则表达式需要用到汉字的编码，汉字的编码范围为\u4e00～\u9fa5，而字数的限制要用到量词符，因此输入 2～5 位的汉字的正则表达式的书写方式为^[\u4e00-\u9fa5]{2,5}$。

2. 邮箱的正则表达式

这里对常见的邮箱格式做一个总结，基本上都是用户名@后缀名的形式。例如：

QQ 邮箱：123@qq.com、abc@qq.com、abc@foxmail.com。

163 邮箱：XXX@163.com。

新浪邮箱：xxx@sina.com、xxx@sina.cn。

1）用户名的正则表达式

用户名也就是@符号之前的部分，可以为数字、任意字母以及连字符（例如短横线、下画线、点）等，整个邮箱前缀也没有位数的限制，因此可以这样书写：

```
^([a-zA-Z0-9._]+$
```

其中加号是特殊符号，表示前面字符出现的次数至少为一次。

对于这种常用的正则表达式，在官网以及菜鸟网站中都有相应的写法提示，关于用户名的写法是这样的：

```
^\w+([-+.]\w+)*$
```

中括号里的内容是 3 个连字符，后接\w+表示至少出现一次数字、字母、下画线，用小括号将这部分包裹起来后跟*号，表示这部分的内容可以出现 0 次或多次。这种写法限制了连字符出现的个数以及次数，而且连字符出现时前后必须有其他的字符。这两种写法相比，推荐的写法更精准一些。因此用户在书写正则表达式时要思考如何表达才能更精准、更简练。

2）后缀名的正则表达式

分析邮箱后缀的写法，后缀一般采用域名.后缀名的形式，点是必需的，这里也是需要强调的地方，因为单独的点在规则中有特殊的含义，所以要包含点这个字符一定要用转义字符加点的形式，而其他部分其实跟邮箱前缀没有太大的区别，所以它的写法为：

```
^\w+([-.]\w+)*\.\w+([-.]\w+)*$
```

结合用户名与后缀的写法，最终邮箱的正则表达式的写法为：

```
^\w+([-+.]\w+)*@\w+([-.]\w+)*\.\w+([-.]\w+)*$
```

3. 手机号码的正则表达式

手机号码根据运营商的不同，对于前 3 位有特别的指定，可以大致总结出手机号码具有如下特点：

（1）手机号码为 11 位数字。

（2）手机号码的第一位数字必须为 1。

（3）手机号码的第二位数字为 3、4、5、8 中的一个。

（4）手机号码的后 9 位数字均为 0～9。

手机号码的正则表达式的写法为：

```
^(13[0-9]|14[5|7]|15[0|1|2|3|5|6|7|8|9]|18[0|1|2|3|5|6|7|8|9])\\d{8}$
```

4. 密码与确认密码的正则表达式

密码与确认密码的正则表达式的写法是一样的，要求都是 6～8 位。位数的限制用量词符来实现，可以先实现6～8位的字母或数字的表示方法——[0-9A-Za-z]{6,8}。

其次要求同时包含数字与字母，这里就需要采用零宽度负预测先行断言，也就是采用？!的形式，断言此位置后不能匹配后面这个表达式。

限制不能仅含数字的写法为：

```
(?![0-9]+$)[0-9A-Za-z]{6,8}
```

限制不能仅含字母的写法为：

```
(?![a-zA-Z]+$)[0-9A-Za-z]{6,8}
```

将两者结合起来就是密码的正则表达式：

```
^(?![0-9]+$)(?![a-zA-Z]+$)[0-9A-Za-z]{6,8}$
```

5. 验证结果的显示与分析

根据效果分析验证结果主要有几种状态，这里以学号为例进行说明。

（1）输入前的状态，如图 6-2-1 所示。

（2）输入时的状态，当输入框获取焦点时提示文字变小且往上移动，如图 6-2-2 所示。

图 6-2-1 输入前效果　　　　　　　　　图 6-2-2 输入时效果

输入文字时进行实时判断，如果不符合要求，则文字显示为红色，如图 6-2-3 所示；如果符合要求，则文字显示为绿色，如图 6-2-4 所示。

 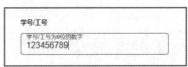

图 6-2-3 输入时验证错误效果　　　　　　图 6-2-4 输入时验证正确效果

（3）输入后的状态，输入完成后会在输入框的右侧显示正确图标，如图 6-2-5 所示。

图 6-2-5 输入完成后验证效果

三、代码实现

根据以上分析，代码如下。

1. 姓名验证

HTML:

```html
<div>
    <div class="title">姓名</div>
    <input class="input" type="text" id="name" required>
    <div class="placeholder"></div>
</div>
```

JS:

```javascript
window.onload =function(){
    var regname = /^[\u4e00-\u9fa5]{2,5}$/;
    //获取输入的值
    var name = document.querySelector('#name');
    name.onblur = function(){
        if(regname.test(this.value)){
            console.log('正确的');
        }else{
            console.log('错误的');
        }
    }
}
```

姓名验证结果请扫描二维码 6-2-2 观看。

2. 邮箱验证

HTML：

```
<div class="card">
    <div class="title">邮箱</div>
    <input class="input" type="text" id="email" required>
    <div class="placeholder"></div>
</div>
```

二维码 6-2-2
姓名验证结果

JS：

```
window.onload =function(){
    var regmail = /^\w+([-+.]\w+)*@\w+([-.]\w+)*\.\w+([-.]\w+)*$/;
    //获取输入的值
    var name = document.querySelector('#email');
    name.onblur = function(){
        if(regname.test(this.value)){
            console.log('正确的');
        }else{
            console.log('错误的');
        }
    }}
```

邮箱验证结果请扫描二维码 6-2-3 观看。

3. 手机验证

HTML：

```
<div class="card">
    <div class="title">手机</div>
    <input class="input" type="text" id=tel required>
    <div class="placeholder"></div>
</div>
```

二维码 6-2-3
邮箱验证结果

JS：

```
window.onload =function(){
    var regTel = /^(13[0-9]|14[5|7]|15[0|1|2|3|5|6|7|8|9]|18[0|1|2|3|5|6|7|8|9])\d{8}$
/;
    //获取输入的值
    var tel= document.querySelector('#tel');
    tel.onblur = function(){
        if(regTel.test(this.value)){
            console.log('正确的');
        }else{
            console.log('错误的');
        }
    }}
```

手机验证结果请扫描二维码 6-2-4 观看。

4. 密码验证

HTML：

```
<div class="card">
<div class="title">密码</div>
    <input class="input" type="password" id="pwd" required>
```

二维码 6-2-4
手机验证结果

```
        <div class="placeholder"></div>
    </div>
```

JS：

```
window.onload =function(){
    var regpassword = /^(?![0-9]+$)(?![a-zA-Z]+$)[0-9A-Za-z]{6,8}$/
    //获取输入的值
    var pwd = document.querySelector('#pwd');
    pwd.onblur = function(){
        if(regpassword.test(this.value)){
            console.log('正确的');
        }else{
            console.log('错误的');
        }
    }}
```

密码验证结果请扫描二维码 6-2-5 观看。

5. 验证结果的显示

这里以学号为例进行显示。

二维码 6-2-5
密码验证结果

HTML：

```
<div>
<div class="title">学号/工号</div>
<input class="input" type="text" id="number" required>
<div class="placeholder"></div>
</div>
```

这里类名为 placeholder 就是为了控制输入框内文字的变化。

CSS：

```
.placeholder{
    white-space:nowrap;
    pointer-events: none;
    font-size: 14px;
    top: 58px;
    left: 50px;
    position: absolute;
    color: #9E9E9E;
    transition: all .5s;
    transform:scale(1,1);
    transform-origin:left;
}
```

设置了要显示内容的移动动画。

JS：

```
var regnum=/^\d{9}$/
var tips=document.querySelector('.placeholder')
tips.innerText="学号、工号为 9 位数字"
var number=document.querySelector('#number')
number.onfocus=function(){
    this.style.border="1px solid #B94844"
    tips.innerText="学号、工号为 9 位数字"
    tips.classList.remove('glyphicon')
    tips.classList.remove('glyphicon-ok-sign')
```

```
        tips.style.transform='scale(0.78,0.78) translate(-15px,-15px)';
    }
    number.addEventListener('input',function(event){
        if(regnum.test(this.value)){
            tips.style.color='green'
        }else{
            tips.style.color="#B94844"
        }
    })
    number.onblur=function(){
        if(regnum.test(this.value)){
            tips.innerText=''
            tips.classList.add('glyphicon')
            tips.classList.add('glyphicon-ok-sign')
            tips.style.transform='scale(1) translate(240px)'
        }else{
            tips.style.color="#B94844"
        }
    }
}
```

二维码 6-2-6
验证结果的显示

运用 onfocus 监视输入框的聚焦状态,在此处设置了输入框的状态为红色,显示文字提示以及动画效果。运用 input 事件监听输入框的输入情况,实时判断输入内容是否满足条件,如果满足则将提示文字显示为绿色,如果不满足则将提示文字显示为红色。运用 onblur 监视失去焦点状态,同样验证是否满足条件,如果满足则在输入框的右侧显示绿色的正确符号,其效果请扫描二维码 6-2-6 观看。

四、创新训练

1. 观察与发现

正则表达式的写法很多,如何精简?

2. 探索与尝试

每个输入框都需要进行格式验证,验证的处理流程是一样的,那么在写法上如何精简代码呢?是否考虑运用数组以及循环来实现呢?

3. 职业素养的养成

从学习到工作,每一步都需要大家脚踏实地地去沉淀知识,对于代码也需要不断总结、精益求精,如此大家才能不断提升自己的实力。

五、知识梳理

1. 汉字的正则表达式的写法

`^[\u4e00-\u9fa5]{2,5}$`

2. 邮箱的正则表达式的写法

`^\w+([-+.]\w+)*@\w+([-.]\w+)*\.\w+([-.]\w+)*$`

3. 手机号码的正则表达式的写法

`^(13[0-9]|14[5|7]|15[0|1|2|3|5|6|7|8|9]|18[0|1|2|3|5|6|7|8|9])\\d{8}$`

4. 事件的使用

（1）事件监听。当某个事件发生时要执行某种操作。使用事件监听的方式有两种，即onXXX 以及 addEventListener('事件名',function(){})。

（2）监听事件。例如鼠标、键盘、表单、页面等。

5. 动画效果的显示

CSS3 动画的 3 个属性分别是 transform、transition 和 animation。

transform 即变形，主要包括 rotate（旋转）、scale（缩放）、skew（扭曲）、translate（移动）以及 matrix（矩形变阵）。

语法格式：

```
transform:none|rotate|scale|skew|translate|matrix
```

其中 none 表示不变换，当有其他多种变化时用空格隔开。

6. 任务总结

本任务主要学习正则表达式的用法以及验证结果的显示。本任务的知识点如图 6-2-6 所示。

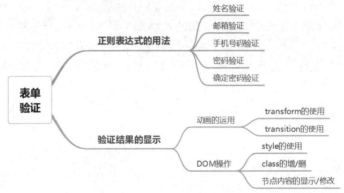

图 6-2-6　本任务的知识点

7. 拓学内容

（1）正则表达的多种写法；

（2）断言；

（3）字体图标；

（4）jQuery 的 animate。

六、思考讨论

（1）客户端验证的安全问题。

（2）在设置动画时，通过节点的 CSS 属性来设置 transform 以及其他样式的操作都很麻烦，思考如何精简程序。

七、自我检测

1. 单选题

（1）正则表达式"/[m][e]/gi"匹配字符串'programmer'的结果是（　　）。

A. m B. e C. programmer D. me

（2）下列正则表达式的字符选项中与"*"功能相同的是（　　）。

A. {0,} B. ? C. + D. .

（3）下列选项中可以完成正则表达式中特殊字符转义的是（　　）。

A. / B. \ C. $ D. #

2. 判断题

（1）[\u4e00-\u9fa5]是匹配中文字符的表达式。（　　）

（2）正则表达式"[a-z]"和"[z-a]"表达的含义相同。（　　）

（3）正则表达式"[^a]"的含义是匹配以 a 开始的字符串。（　　）

八、挑战提升

项目任务工作单

课程名称	前端交互设计基础		任务编号	6-2
班　　级			学　　期	

项目任务名称	找重复项最多的字符和个数	学　时	
项目任务目标	掌握正则表达式的使用；掌握捕获与非捕获匹配的区别；掌握 replace() 方法的使用。		
项目 任务 要求	对已有字符串'sbgpppgbbbbssppssbbsss'进行字符累计，筛选出重复次数最多的字符并统计个数。		
评价要点	（1）内容完成度（60 分）。 （2）文档规范性（30 分）。 （3）拓展与创新（10 分）。		

任务 6-3　本地存储

知识目标

❑ 理解本地存储的含义

❑ 理解 3 种存储方式

技能目标

❑ 能够运用 sessionStorage 存储数据

❑ 能够运用 localStorage 存储数据

❑ 能够根据不同的场景选择合适的存储方式

素质目标

❑ 具有拓展学习的能力

❑ 培养工程意识，注重用户体验

重点

❑ 对本地存储的意义及使用场景的理解

❑ 对 localStorage 的使用

难点

❑ 根据场景需要选择合适的方式进行存储

一、任务描述

在表单页面中，在提交后往往会因为用户输入出错导致提交失败，失败后所呈现的表单页面内容消失，需要用户重新输入。本任务运用本地存储的方式来实现注册页面的表单记忆效果，请扫描二维码 6-3-1 观看效果。

二维码 6-3-1
表单记忆效果

二、思路整理

1. 本地存储的概念

在通过浏览器访问服务器时，有些数据需要保存在服务器中，例如输入的用户账号、密码等重要信息，但有些数据用户想保存在本地，以便下次访问，这样就可以避免占用服务器资源，这样的存储方式称为本地存储。

2. 本地存储的使用场景

本地存储的使用场景如下：

（1）用户临时登录的信息。

（2）注册信息。

（3）用户页面配置。

（4）当前的临时会话信息。

3. 本地存储方式

在 JavaScript 中提供了许多存储方式，常用的有 web storage 和 cookie，其中 web storage 又包含 sessionStorage 与 localStorage。

sessionStorage 与 localStorage 可以视为浏览器的两个 API，存在于 window 对象中，同时也是 window 的对象型属性，可以写成 window.localStorage，setItem() 是 localStorage 的方法，省略 window 后的写法为 localStorage.setItem(key,value)。

localStorage 为标准的键值对形式的数据结构，通过 setItem() 方法的两个参数 key、value 将数据以键值对形式写入本地存储，以 getItem(key) 方法的参数 key 获取键的具体值。

4. 任务分析

（1）静态页面分析。页面主要是通过表单来实现的，包含输入框、复选框以及提交按钮等。

（2）CSS 表现形式。样式主要包含静态页面和验证时的效果展示。静态页面主要包含整体结构排版以及输入框、按钮、图标的展示效果。验证时的效果包含输入时的效果、对格式验证的结果显示的效果。

（3）JS 交互。当用户输入数据后，再次输入文字会展示之前输入的内容，并且关闭浏览器再次打开时仍然会提示之前输入的文字。首先需要将输入的信息存储起来，这里选择采用本地存储的方式；其次由于关闭页面后仍然需要显示这些数据，所以选择 localStorage 来进行存储，数据的记忆触发是在提交表单时发生的。

三、代码实现

HTML 代码：

```
<div class="card">
    <div class="title">学号/工号</div>
    <input class="input" type="text" id="number" required>
    <div class="placeholder"></div>
</div>
<div id="register">
    <input type="button" value="注册" id="submit" src="首页.html">
</div>
```

JS 代码：

```
var submit = document.querySelector('#submit');
submit.addEventListener('click',function(){
    localStorage.setItem('number',num.value);
    })
if(localStorage.getItem('number')){
    num.value=localStorage.getItem('number');
        }
```

　　HTML 部分实现学号的输入框以及注册按钮。JS 部分首先实现数据的存储，由于存储发生在按钮提交时，所以对提交按钮做一个单击的监听事件，并在这时将信息保存在本地，key 为 number、value 时表示输入的学号信息。对于信息的显示，需要首先判断 localStorage 是否有存储到 number 的数据，如果有则将数据显示在学号的输入框内。这样就实现了对输入信息的存储与显示。

四、创新训练

1. 观察与发现

　　对于数据的存储，在很多地方都要用到，什么样的场景适合什么样的方式需要大家不断积累经验，这样才能完善程序。本任务的实现比较简单，用户体验感是否理想呢？如果不理想又该如何修改呢？这样存储数据是否安全？如何保障安全？

2. 探索与尝试

　　对于用户体验，大家不妨尝试以在输入框下方展示的形式来提示信息；对于安全性的问题，可以使用加/解密的方式来处理。

3. 职业素养的养成

　　多从用户的角度去思考如何提升用户的体验感，也是当前的核心竞争点。

五、知识梳理

1. cookie

　　cookie 就是将数据保存在计算机上的文本文件中,但是该项目的服务器是可以访问 cookie 的，因为 cookie 是在 HTTP 请求中携带的。cookie 的存储容量比较小，仅为 4KB。它是以键值对的形式保存的，例如：

```
username=zhangsan
```

在 JavaScript 中，使用 document.cookie 可以对 cookie 进行创建、读取以及删除操作。cookie 的属性与含义如表 6-3-1 所示。

表 6-3-1　cookie 的属性与含义

属　　性	含　　义
expires	指定了 cookie 的生命周期，默认只在浏览器会话期间存在
path	指定与 cookie 关联的网页，默认只与创建的网页或者同一目录或目录下的子目录的网页关联
domain	使多个 Web 服务器共享 cookie
secure	指定在网络上如何传输 cookie，是一个布尔值

cookie 的使用示例：

```
读取 cookie：
var x = document.cookie;
修改 cookie：
document.cookie="username=John Smith; expires=Thu, 18 Dec 2043 12:00:00 GMT; path=/";
删除 cookie：
document.cookie = "username=; expires=Thu, 01 Jan 1970 00:00:00 GMT";
```

读取 cookie，就是通过 document.cookie 去获取。这里的修改就是重新赋值，这里要注意的是可以重新给它赋值，但不是去改变整个 cookie，而是以拼接的形式添加在后面。删除 cookie 是通过赋值将内容变空的，但时间设置为当前时间之前，以过期的形式消除。

cookie 的内容显示如图 6-3-1 所示。

图 6-3-1　cookie 的内容

在控制台中，通过 document.cookie 来显示 cookie 的值，可以看到一大串字符串，现在通过 document.cookie="abc" 去修改，再去查看 cookie 的值，并不是整个 cookie 的值变为 abc 了，而是修改的值拼接在了刚才的字符串当中。

2. sessionStorage

web storage 的 sessionStorage 也叫信息的会话存储，和 session 差不多，它的生命周期是整个当前页面或者浏览器打开时，也就意味着关闭页面或浏览器存储的数据就丢失了，因此也叫临时存储。sessionStorage 的属性和方法如表 6-3-2 所示。

表 6-3-2　sessionStorage 的属性和方法

属性/方法	说　明
sessionStorage.length	获取 sessionStorage 中键值对的个数
sessionStorage.key(n)	获取 sessionStorage 中第 n 个键值对的键名（第一个元素是 0）
sessionStorage.getItem(key)	获取键名 key 对应的值
sessionStorage.key	获取键名 key 对应的值
sessionStorage.setItem(key, value)	添加数据，键名为 key、值为 value
sessionStorage.removeItem(key)	移除键名为 key 的数据
sessionStorage.clear()	消除所有数据

　　sessionStorage 从数据结构上来说就是 object，它的方法有很多，例如 length 用于获取存储的键值对的个数，通过 getItem 获取相应键的值，通过 setItem 设置键值对，通过 removeItem 删除键值对，clear 用于清除所有的数据（在使用的过程中一定要谨慎）。

　　下面是 sessionStorage 的使用示例，效果如图 6-3-2 所示。

图 6-3-2　sessionStorage 示例效果图

代码实现：

```html
<body>
    <input type="text"/>
    <button class="set">存储数据</button>
    <button class="get">获取数据</button>
    <button class="remove">删除数据</button>
    <button class="del">清空数据</button>

</body>
<script type="text/javascript">
    var ipt=document.querySelector('input');
    var set=document.querySelector('.set');
    var get=document.querySelector('.get');
    var remove=document.querySelector('.remove');
    var del=document.querySelector('.del');
    set.addEventListener('click',function(){
        var val=ipt.value;
        sessionStorage.setItem('uname',val);
    })
    get.addEventListener('click',function(){
        console.log(sessionStorage.getItem('uname'));
    })
    remove.addEventListener('click',function(){
        sessionStorage.removeItem('uname');
    })
    del.addEventListener('click',function(){
        sessionStorage.clear();
    })
</script>
```

　　在页面部分主要是一个输入框和 4 个按钮，这 4 个按钮用于实现数据的存储、获取、删除以及清空操作。JS 部分是获取这 4 个按钮以及输入框，对每个按钮添加单击的监听事件，在"存储数据"按钮中，通过 setItem 设置了名为 uname、值为输入框的值的键值对。在输入框中输入 123，单击"存储数据"按钮，通过浏览器页面审查，找到 Application 下的 sessionStorage 就可以查看到当前保存的信息了，key（图中为 Key）为 uname，值为 123，如图 6-3-3 所示。

在"获取数据"按钮中，通过 getItem 获取 uname 这个键的值，因为刚才存储了 123，所以当单击"获取数据"按钮时会在后台显示 123，如图 6-3-4 所示。

图 6-3-3　sessionStorage 的信息

图 6-3-4　获取 sessionStorage 的值

通过 removeItem 方法，将名为 uname 的键值对进行删除，那么单击"删除数据"按钮，再查看 sessionStorage 就没有 uname 这个键值对了。最后清空数据用的是 clear 方法，里面不加任何参数，其和 remove 的区别在于，remove 只清除一条数据，而 clear 则清除所有数据。当然，如果直接将页面关闭，那么不管之前存储了多少条数据，当再次打开时 sessionStorage 里面已经没有值了。

3. localStorage

web storage 的另一种存储方式是 localStorage。这种方式是一种持久化的存储方式，也就是说如果用户不手动去清除数据，那么数据将会一直存在。它也采用键值对的形式进行存储，其底层数据接口是 sqlite。它的存储容量是比较大的，比 sessionStorage 还要大一些，具体的值根据浏览器的不同也是有区别的。它保存的数据不会发送给服务器，这样也避免了带宽浪费。localStorage 的属性和方法如表 6-3-3 所示。

表 6-3-3　localStorage 的属性和方法

属性/方法	说　　明
localStorage.length	获取 localStorage 中键值对的个数
localStorage.key(n)	获取 localStorage 中第 n 个键值对的键名（第一个元素是 0）
localStorage.getItem(key)	获取键名 key 对应的本地存储的值
localStorage.key	获取键名 key 对应的值
localStorage.setItem(key, value)	添加数据，键名为 key、值为 value
localStorage.removeItem(key)	移除键名为 key 的数据
localStorage.clear()	清除所有数据

将刚才的示例改为用 localStorage 书写，代码如下：

```
<body>
    <input type="text"/>
    <button class="set">存储数据</button>
    <button class="get">获取数据</button>
    <button class="remove">删除数据</button>
    <button class="del">清空数据</button>

</body>
<script type="text/javascript">
    var ipt=document.querySelector('input');
    var set=document.querySelector('.set');
    var get=document.querySelector('.get');
    var remove=document.querySelector('.remove');
    var del=document.querySelector('.del');
```

```
set.addEventListener('click',function(){
    var val=ipt.value;
    localStorage.setItem('uname',val);
})
get.addEventListener('click',function(){
    console.log(localStorage.getItem('uname'));
})
remove.addEventListener('click',function(){
    localStorage.removeItem('uname');
})
del.addEventListener('click',function(){
    localStorage.clear();
})
</script>
```

通过浏览器页面审查，找到 Application 下的 localStorage 查看保存的数据。

4.3 种存储方式的区别

首先是存储大小的区别，cookie 最小为 4KB，sessionStorage 要大一些，为 5MB，localStorage 最大为 20MB。其次是生命周期的区别，cookie 是有一个过期时间的，用户可以自行设置。sessionStorage 的数据只能在当前窗口关闭前有效，当关闭页面或浏览器时保存的数据会消失，而 localStorage 是永久保存的，关闭页面或者浏览器，保存的数据仍然存在，就像刚才的示例，如果已经使用 localStorage 保存了数据，在其他页面也可以使用 getItem 方法获取到这个数据。因此根据不同的特点，在本地保存数据时应当选择合适的方法。比如登录时，需要记住用户登录的信息，以便在其他页面知道当前登录的用户是谁，这种信息量较少，可以选择用 cookie 来存储。

5. 任务总结

本任务通过本地存储的方式实现了注册表单的记忆功能，所涉及的知识如图 6-3-5 所示。

图 6-3-5　本任务所涉及的知识

6. 拓学内容

（1）存储的其他方式；

（2）安全性。

六、思考讨论

（1）在什么时候使用 cookie？在什么时候使用 web storage？

（2）哪种存储方式是前端常用的？

七、自我检测

（1）cookie 文件是存放在服务器端的。 （　　）

（2）在设置 cookie 的最长存在时间时，可以设置为负值或零。 （　　）

（3）cookie 对象的存在期限是指浏览器未关闭之前及设定时间内。 （　　）

（4）在浏览器上存放 cookie 的数量是没有限制的。 （　　）

（5）在服务器上存放 cookie 的数量是有限制的。 （　　）

（6）从执行的速度上来分析，session 对象的处理速度通常比 cookie 对象的处理速度快。

（　　）

（7）可以通过调用 SetMaxAge() 方法来设置 cookie 将要存在的最长时间。 （　　）

（8）如果 SetMaxAge() 方法中的值为负值，表明要立即删除该 cookie 对象。 （　　）

（9）如果 SetMaxAge() 方法中的值为 0，表明当浏览器关闭时该 cookie 对象将被删除。

（　　）

（10）cookie 用来在客户端保存一些数据，其数量和大小均有限制。 （　　）

八、挑战提升

项目任务工作单

课程名称 前端交互设计基础　　　　　　　　　　　　　　　　　　　　　**任务编号**　　　6-3　　

班　　级　　　　　　　　　　　　　　　　　　　　　　　　　　　　　　**学　　期**　　　　　　　　

项目任务名称	权限管理	学　时	
项目任务目标	运用本地存储，实现权限管理。		
项目任务要求	两个页面：登录页面以及主页面。 （1）登录页面效果如图 6-3-6 所示。登录之后运用本地存储，将用户名存储起来。 （2）主页面会根据是否已有用户名来显示，如果检测到用户名存在，其效果如图 6-3-7 所示；如果检测不到用户名存在，其效果如图 6-3-8 所示。 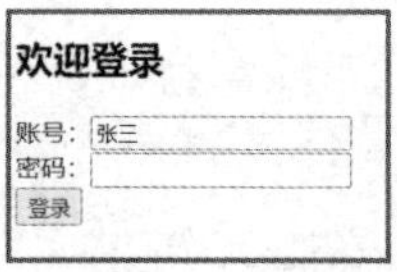 **欢迎登录** 账号：张三 密码： 登录 **这是主页面** 张三欢迎登录 **这是主页面** 您还未登录，请登录 图 6-3-6　登录页面 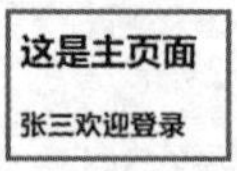　　　图 6-3-7　检测到界面 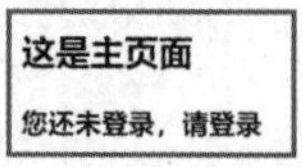　　　图 6-3-8　检测不到界面		
评价要点	（1）内容完成度（60 分）。 （2）文档规范性（30 分）。 （3）拓展与创新（10 分）。		

任务 6-4 注册信息的存储

知识目标

❑ 理解面向对象编程的特征
❑ 掌握自定义对象的定义方法
❑ 掌握自定义对象的使用

技能目标

❑ 熟练使用自定义对象

素质目标

❑ 培养尊重隐私、信息安全的意识
❑ 培养绿色环保、美化环境的习惯
❑ 树立公私分明的原则
❑ 鼓励个性发展

重点

❑ 自定义对象
❑ 自定义对象的使用

难点

❑ 自定义对象的使用
❑ 一切皆为对象，不同类型的对象，其属性、方法、事件不同

一、任务描述

当需要将注册信息保存到数据库或文件中时，如果注册信息项比较多，那么直接传递每一个注册信息项，这种办法虽然简单，但是信息的安全性得不到保障，容易造成信息的泄露，而且一旦发生错误，修改、维护也相当麻烦。在当今时代，以大数据、人工智能等为代表的信息技术日新月异，与此同时，网络攻击、网络窃密频繁出现，网络安全的风险正在被不断放大，所以大家需要时刻注意信息的安全，保护个人信息。那么这时可以利用自定义对象将这些零散的信息打包成一个对象，只需要通过传递对象名就可以完成保存注册信息的任务。由于现在所学习的内容还没有涉及利用数据库来存储，所以将注册信息暂时显示到当前页面的一个 div 中，如图 6-4-1 所示。

二、思路整理

这个任务可以分 3 个步骤来完成。
第 1 步：编写按钮单击事件，获取每一个注册信息输入框 input 的值。
第 2 步：按照对注册信息的分析来创建自定义对象，并将第 1 步获取的值作为参数传递给新建的自定义对象，也就是说对象的属性是根据注册信息来确定的。

第 3 步：将用户对象信息显示到指定位置的 div 中。

本任务的思路重点与教学重点都是自定义对象。

图 6-4-1　注册页面

三、代码实现

以下是实现这个任务的核心代码：

```
function zhuce(){
    //（1）获取输入信息
    var userno=document.getElementById("userno").value;
    var username=document.getElementById("username").value;
    var pwd=document.getElementById("pwd").value;
    var tel=document.getElementById("tel").value;
    var email=document.getElementById("email").value;
    //（2）使用字面量定义一个用户对象
    var user={
        "no":userno,
        "name":username,
        "pwd":pwd,
        "tel":tel,
        "email":email,
        show:function(){
            return "学号/工号:"+this.no+"<br/>姓名:"+this.name+"<br/>密码:"+this.pwd+
"<br/>电话:"+this.tel+"<br/>邮箱:"+this.email;
        }
    };
    //（3）将用户对象信息显示出来
    var div=document.getElementById("info");
    div.innerHTML="你的注册信息:<br/>"+user.show();
}
```

首先获取每一个注册信息输入框 input 的值，这里 getElementById()的功能是 DOM 对象按照元素节点的 id 来获取元素节点，这是后面要介绍的内容。先使用字面量方式定义一个用户对象 user，对象成员包括属性和方法。属性有表示学号或者工号的 userno、表示姓名的 name、表示密码的 pwd、表示电话的 tel 以及表示邮箱的 email，方法有一个用于获取对象属性值的 show 方法，多个成员之间用逗号分隔，对象的成员以键值对的形式存放在一对大括号中，键就是各个属性名，值就是第 1 步获取的输入框的值。

最后一步是将用户对象信息显示到指定位置 div 中，先通过 id 获取 div，然后通过调用 user 对象的 show 方法来获取对象的属性值，并将这些内容显示到 div 中。

四、创新训练

1. 观察与发现

使用字面量方式创建对象的优势是简单、灵活，但是当需要创建一组具有相同特征的对象时，无法通过代码指定这些对象应该具有哪些相同的成员。

2. 探索与尝试

用户可以利用 JavaScript 的另外一种方式创建对象，即构造函数。与用字面量方式创建对象相比，用构造函数可以创建出一些具有相同特征的对象。

（1）按照注册数据创建对象保存相关数据。

```
function User(userno,name,pwd,tel,email){
    this.userno=userno;
    this.name=name;
    this.pwd=pwd;
    this.tel=tel;
    this.email=email;
    this.show=function(){
        return "学号/工号:"+userno+"<br/>姓名:"+name+"<br/>密码:"+pwd +"<br/>电话:"+tel+"<br/>邮箱:"+email;
    }
}
```

自定义一个构造函数 User，它由 5 个参数和一个 show 函数组成。这里的 this 指的是当前对象。

（2）编写按钮单击事件，接收注册信息，并将注册信息封装成一个用户对象，将用户对象信息显示到指定位置。

```
function zhuce(){
    //获取输入信息
    var userno=document.getElementById("userno").value;
    var username=document.getElementById("username").value;
    var pwd=document.getElementById("pwd").value;
    var tel=document.getElementById("tel").value;
    var email=document.getElementById("email").value;
    //将输入信息打包成一个用户对象
    var user=new User(userno,username,pwd,tel,email);
    //将用户对象信息显示出来
    var div=document.getElementById("info");
    div.innerHTML="你的注册信息:<br/>"+user.show();
}
```

注意：this 其实就代表当前作用域对象的引用。如果在全局范围内，this 就代表 window

对象；如果在构造函数体内，this 就代表当前构造函数所声明的对象。

3. 职业素养的养成

在当今时代，以大数据、人工智能等为代表的信息技术日新月异，与此同时，网络攻击、网络窃密频繁出现，网络安全的风险正在被不断放大，所以大家需要时刻注意信息的安全，保护个人信息。

五、知识梳理

在 JavaScript 中万物皆对象，ECMA-262 把对象（object）定义为"属性的无序集合，每个属性存放一个原始值、对象或函数"。严格来说，这意味着对象是无特定顺序的值的数组。对象由特性（attribute）构成，特性既可以是原始值，也可以是引用值。如果特性中存放的是函数，它将被看作对象的方法（method），否则将被看作对象的属性（property）。

1. 自定义对象的方式

自定义对象有 3 种方式，即工厂模式、字面量方式和构造函数模式。

1）工厂模式

创建 obj 对象，然后用此对象创建属性或者方法，例如：

```
var obj=new Object();
obj.name="god father";
obj.age="66666";
alert(obj.name+":"+obj.age);
```

运行结果如图 6-4-2 所示。

工厂模式虽然解决了创建多个相似对象的问题，但是没有解决对象识别的问题（即怎样知道一个对象的类型）。

扫描二维码 6-4-1 查看工厂模式创建对象的视频讲解。

图 6-4-2　工厂模式的运行结果

二维码 6-4-1　工厂模式创建对象

2）字面量方式

采用字面量方式创建对象直接通过"属性名/值"来创建，通过"{ }"语法来实现。对象由对象成员（属性和方法）构成，多个成员之间用逗号分隔。对象的成员以键值对的形式存放在{}中。例如：

```
var o1 = {};                              //定义一个空对象o1
var o2 = {name: 'Jim'};                   //定义对象o2,它只有一个属性name,值为Jim
var o3 = {name: 'Jim', age: 19, gender: '男'}; //定义对象o3
var o4 = {                                //定义对象o4
  name: 'Jim',                            //成员属性o4.name
  age: 19,                                //成员属性o4.age
  gender: '男',                           //成员属性o4.gender
  sayHello: function() {                  //成员方法o4.sayHello()
    console.log('你好');
  }
};
```

　　使用字面量方式创建对象简单、灵活，但是当需要创建一组具有相同特征的对象时，无法通过代码指定这些对象应该具有哪些相同的成员。

　　3）构造函数模式

　　采用构造函数模式可以创建出一些具有相同特征的对象。例如：

```
function Person(name, age) {                    //自定义构造函数
  this.name = name;
  this.age = age;
  this.sayHello = function() {
      //console.log('Hello, my name is ' + name+",我今年"+ age+"岁");
      console.log('Hello, my name is ' + this.name+",我今年"+ this.age+"岁");
  };
  this.setAge=function(a){
    this.age=a;
  };
}
var p1 = new Person('Jack', 18);                //使用构造函数实例化对象p1
var p2 = new Person('Alice', 19);               //使用构造函数实例化对象p2
```

　　这3种方式各有优缺点，常用方式是构造函数模式。

　　2. 对象的使用

　　访问对象成员的方式是对象.成员，可以给对象的成员直接赋值，也可以采用对象[成员名]=值的形式赋值。

```
p1.sayHello();                      //调用对象p1的sayHello()方法
console.log(p1);                    //输出对象p1
console.log(p2);                    //输出对象p2
p1.age=20;                          //设置对象p1的年龄
p1.setAge(20);                      //设置对象p1的年龄
p1.sayHello();                      //调用对象p1的sayHello()方法
console.log(p1.constructor);        //查看对象p1的构造函数
console.log(p1["age"]);             //查看对象p1的年龄
```

　　遍历对象成员用for…in，下面来看一个案例。

　　案例：找出字符串中每个字母（不区分大小写）出现了多少次。

```
var str3 = "whatOareYyouYnoYshaHleiHoHmyHgod";
```

　　第1步：toLocaleLowerCase()将所有字母变成小写。

　　第2步：以字母作为键、次数作为值，创建一个空对象。

　　第3步：利用for循环遍历字符串，获取每个字母。每获取一个字母就判断obj对象中有没有这个字母，如果obj对象中有这个字母，那么obj[key]++，否则把字母添加到对象中，并且给出该字母出现的次数，默认为1次，即obj[key] = 1。

　　第4步：遍历obj对象，显示每个字母出现的次数。

　　代码如下：

```
var str3 = "whatOareYyouYnoYshaHleiHoHmyHgod";
str3 = str3.toLocaleLowerCase();
var obj = {};
for (var i = 0; i < str3.length; i++) {
    var key = str3[i];       //每个字母
      if (obj[key])
        obj[key]++;
```

```
        } else {
            obj[key] = 1;
        }
    }
for (var key in obj) {
    console.log(key + "这个字母出现了" + obj[key] + "次");
    }
```

扫描二维码 6-4-2 查看对象使用案例的视频讲解。

3. 深拷贝与浅拷贝

拷贝（copy）是指将一个目标数据复制一份，形成两个个体。以下是对深拷贝与浅拷贝的区分。

二维码 6-4-2 对象使用案例的视频讲解

1）深拷贝

深拷贝是指参与拷贝的两个目标，改变其中一个目标的值不会影响另一个目标的值。深拷贝一般用于基本类型（例如数值、字符型）的赋值，例如：

```
var i=6;
var j=i;
console.log(i);
console.log(j);
j=9;
console.log(i);
console.log(j);
```

在以上示例中，变量 i 的值为 6，用 i 给 j 赋值，控制台输出 i 与 j 的值，都是 6。然后给 j 重新赋值，控制台再次输出 i 与 j 的值，那么 i 的值是 6 而 j 的值是 9，这也就说明给 j 重新赋值没有影响 i 的值。程序的运行结果如图 6-4-3 所示。

2）浅拷贝

浅拷贝是指参与拷贝的两个目标，改变其中一个目标的值会影响另一个目标的值。浅拷贝一般应用于引用类型，例如数组、对象。注意，浅拷贝是引用类型中才有的概念。浅拷贝的示例如下：

图 6-4-3 深拷贝

```
var p1={name:'jim',age:'20'};
var p2=p1;
console.log(p1);
console.log(p2);
p2.name='ddd';
console.log(p1);
console.log(p2);
```

在以上示例中，定义了一个对象 p1 并赋了值，对象 p2 是利用了对象 p1 来赋值。控制台输出对象 p1 与对象 p2 的值，name 都是 jim，age 都是 20。然后给对象 p2 的 name 重新赋值为 ddd，控制台再次输出对象 p1 与对象 p2 的值，结果 name 都是 ddd，age 都是 20，这也就说明给对象 p2 重新赋值影响了对象 p1 的值。程序的运行结果如图 6-4-4 所示。

图 6-4-4 浅拷贝

浅拷贝的优势是可以节省内存开销。

那么像数组、对象这类引用类型数据是否就不能实现深拷贝了呢？答案是错误的，它们也可以实现深拷贝，只是需要写如下一个 deepCopy(obj)函数来实现：

```
function deepCopy(obj) {
    var o = {};
    for (var k in obj) {
     o[k] = (typeof obj[k] === 'object') ? deepCopy(obj[k]) : obj[k];
     }
     return o;
 }
 var p1={name:'jim',age:'20'};
 var p2=deepCopy(p1);
 console.log(p1);
 console.log(p2);
 p2.name='ddd';
 console.log(p1);
 console.log(p2);
```

运行结果如图 6-4-5 所示。

扫描二维码 6-4-3 查看深拷贝与浅拷贝的视频讲解。

图 6-4-5　引用类型数据实现深拷贝　　二维码 6-4-3　深拷贝与浅拷贝视频

4. 私有成员

在构造函数中，使用 var 关键字定义的变量称为私有成员。私有成员只在构造函数中有效。例如：

```
function Person() {
  var name = 'Jim';
  this.getName = function() {
    return name;
  };
}
var p = new Person();        //创建实例对象 p
console.log(p.name);         //访问私有成员，输出结果为 undefined
p.getName();                 //访问对外开放的成员，输出结果为 Jim
```

构造函数 Person()声明了一个私有成员 name，在利用构造函数 Person()创建实例对象 p 后，通过对象 p 无法直接访问 name，因为 name 是私有的，但是可以通过对象 p 的 getName()方法来访问。

扫描二维码 6-4-4 查看私有成员的视频讲解。

5. 静态成员

静态成员是指由构造函数所使用的成员，而实例成员是指由构造函数创建的对象所使用的成员。在实际开发中，对于不需要创建对象即可访问的成员，推荐将其保存为静态成员。

二维码 6-4-4
私有成员视频

示例：构造函数的 prototype 属性是一个静态成员，可以在所有实例对象中共享数据。

```
//实例成员
function Person(name) {
  this.name = name;
  this.sayHello = function() {
    console.log(this.name);
  };
}
//由构造函数创建的对象使用的成员是实例成员
  var p = new Person('Tom');
    //使用实例属性 name，输出结果为 Tom
  console.log(p.name);
    //使用实例方法 sayHello()，输出结果为 Tom
  p.sayHello();
```

```
//静态成员
function Person(){}
//为 Person 对象添加静态成员
  Person.age = 123;
  Person.sayGood = function() {
    console.log(this.age);
  };
//构造函数使用的成员是静态成员
    //使用静态属性 age，输出结果为 123
  console.log(Person.age);
    //使用静态方法 sayGood()，输出结果为 123
  Person.sayGood();
```

6. 任务总结

本任务的知识树如图 6-4-6 所示。

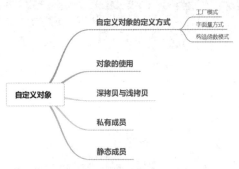

图 6-4-6　本任务的知识树

7. 拓学内容

（1）面向对象编程；

（2）宿主对象；

（3）本地对象；

（4）JSON 数据格式。

六、思考讨论

（1）面向过程与面向对象有什么区别？

（2）对象的分类。

（3）JSON 数据格式与字面量方式所创建对象的数据格式有什么区别？

（4）JavaScript 中是否有 class 关键字？如何用 class 关键字来定义对象？

七、自我检测

1. 单选题

（1）在调用函数时不指明对象直接调用，则 this 指向（　　）对象。

　　　　A. document　　　　　B. window　　　　　C. function　　　　　D. object

（2）创建自定义对象主要有（　　）种方法。

　　　　A. 1　　　　　　　　B. 2　　　　　　　　C. 3　　　　　　　　D. 4

（3）在下面引用对象的属性或方法的格式中不正确的是（　　）。

　　　　A. 对象名.属性名　　　　　　　　　B. 对象名[属性名]

　　　　C. 对象名.方法名　　　　　　　　　D. 对象名.方法名()

（4）用来遍历对象属性的语句是（　　）语句。

　　　　A. for　　　　　　　B. for…in　　　　　C. with　　　　　　D. forEach

（5）在直接创建自定义对象时，所有属性都放在大括号中，属性之间用（　　）分隔。

　　　　A. 逗号　　　　　　　B. 冒号　　　　　　C. 分号　　　　　　D. 空格

（6）在访问一个对象的属性或方法时，可以避免重复引用指定对象名的语句是（　　）语句。

　　　　A. this　　　　　　　B. for…in　　　　　C. return　　　　　D. with

（7）下面这段 JavaScript 代码的执行结果为（　　）。

```
<script>
    var book={name:"红楼梦",price: 100, person:["林黛玉","贾宝玉","薛宝钗"]};
    alert(book. person[1]);
</script>
```

　　　　A. 红楼梦　　　　　B. 林黛玉　　　　　C. 贾宝玉　　　　　D. 薛宝钗

2. 填空题

（1）若"var a = {};"，则"console.log(a == {});"的输出结果为（　　）。

（2）查询一个对象的构造函数使用（　　）属性。

（3）在 JavaScript 中对象主要包含两个要素，即（　　）和（　　）。

（4）for…in 语句用来遍历对象的（　　）。

（5）在下面的代码中使用了 with 语句，请将代码补充完整。

```
function Art(name){
   this.name = name;
}
var art=new Art("达芬奇密码");
with( ① ){
    alert("作品名称: "+ ② );
}
```

（6）下面的代码创建了一个 film 对象，并输出电影名称和主演，请将代码补充完整。

```
function film(moviename,actor){
    this.moviename = moviename;
    this.actor = actor;
    _____ = function(){
      document.write("电影名称: "+this.moviename+" 主演: "+this.actor);
    }
}
var film1 = new film("加勒比海盗","约翰尼.德普");
film1.show();
```

八、挑战提升

项目任务工作单

课程名称 前端交互设计基础　　　　　　　　　　　　**任务编号** ___6-4___

班　级 _____　　　　　　　　　　　　　　　　**学　期** _____

项目任务名称	小球自由运动	学　时	
项目任务目标	熟练掌握自定义对象的方式。		
相关知识	(1) 用字面量方式创建对象。 (2) 用构造函数模式创建对象。		
项目 任务 要求	利用自定义对象完成小球的自由运动。扫描二维码 6-4-5 查看效果，小球运动时的某个状态如图 6-4-7 所示。 　　　　　　　　　　 二维码 6-4-5　小球自由运动效果　　　　图 6-4-7　小球运动时的某个状态 总要求： (1) 将任务录屏（录屏过程或加字幕或含声音讲解）。 (2) 将完成好的作品展示分享。 扫描二维码 6-4-6～6-4-8 查看小球运动的源代码。 　　　　　　 二维码 6-4-6　小球运动的　　二维码 6-4-7　小球运动的　　二维码 6-4-8　小球运动的 　　　源代码 1　　　　　　　　　源代码 2　　　　　　　　　源代码 3			
评价 要点	(1) 完成了项目的所有功能（50分）。 (2) 代码规范、界面美观（30分）。 (3) 结题报告书写工整等（20分）。		

任务 6-5　表单生成器

知识目标

□ 理解原型对象与原型链

□ 掌握常用的继承方法

技能目标

□ 能够使用原型对象、原型链以及继承完成表单生成器

素质目标

□ 培养文化传承的责任与使命感

□ 培养发扬优良传统的精神

  ❏　引导创新思维的养成

重点

  ❏　原型对象与原型链

  ❏　继承

难点

  ❏　原型对象与原型链

  ❏　继承

一、任务描述

  继承是很自然的概念，广泛存在于现实世界中，例如中国文字，中国文字在形体上逐渐由图形变为笔画，象形变为象征，复杂变为简单；在造字原则上从表形、表意到形声，如图 6-5-1 所示。中国文字是继承以前文字的某些特性或者赋予新的属性及删除某些烦琐的地方，得到一个新的字样，使文字更加完善。

  中国文字有继承，精神有继承，程序也有继承，那么在 JavaScript 中是如何实现继承的呢？表单是页面设计的重要内容，如果直接编写 HTML 代码实现表单，虽然简单，但修改、维护相对麻烦，此时可以利用继承来实现一个表单生成器自动生成表单，如图 6-5-2 所示。

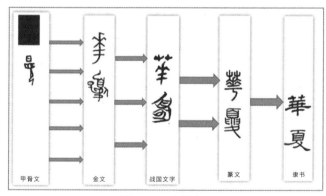

图 6-5-1　中国文字

图 6-5-2　自动生成表单

二、思路整理

  如果要完成这个表单生成器，首先需要将表单转换成对象，然后封装表单并实现表单的自动生成。

1. 定义表单的存储格式

  若要实现表单的自动生成，首先需要定义一种数据格式来描述表单的组成部分，从而将一个实际存在的表单抽象成一段程序能够识别和处理的数据。先来看一下表单的基本格式，以下是通过 HTML 代码创建表单的示例。

```
<form method="post">
    姓名: <input type="text" name="name">
    角色: <input type="radio" name="role" value="v">志愿者
            <input type-"radio" name-"role" value="tv">提供服务者
    <input type="submit" value="提交">
```

```
</form>
```

在这个表单中只提供了姓名、角色和一个提交按钮。对于表单来说，文本框、单选按钮等控件的基本代码是固定的，但在表单中它们表示的含义各不相同，是由用户赋予的。例如，一个文本框既可以用来输入姓名，又可以用来输入账号、密码等。

因此可以利用面向对象的思维方式，将这些表单项看成一个个对象，这些对象既有相同的基本特征，又有各自不同的地方。这就是利用对象来描述这些表单项。

```
{
    tag:'',              //标签名
    text:'',             //提示文本
    attr:{},             //标签属性
    option: {}           //选项
}
```

在以上代码中，每个表单项都有 tag、text、attr 和 option 这 4 个属性，这表示它们具有相同的基本特征，而每个表单项的标签名、提示文本、标签属性是不同的，这表示每个对象都有不同之处。

2. 将表单转换成对象

在了解了表单的存储格式以后，接下来通过对象保存一些常用的表单项，先来看单行文本框。

1）单行文本框

单行文本框是常用的表单控件之一，可以用来填写姓名、密码、邮箱、电话号码等单行文本内容。以下是在 HTML 中编写的单行文本框的代码。

```
姓名: <input type="text" name="user">
```

将这段代码转换成对象的代码如下：

```
{
  tag:'input',
  text:,'姓名: ',
  attr: {type: 'text', name: 'user'},
  option:null
}
```

标签名 tag 属性的值是 input，提示文本 text 属性的值是"姓名："，标签属性 attr 的值是一个匿名对象，选项 option 属性的值是空。

2）提交按钮

提交按钮用于提交表单，单击后浏览器会将用户填写的表单内容提交给服务器处理。下面是在 HTML 中编写的提交按钮的代码。

```
<input type="submit" value="提交">
```

将上述代码转换成对象，结果如下：

```
{
    tag: 'input',
    text: '',
    attr: {type: 'submit', value: '提交'},
    option: null
}
```

将这段代码转换成对象，结果标签名 tag 属性的值是 input，提示文本 text 属性的值是空，标签属性 attr 的值是一个匿名对象，选项 option 属性的值是空。

注意：虽然单行文本框与提交按钮的标签属性 attr 的值都是一个匿名对象，但对象的值是不一样的。

3. 封装表单并实现表单的自动生成

本任务的重点与难点都是原型对象与原型链。

三、代码实现

表单生成器是独立的，故可以将它封装成一个构造函数，从而使代码能够被更好地复用。接下来创建一个 Formbuilder.js 文件，并在该文件中编写如下代码：

```
(function(window) {
    var Formbuilder=function(data){
            this.data=data;
    };
    window.Formbuilder=Formbuilder;
})(window);
```

在上述代码中，最外层是一个自我调用的匿名函数，在调用时传入的 window 对象用于控制 Formbuilder 库的作用范围，通过第 5 行代码将 Formbuilder 作为传入对象的属性。由于window 对象是全局的，所以在这段代码被执行后就可以直接使用 Formbuilder。另外，在匿名函数中定义的变量、函数都不会污染全局作用域，所以这也体现了面向对象的封装性。

接下来创建 form，用于调用 Formbuilder 生成表单，具体代码如下：

```
<form id="form"></form>
<script src="./Formbuilder.js"></script>
<script>
  var elements=[
        //表单项对象
  ];
  var html=new Formbulider(elements).create();
  document.getElementById('form').innerHTMl=html;
</script>
```

在上述代码中，第 4 行定义的 elements 数组用于保存各个表单项，大家可以按照前面介绍的格式将需要生成的表单项对象放入数组中。第 7 行通过 new Formbuilder 实例化了表单生成器对象，将 elements 数组通过参数传入，然后调用了create()函数，create()函数用于返回 HTML生成结果，这将在后面的步骤中实现。第 8 行将生成的 HTML 结果放入 form 表单中。

1. 编写 create()函数

打开 Formbuilder.js 文件，为构造函数 Formbuilder 的原型对象添加 create()函数，具体代码如下：

```
Formbuilder.prototype.create = function() {
  var html = '';
  for (var k in this.data){
    var item = {tag: '',text: '', attr: {}, option: null};
    for (var n in this.data[k]) {
        item[n] = this.data[k][n];
    }
    html += builder.toHTML(item);
  }
  return '<table>' + html + '</table>';
```

```
}
```

在上述代码中用了一个嵌套的 for 循环遍历 elements 数组，将传入的对象合并到 item 对象中，每次只处理一个表单项。第 8 行代码的功能是将 item 对象转换成 HTML 表单，它调用了 builder 对象的 toHTML()函数，这个函数用于接收 item 对象并将 item 对象转换成 HTML 表单。

为了避免在 create()函数中编写过多的代码，将生成表单项的功能再进行细分，保存到 builder 对象中。builder 对象是封装在匿名函数内部的对象，专门用于生成每一个表单项。

2. 编写 builder 对象

接下来设计 builder 对象的成员，builder 对象只有 3 个成员，即用于生成 HTML 结果的函数 toHTML()，用于生成属性部分的 attr()函数，以及用于根据标签名生成表单项的 item 对象，具体代码如下：

```
var builder={
    toHTML: function(obj){},
    attr: function(attr){},
    item: {
        input: function(attr, option){},
        //根据具体表单添加其他部分
        //例如 select 项、textarea 项等
    }
};
```

在将功能划分之后，编写 toHTML()函数，实现根据表单项的 tag 属性调用相应函数。由于属性部分是公共代码，所以通过 attr()函数进行生成，具体代码如下：

```
toHTML: function(obj) {
    var html = this.item[obj.tag] (this.attr (obj.attr), obj.option);
    return '<tr><th>' + obj.text+'</th><td>' + html + '</td></tr>';
}
attr: function(attr){
    var html = '';
    for(var k in attr)
        html+=k+'="' attr[k]+'";
    return html;
};
```

在上述代码中，"this.item[obj.tag]()"用于根据 obj.tag 的值来调用 item 对象中的方法。例如，当 obj.tag 的值为 input 时表示调用 builder item.input()方法。

3. 编写 item 对象

接下来编写 item 对象。这里只给 item 对象添加了一个成员，即用于生成 input 项的 input()函数。根据具体表单添加其他部分，例如 select 项、textarea 项等。

```
input: function(attr, option) {
    var html = '';
    if (option === null)  html += '<input ' + attr + '>';
    else
      for (var k in option)
      html += '<label><input ' + attr + 'value="' + k + '"' + '>' + option[k] + '</label>';
    return html;
}
```

通过用 if 语句判断 option 是否为空来区分是单个控件还是组合控件。第 6~7 行代码在生成组合控件时使用 label 标签包裹了 input 标签，这样可以扩大选择范围，当单击提示文本时，相应的表单控件就会被选中。

在完成了 Formbuilder.js 和 form.html 文件的编写之后，通过浏览器测试程序。表单生成器自动生成表单的效果如图 6-5-2 所示。

四、创新训练

1. 观察与发现

如果在注册时有"身份"的单选选项，如何实现？如图 6-5-3 所示。如果在注册时还有"班级"下拉列表选项，又如何实现？

2. 探索与尝试

单选选项的实现：

```
身份：<input type="radio" name="role" value="v">志愿者
     <input type="radio" name="role" value="tv">提供服务者
```

图 6-5-3　有选项的注册页面

这一般需要多个控件组合使用，用户只能从多个选项中选择一项。在转换为对象时，option 属性的值不再为空，而应该是单选框与复选框所对应的值，例如单选 input 输入框，只是 type 的值为 radio，option 对象中 v、tv 为单选框的 value 属性值，志愿者、提供服务者为提示文本，所以不需要修改代码，只在网页代码的 elements 数组中增加 type 属性为 radio 的元素。

```
{
    tag: 'input',
    text:'身份:',
    attr: {type: 'radio', name: 'role'},
    option: {v: '志愿者',tv: '提供志愿项目者'}
}
```

下拉列表的 HTML 代码如下：

```
<select name="class">
  <option>--请选择--</option>
  <option value="rj1">软件 1</option>
  <option value="rj2">软件 2</option>
  <option value="rj3">软件 3</option>
</select>
```

转换成对象，代码如下：

```
{
  tag:'select',
  text:'班级: ',
  attr: (name: 'area'},
  option: {'': --请选择--", rj1:'软件 1', rj2:'软件 2', rj3:'软件 3'
}
```

由于下拉列表选项不再是 input 标签，而是 select 标签，所以在 JS 的 builder 对象的 item 对象中增加 select 代码段。

```
item: {
    input: function(attr, option) {},
    select: function(attr, option) {},
}
```

```
    select: function(attr, option) {
        var html = '';
        for (var k in option) {
            html += '<option value="' + k + '">' + option[k] + '</option>';
        }
        return '<select ' + attr +'>' + html + '</select>';
    }
}
```

课后思考：在现在的代码中，如何对输入框实现正则验证？

3. 职业素养的养成

继承是发展的必要前提，发展是继承的必然要求。继承与发展是同一个过程的两个方面，在这一过程中不断革除陈旧的、过时的文化，推出体现时代精神的新文化，这就是"推陈出新，革故鼎新"。文化继承不是原封不动地继承传统文化，而是要有所淘汰、有所发扬，从而使文化得到发展。

文化继承是文化创新的基础，不能离开传统文化空谈文化创新，任何时代的文化都离不开对传统文化的继承，任何形式的文化都不可能摒弃传统文化从头开始。一个民族和国家如果漠视对传统文化的批判继承，就会失去文化创新的根基。文化创新是文化继承的时代要求，体现时代精神是文化创新的重要追求，社会实践的发展带来了社会生活各个领域的变化，要求文化体现新的时代精神。文化创新表现在为传统文化注入时代精神的努力之中。

五、知识梳理

在 JavaScript 中万物皆对象。

1. 原型对象

先看下面的代码。

```
function Person(name, age) {
    this.name = name;
    this.age = age;
    this.sayHi = function() {
        console.log('Hi, hello!');
    };
}
var zs = new Person('张三', 19);
var ls = new Person('李四', 20);
zs.sayHi();
ls.sayHi();
console.log(ls.sayHi === zs.sayHi);
```

运行结果如图 6-5-4 所示。

从运行结果可以看出在内存中存在两个逻辑功能相同的 sayHi()函数，这是冗余的代码，会造成内存的浪费，而用户开启大量应用程序的时候只会给网页留下很少的内存。这时就需要把 sayHi()函数放在原型上，如图 6-5-5 所示。原型是用来存放共享数据的地方。

```
function Person(name, age) {
    this.name = name;
    this.age = age;
}
Person.prototype.sayHi = function() {
    console.log('Hi, hello!');
```

```
    };
    var zs = new Person('张三', 19);
    var ls = new Person('李四', 20);
    zs.sayHi();
    ls.sayHi();
    console.log(ls.sayHi === zs.sayHi);
```

图 6-5-4　无原型

图 6-5-5　有原型

在 JavaScript 中，每当定义一个对象（函数），对象中都会包含一些预定义的属性，例如原型对象 prototype。所谓原型对象是指函数的 prototype 属性所引用的对象，通俗地讲，原型对象 prototype 中定义的属性和方法都是留给自己的"后代"用的，因此子类完全可以访问 prototype 中的属性和方法。prototype 的主要作用就是继承，实现对象之间的数据共享。在 ES6 之前没有 class 的情况下，模拟面向对象，构造函数中设置私有属性，原型中设置放公有属性，一般为方法。如果想知道对象是如何把 prototype 留给"后代"的，需要了解一下 JavaScript 中的原型链。

2. 原型链

在 JavaScript 中对象有原型对象，原型对象也有它的原型对象，这就形成了一个链式结构，简称原型链，用__proto__表示。例如下面代码的运行结果如图 6-5-6 所示。

```
function Person(name, age) {
    this.name = name;
    this.age = age;
    this.friends = ['wang','li'];
}
Person.prototype = {
    constructor:Person,
    sayHello: function(){
        console.log(this.name);
    },
    sayHi: function(){
        console.log('Hi, hello!');
    }
}
var person1 = new Person('张三', 19);
person1.friends.push('zhao');
console.log(person1);
```

从控制台输出信息可以看出，person1 的原型是由 prototype 属性所引用的对象，而原型对象 prototype 也有一个原型对象，这就是原型链。它的作用就是引用父类的 prototype 对象，JS 在通过 new 操作符创建一个对象的时候，通常会把父类的 prototype 赋值给新对象的__proto__ 属性，这样就实现了一代代传承。

扫描二维码 6-5-1 观看原型链视频。

图 6-5-6　原型链程序　　　　　　　　二维码 6-5-1　原型链视频

大家知道，obj 的 __proto__ 中保存的是 f.prototype，那么 f.prototype 的 __proto__ 中保存的又是什么呢？

```
function f() {}
f.prototype.foo = "abc";
var obj = new f();
console.log(obj.foo); //abc
```

从图 6-5-7 可以看出，f.prototype 的 __proto__ 中保存的是 Object.prototype，Object.prototype 对象中也有 __proto__，而从输出结果来看，Object.prototype.__proto__ 是 null，表示 obj 对象原型链的结束，如图 6-5-8 所示。

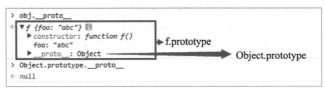

图 6-5-7　原型链

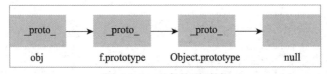

图 6-5-8　对象的原型链

obj 对象拥有这样一个原型链以后，当 obj.foo 执行时，obj 会先查找自身是否有该属性，但不会查找自己的 prototype，当找不到 foo 时，obj 就沿着原型链依次去查找。

用 Object.create()定义的对象，其原型为传入的第一个参数，若第一个参数为 null，则以 Object.prototype 为原型。用字面量方式定义的对象，其原型为 Object.prototype。用构造函数定义的对象，其原型为构造函数的 prototype 属性。

可以用 instanceof 来检测一个对象的原型链中是否含有某个构造函数的 prototype 属性所表示的对象，它的返回值是布尔类型，若存在，返回 true，否则返回 false。

示例 1：

```
function Person() {}
var p1 = new Person();
```

```
console.log(p1 instanceof Person);  //输出结果: true
```

示例 2: 更改构造函数的 prototype 属性。

```
function Person() {}
function Func() {}
var p1 = new Person();
Person.prototype = new Func();
var p2 = new Person();
console.log(p1 instanceof Person);  //输出结果: false
console.log(p2 instanceof Person);  //输出结果: true
```

示例 3: 让当前 Person.prototype 处在 p1 的原型链上。

```
p1.__proto__.__proto__ = Person.prototype;
console.log(p1 instanceof Person);  //输出结果: true
```

3. 继承

继承是很自然的概念, 广泛存在于现实世界中。继承是面向对象程序设计中的一个比较核心的概念, 在面向对象程序设计中, 继承可以理解为设置属性或功能的多重复用, 也就是在已有对象的基础上进行扩充, 增加一些新的属性和功能, 从而得到一个新的对象。其他面向对象语言都会用两种方式实现继承, 一种是用接口实现, 另一种就是用继承。ECMAScript只支持继承, 不支持接口实现。

所有开发者定义的类都可以作为基类。出于安全考虑, 本地类和宿主类不能作为基类, 这样可以防止公用访问编译过的浏览器级的代码, 因为这些代码可以被用于恶意攻击。

ECMAScript 实现继承的方式不止一种, 这是因为 JavaScript 中的继承机制并不是明确规定的, 而是通过模仿实现的, 这意味着所有的继承细节并非完全由解释程序处理。下面介绍几种具体的继承方式。

1) 原型链继承

原型链继承让新实例的原型等于父类的实例, 也就是实例化父类函数之后, 将其复制到子类的原型 prototype 上。在继承父类之后, 子类可以使用父类的实例属性以及父类的原型属性。

优点: 从已有的对象衍生新的对象, 不需要创建自定义类型。

例如用构造函数定义父类 Person, 给构造函数增加原型属性 age, 它的值为 40, 子类 Per 的构造函数只有一条语句, 就是给属性 name 赋值为 ker, 子类 Per 的原型为父类 Person 的实例, 这是重点。在实例化子类对象 per1 时自动调用子类的构造函数给属性 name 赋值为 ker, 控制台输出子类对象 Per 的属性 name 与属性 age 的内容, 输出属性 name 的值的函数 sum 与 age 属性都是从父类 Person 继承而来的, 并且还可以通过 instanceof 运算符来判断对象 per1 的原型链中是否含有父类 Person 的原型对象, 答案是肯定的。运行结果如图 6-5-9 所示。

原型链继承方式的继承单一, 子类实例无法向父类构造函数传递参数。

```
//父类
function Person(name){
    this.name=name;
}
Person.prototype.age=40;          //给构造函数增加原型属性
Person.prototype.sum=function(){
    console.log(this.name)
};
```

```
//子类，原型链继承
function Per(){
    this.name="ker";
}
Per.prototype=new Person();    //重点
var per1=new Per();
per1.sum();
console.log(per1.age);
console.log(per1 instanceof Person)
```

原型链继承的方式单一，新实例无法向父类构造函数传参，所有新实例都会共享父类实例的属性。这是因为原型上的属性是共享的，一个实例修改了原型属性，另一个实例的原型属性也会被修改。

扫描二维码 6-5-2 观看原型链继承视频。

图 6-5-9　原型链继承的运行结果　　　　　　二维码 6-5-2　原型链继承

2）构造函数继承

构造函数继承是用.call()和.apply()将父类构造函数引入子类函数，在子类函数中做了父类函数的自执行（复制）。

在子类构造函数 Con 中只有两条语句，一条是调用父类的 call 函数，给 name 属性赋值为 jer，另一条是自己给属性 age 赋值。在实例化子类对象 con1 时自动调用子类的构造函数，在子类的构造函数中，先利用 call 函数调用父类的构造函数，将 jer 传给形参 name，然后再由形参 name 赋值给属性 name，最后再给属性 age 赋值为 12，看一下输出结果，name 的值是 jer，age 的值是 12，第 3 个输出值是 false，这就表示对象 con1 的原型链中不含有 Person 的原型对象，运行结果如图 6-5-10 所示。

```
//子类，借用构造函数继承
function Con(){
    Person.call(this,"jer");
    this.age=12;
}
var con1=new Con();
console.log(con1.name);
console.log(con1.age);
console.log(con1 instanceof Person);
```

构造函数继承解决了原型链继承的缺点，只继承了父类构造函数的属性，没有继承父类原型的属性，可以继承多个构造函数属性，也就是调用多个 call 函数，在子类实例中可以向父实例传递参数。构造函数继承虽然有很多优点，但是它只能继承父类构造函数的属性，而且无法实现构造函数的复用。也就是说每次用时都要重新调用，那么每个新实例都有父类构造函数的副本，这样就会造成代码的臃肿。

扫描二维码 6-5-3 观看构造函数继承视频。

图 6-5-10 构造函数继承的运行结果

二维码 6-5-3 构造函数继承

3）组合继承

组合继承结合了原型链继承与构造函数继承两种方式的优点，是一种常用的继承方式，可以继承父类原型上的属性，可以传参，也可以复用，每个新实例引入的构造函数属性是私有的。

在子类 SubType 的构造函数中只有一条语句，那就是调用父类的 call 函数，并利用形参 name 来传值，子类 SubType 的原型对象为父类的一个实例对象。在实例化子类的一个对象 sub 时，将实参 gar 传给子类的构造函数的形参 name，从输出结果可以看到，对象 sub 的 name 属性的值是 gar，这是在实例化对象时给的参数，而 age 属性的值是 40，是从父类原型属性 age 继承而来的，第 3 个输出值是 true，这就表示对象 sub 的原型链中含有 Person 的原型对象，运行结果如图 6-5-11 所示。

```
//子类，组合原型链继承和借用构造函数继承
function SubType(name){
    Person.call(this,name);
}
SubType.prototype=new Person();
var sub=new SubType("gar");
sub.sum();
console.log(sub.age);
console.log(sub instanceof Person);
```

组合继承调用了两次父类构造函数，这样就会消耗很多内存，子类的构造函数会代替原型上的父类构造函数。

扫描二维码 6-5-4 观看组合继承视频。

图 6-5-11 组合继承的运行结果

二维码 6-5-4 组合继承

4）ES6 继承

class 相当于 ES5 中的构造函数，在 class 中只能定义方法，不能定义对象、变量等，class 中定义的所有方法都是不可枚举的，并且在定义方法时前后不能加 function，全部定义在 class 的 prototype 属性中。ES5 中的 constructor 为隐式属性。

```
//父类
class People{
```

```
    constructor(name='wang',age='27'){
      this.name = name;
      this.age = age;
    }
    eat(){
      console.log(`${this.name} ${this.age} eat food`)
    }
}
//子类
class Woman extends People{
    constructor(name = 'ren',age = '27'){
      //继承父类属性
      super(name, age);
    }
    eat(){
      //继承父类方法
      super.eat()
    }
}
let womanObj=new Woman('xiaoxiami');
womanObj.eat();
```

ES5 继承和 ES6 继承的区别如下：

ES5 继承首先在子类中创建自己的 this 指向，最后将方法添加到 this 中。

```
Child.prototype=new Parent() || Parent.apply(this) || Parent.call(this)
```

ES6 继承是先使用关键字创建父类的实例对象 this，最后在子类 class 中修改 this。

另外还有几种继承方式，例如原型式继承、寄生式继承、寄生组合式继承等，由于篇幅有限，这里不做介绍了，希望大家可以自主拓展学习。无论是哪种继承，都是函数的使用，所以在 JavaScript 中函数是非常重要的。

如果只是页面级的开发，很少会用到 JavaScript 的继承方式，与其用继承，还不如直接写函数简单、有效。但如果要用纯 JS 做一些复杂的工具或框架系统，就要用到继承了，比如 WebGIS、JS 框架（如 jQuery）等，否则一个几千行代码的框架不用继承需要写几万行，甚至还无法维护。

4. 任务总结

本任务的知识树如图 6-5-12 所示。

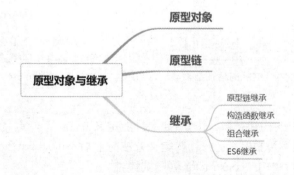

图 6-5-12　任务知识树

5. 拓学内容

（1）原型式继承；

（2）寄生式继承；

（3）寄生组合式继承。

六、思考讨论

（1）在 JavaScript 中继承有哪些作用？

（2）在 JavaScript 中原型链有什么作用？

（3）原型链与继承有什么关系？

七、自我检测

1. 单选题

（1）通过[].constructor 访问到的构造函数是（　　）。

    A. .Function　　　　　B. Object　　　　　　　C. Array　　　　　　　D. undefined

（2）Math 对象的原型对象是（　　）。

    A. Math.prototype　　　　　　　　　B. Function.prototype

    C. Object　　　　　　　　　　　　　D. Object.prototype

（3）类的构造函数的原型方法是（　　）。

    A. __wakeup()　　　B. __clone()　　　　C. __destruct()　　　D. __construct()

（4）在 JavaScript 中所有对象都有原型对象的说法（　　）正确的。

    A. 是　　　　　　　　　　　　　B. 不是

（5）以下 JavaScript 实现继承的方式不正确的是（　　）。

    A. 原型链继承　　　B. 构造函数继承　　　C. 组合继承　　　D. 关联继承

2. 填空题

向对象中添加属性或方法使用的是（　　）属性。

八、挑战提升

项目任务工作单

课程名称　前端交互设计基础　　　　　　　　　　　　　任务编号　　　6-5

班　级　_____　　　　　　　　　　　　　学　期　_____

项目任务名称	注册页面	学　时	
项目任务目标	（1）理解原型对象。 （2）理解并掌握对象的继承。		
相关知识	（1）继承。 （2）实现继承的方法。		

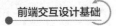

续表

项目任务要求	利用原型与继承完成注册页面，图 6-5-3 所示的页面仅供参考。 总要求： （1）将任务录屏（录屏过程或加字幕或含声音讲解）。 （2）将完成好的作品展示分享。 扫描二维码 6-5-5 查看注册页面的源代码。 二维码 6-5-5　注册页面的源代码
评价要点	（1）完成了项目的所有功能（50 分）。 （2）代码规范、界面美观（30 分）。 （3）结题报告书写工整等（20 分）。

项目七 ▸

志愿风采

任务 7-1 风采相册的制作

知识目标

□ 掌握事件的三要素

□ 掌握注册（绑定）事件的 3 种方式

□ 掌握 DOM 事件流的 3 个阶段

□ 了解常用事件

技能目标

□ 掌握利用多种方式完成事件注册的方法

□ 掌握事件委托的运用

素质目标

□ 培养不惧失败、敢于试错、直面挑战的意识

□ 树立规则意识

重点

□ 掌握利用事件侦听方式完成事件注册的方法

□ 理解事件冒泡机制

难点

□ 理解事件委托

一、任务描述

"青春需有为，志愿正当时"。"风采展示"页面旨在通过精彩志愿瞬间集锦的方式弘扬志愿者服务精神，展现当代大学生的精神风貌。风采相册通过绑定鼠标单击事件实现照片墙的焦点展示，具体效果如图 7-1-1 所示，请扫描二维码 7-1-1 进行观看。

图 7-1-1   风采相册——照片墙

二维码 7-1-1   风采相册示例效果

二、思路整理

JavaScript 和 HTML 之间的交互是通过事件来实现的。事件即文档或浏览器窗口中发生的一些特定交互的瞬间。用户可以使用处理程序（或侦听器）来注册事件，以便事件发生时执行相应的代码。

1. DOM 事件流

"DOM2 级事件"规定的事件流包括 3 个阶段，即捕获阶段、目标阶段、冒泡阶段。这里以图 7-1-2 所示的简单 HTML 页面为例，一旦元素触发了事件（例如用户单击<div>元素导致click 事件发生），就会看到如图 7-1-3 所示的事件执行顺序。

在 DOM 事件流中，实际的目标（<div>元素）在捕获阶段不会接收到事件，即在捕获阶段事件从 document 到<html>再到<body>后便停止。下一阶段是目标阶段，此阶段事件在<div>上发生，并在事件处理中被视为冒泡阶段的一部分。最后冒泡阶段发生，事件反向传播回文档。

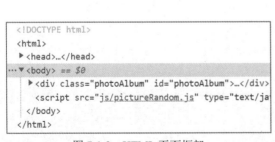

图 7-1-2   HTML 页面框架

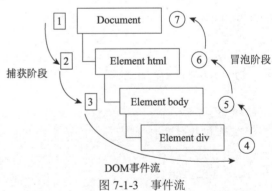

图 7-1-3   事件流

2. 事件处理程序

事件是用户或浏览器自身执行的某种动作，响应某个事件的函数称为事件处理程序。早期浏览器强迫用户在 HTML 文档内编写行内的事件处理函数代码，而现在有多种可靠的方式可用于注册和删除事件。

1）传统绑定

传统绑定是绑定事件处理程序最简单且兼容性最好的方式。如果要使用这种方法，需要为监听的 DOM 元素绑定一个函数作为属性。其写法如下：

```
<input type="button" value="Click Me" onclick="alert('Hello World!')"/>
```

单击此按钮，屏幕上就会显示一个警告框。

2）DOM 绑定：W3C

为 DOM 绑定事件处理函数，W3C 提供了标准方法 addEventListener()，现在的浏览器都支持该方法进行事件绑定，但 IE 除外。所有 DOM 节点都包含此方法，并且都接受 3 个参数，即事件名称（例如 click）、事件处理函数和一个布尔值。若布尔值参数为 true，表示在捕获阶段调用事件处理程序；若布尔值参数为 false，表示在冒泡阶段调用。其写法如下：

```
var photoWall = document.getElementById("photoWall");
photoWall.addEventListener('click', function(){
    alert(this.id);
}, false);
photoWall.addEventListener('click', function(){
    alert('Hello World!');
}, false);
```

上述代码为 photoWall 添加了两个事件处理程序，它们会按照添加顺序触发，因此首先显示元素 ID，然后显示"Hello World!"消息。

3）DOM 绑定：IE

IE 的绑定方式与 W3C 类似，但仍有差异。其写法如下：

```
var photoWall = document.getElementById("photoWall");
photoWall.attachEvent('onclick', function(){
        alert('Hello World!');
},);
```

上述代码的执行结果为，单击后显示"Hello World!"警告消息。

3. "风采相册"的实现思路

首先完成志愿风采图片的添加与分布：

（1）由于图片数量多且位置随机，考虑采用 createElement()方法进行动态创建。

（2）所有图片应随机分布于页面可视范围内，位置和角度都应随机生成、随机变换，可使用 random()方法完成随机值的生成。

（3）图片单击效果的实现。该步骤为效果实现的核心，具体分析详见"代码实现"部分。

三、代码实现

1. 图片列表的动态创建

首先使用 createElement()方法创建列表元素<li>，然后使用 appendChild()方法将创建好的<li>添加到指定节点位置，具体代码如下：

```
window.onload = function() {
    var photoWall = document.getElementById("photoWall");
    //动态创建 li 标签
    for (var i = 0; i < 20; i++) {
        //创建 li 标签
        var li = document.createElement("li");
```

```
        photoWall.appendChild(li);
        //创建 img 标签
        var img = document.createElement("img");
        img.src = "img/" + (i + 1) + ".jpg";
        li.appendChild(img);
    }
}
```

上述代码默认添加 20 张图片，故设置遍历循环次数为 20。

2. 图片的随机分布

在成功添加图片后，需要让其随机分布。首先获取所有 li 标签，然后利用 Math.random() 方法生成 0～1 的随机数，对列表元素进行坐标设置。在设置过程中应尽量保证图片不超出父元素的边界，且应保证偏转角度多样化。其具体代码如下：

```
//获取所有的 li
var allLis = photoWall.children;
var screenW = document.documentElement.clientWidth - (document.getElementById
('photoAlbum').clientWidth) / 4;
var screenH = document.documentElement.clientHeight - (document.getElementById
('photoAlbum').clientHeight) / 2;
for (var j = 0; j < allLis.length; j++) {
    //提取单个 li 标签
    var li = allLis[j];
    //随机分布
    li.style.left = Math.floor(Math.random() * screenW) + 'px';
    li.style.top = Math.floor(Math.random() * screenH) + 65 + 'px';
    //随机角度
    li.style.transform = 'rotate(' + Math.floor(Math.random() * 180) + 'deg)';
}
```

该步骤完成后，在浏览器开发者工具中能看到如图 7-1-4 所示的 DOM 结构。

图 7-1-4　基础 DOM 结构

3. 绑定鼠标单击事件

为了解决时效问题，此处将 20 张图片的单击操作委托给它们的父元素，在其父节点上设置事件侦听器，然后利用冒泡原理对子节点进行设置。利用上述思路，首先给<ul>注册单击事件，其次利用事件对象的 target 找到当前单击的列表项目，因为单击图片，事件便会冒泡到其父元素<ul>上，由于<ul>绑定了单击事件，则会触发事件侦听器。这样，仅对<ul>设置单击事件，便可完成所有图片的单击操作，明显提高了程序的性能。其具体代码如下：

```
//事件冒泡与委托
photoWall.addEventListener('click', function(e){
    e = event || window.event;
    for (var i = 0; i < allLis.length; i++) {
        allLis[i].className = '';
    }
    event.target.parentNode.className = 'current';
});
```

上述代码利用了事件委托，其为"事件处理程序过多"问题的解决方案。事件委托利用事件冒泡，只指定一个事件处理程序便可管理某一类型的所有事件。

四、创新训练

1. 观察与发现

大家不仅要能运用所掌握的知识去解决现有问题，还要有能力学习新知识、新技术去解决可能出现的问题，同时还应学会提出问题，做到举一反三。扫描二维码 7-1-2 观看效果：单击无图片的空白处，原有粉色背景消失，且图片回归原位。请尝试实现上述效果并思考其中利用了事件的什么原理。

二维码 7-1-2
创新训练

2. 探索与尝试

多角度看问题，有助于全面思考、解决问题，有助于培养主动性、开放性、创造性的思维，能开阔大家的思路。请读者自行思考并完成，在进行照片墙图片的分布时，如何使分布更均匀、排版更美观，同时又不超出所设置的层级边界。

3. 职业素养的养成

在编写代码的过程中一定要大胆动手，不要怕出错，甚至要勇于试错，要做敢于试错的人，日积月累才能成就工匠精神。

五、知识梳理

1. 事件委托

事件委托解决了"事件处理程序过多"的问题，其利用事件冒泡将事件侦听器设置在其父节点上，而非对每个子节点单独设置，进行统一管理，请扫描二维码 7-1-3 观看事件概述视频。例如，click 事件会一直冒泡到 document 层次，即用户可以为整个页面指定一个 onclick 事件处理程序，而不必给每个

二维码 7-1-3
事件概述

可单击的元素分别添加事件处理程序。虽然对用户而言最终结果相同，但利用事件委托占用的内存更少。所有用到按钮的事件（大部分是鼠标事件和键盘事件）都适合用事件委托技术。

事件委托有以下优点：

（1）document 对象能很快被访问，且可在页面生命周期的任何时间为其添加事件处理程序（无须等待 DOMContentLoaded 或 load 事件），即只要可单击的元素呈现在页面上，就可以立即具备适当的功能。

（2）在页面中设置事件处理程序所需的时间更少。只添加一个事件处理程序所需的 DOM 引用更少，时间开销更少。

（3）整个页面占用的内存空间更少，能够提升整体性能。

2. 事件处理程序的绑定与移除

这里对比 3 种可靠的事件注册方式的优缺点，以便在使用时进行合理选择。

1）传统绑定

（1）优点：

- 简单且稳定，在不同浏览器中运行保持一致。
- 处理事件时 this 关键字引用当前元素。

（2）缺点：

- 只在事件冒泡中运行，而非捕获与冒泡阶段。
- 同一元素一次仅能绑定一个事件处理程序，最后绑定的处理函数会将前面的覆盖。

2）DOM 绑定：W3C

（1）优点：

- 同时支持事件处理的捕获和冒泡阶段，事件阶段取决于 addEventListener() 的第三个参数的布尔值设置。
- 事件处理函数内部，this 关键字引用当前元素。
- 可以为同一元素绑定多个事件，且不会被覆盖。

（2）缺点：

IE 不兼容，在 IE 浏览器中需要用 attachEvent() 代替。

3）DOM 绑定：IE

（1）优点：

可以为同一元素绑定多个事件，且不会被覆盖。

（2）缺点：

- 仅支持冒泡阶段。
- 事件处理函数内部，this 关键字指向 window 对象。
- 事件对象仅存在于 window.event 参数中。
- 事件需要以 ontype 的形式命名，例如 onclick、onmouseenter。
- 仅 IE 浏览器可用。

当将事件处理程序指定给元素时，运行中的浏览器代码与支持页面交互的 JavaScript 代码之间就会建立连接，但连接越多，页面的执行越慢。如前所述，可采用事件委托技术限制连接数量。另外，用户也可在不需要时移除事件处理程序。

移除绑定通常与绑定方式相对应，若采用传统绑定，则可使用 btn.onclick=null 直接删除；若使用了 addEventListener() 绑定事件，对应使用 removeEventListener() 删除绑定事件。

3. 事件类型

常用的 JavaScript 事件可归纳为几类，其中鼠标事件最为常见。表 7-1-1 给出了部分常用事件及其相关描述。

表 7-1-1　常用事件

类　　型	事件名称	描　　述
鼠标事件	onclick	当用户单击元素时发生此事件
	oncontextmenu	当用户右击某个元素打开上下文菜单时发生此事件
	ondblclick	当用户双击元素时发生此事件
	onmousedown	当用户在元素上按下鼠标按钮时发生此事件
	onmouseenter	当鼠标指针移动到元素上时发生此事件
	onmouseleave	当鼠标指针从元素上移出时发生此事件
	onmousemove	当鼠标指针在元素上方移动时发生此事件
	onmouseout	当用户将鼠标指针移出元素或其中的子元素时发生此事件
	onmouseover	当鼠标指针移动到元素或其中的子元素上时发生此事件
	onmouseup	当用户在元素上释放鼠标按钮时发生此事件
键盘事件	onkeydown	当用户正在按下键时发生此事件
	onkeypress	当用户按了某个键时发生此事件
	onkeyup	当用户松开键时发生此事件
UI 事件	abort	在媒体加载中止时发生此事件
	beforeunload	在文档即将被卸载之前发生此事件
	error	当加载外部文件发生错误后发生此事件
	load	在对象已加载时发生此事件
	resize	在调整文档视图的大小时发生此事件
	scroll	在滚动元素的滚动条时发生此事件
	select	在用户选择文本后（对于<input>和<textarea>）发生此事件
	unload	在页面卸载后（对于<body>）发生此事件
焦点事件	onblur	当元素失去焦点时发生此事件
	onfocus	当元素获得焦点时发生此事件
	onfocusin	当元素即将获得焦点时发生此事件
	onfocusout	当元素即将失去焦点时发生此事件
滚轮事件	onwheel	当鼠标滚轮在元素上向上或向下滚动时发生此事件

4. 任务总结

本任务的知识树如图 7-1-5 所示。

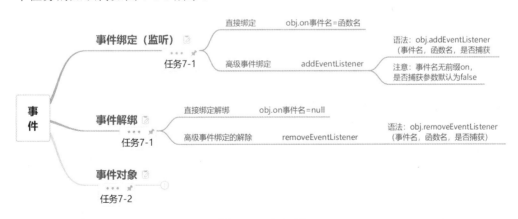

图 7-1-5　知识树

5. 拓学内容

（1）this 关键字；

（2）event 对象。

六、思考讨论

（1）简述 JS 的事件模型。

（2）简述 3 种事件绑定方式的区别及优缺点。

七、自我检测

1. 单选题

（1）当浏览器窗口（包含宽度、高度）被调整后会触发（　　）事件。

  A. onsize   B. onload

  C. onresize   D. onchange

（2）在使用事件处理程序对页面进行操作时，最主要的是如何通过对象的事件来指定事件处理程序，其方式有（　　）。

  A. 直接在 HTML 标记中指明   B. 指定特定对象的特定事件

  C. 在 JavaScript 中说明   D. 以上方法均可

（3）在进行表单验证时，若填写的文本框信息有误，通常会在文本框后面用红色的特殊字体显示错误信息，这种即时错误信息是在文本框上发生了（　　）事件。

  A. onblur   B. onfocus

  C. onchange   D. onclick

（4）下列关于事件委托的说法中错误的是（　　）。

  A. 事件委托可以解决事件绑定程序过多的问题

  B. 事件委托利用了事件捕获的原理

  C. 事件委托可以提高代码的性能

  D. 事件委托可以应用在 click、onmousedown 事件中

2. 多选题

关于 JavaScript 事件，以下说法中不正确的是（　　）。

  A. 事件由事件函数、事件源、事件对象组成

  B. 当前事件作用在哪个标签上，则哪个标签就是事件源

  C. onclick 就是一个事件对象

  D. 图片切换使用 JavaScript 中的 onchange 事件

八、挑战提升

项目任务工作单

课程名称　前端交互设计基础   **任务编号**　　　7-1　　　

班　　级　　　　　　　　　　 **学　　期**　　　　　　　　　

项目任务名称	表单切换——Enter 键	学　时	
项目任务目标	（1）掌握用多种方式完成事件绑定的方法。 （2）了解不同事件的触发条件。 （3）掌握事件委托。		

项目任务要求	实现效果： （1）使用 Enter 键实现 Tab 键的效果，即下一个控件获取焦点，如图 7-1-6 所示。 （2）当焦点置于学号/工号文本框上时，按 Enter 键完成文本框焦点的下移。 实现要求： （1）将上述任务录屏（录屏过程或加字幕或含声音讲解）。 （2）将完成好的作品展示分享。  图 7-1-6　注册界面
评价要点	（1）实现项目的基础功能（50 分）。 （2）代码规范、界面美观（30 分）。 （3）结题报告书写工整等（20 分）。

任务 7-2　敬老院志愿服务

知识目标
- ❑ 掌握事件对象的常用属性和方法
- ❑ 深入理解事件冒泡
- ❑ 理解常用的鼠标事件对象

技能目标
- ❑ 灵活运用事件对象
- ❑ 掌握 this 关键字的使用
- ❑ 熟练运用不同的元素获取方法

素质目标
- ❑ 培养发现问题、提出问题的能力
- ❑ 培养创新思维
- ❑ 培养工程思维驱动软件开发的能力

重点
- ❑ 对事件对象的理解与运用
- ❑ 对 this 关键字的运用

难点
- ❑ 对事件对象的理解与运用
- ❑ 对 this 指代对象的理解

一、任务描述

"慈孝之心，人皆有之。""敬老院志愿服务"页面旨在通过展示学院师生为老人提供义务服务的点滴记录弘扬中华民族敬老、爱老的传统美德。图片通过绑定鼠标移入事件实现放大展示，具体效果请扫描二维码 7-2-1 观看。

二维码 7-2-1

图片放大展示

二、思路整理

1. 样式布局设计

为了更好地展示原图及放大后的图片，在进行网页元素的布局时将其置于两个容器中，分别是图片存放区和特效放大区，元素的层级关系如图 7-2-1 所示。

这里以 6 张图片的排列为例，最终的图片存放区展示效果（即初始效果）如图 7-2-2 所示。

图 7-2-1　元素的层级关系

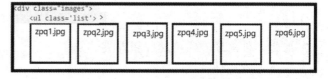

图 7-2-2　图片存放区展示效果

图片放大区即为鼠标指针移入图片后放大展示指定图片的区域。扫描二维码 7-2-1 观看效果，可以看出图片在放大过程中形成了九宫格效果，最终合并为大图，故图片放大区展示效果如图 7-2-3 所示。

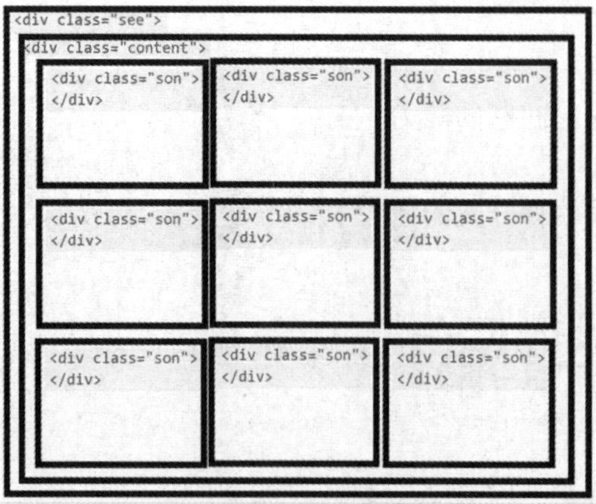

图 7-2-3　图片放大区展示效果

2. 实现思路

（1）完成样式布局设计与 HTML 搭建。

（2）利用 CSS 完成切割放大特效：利用图片放大区中的 9 个<div>分别存储相同图片，借助 overflow = hidden 实现遮挡式裁剪。

（3）完成鼠标移入/移出事件的绑定及事件处理程序的设计，为减少代码冗余，应合理使用函数及循环操作。

三、代码实现

1. HTML 代码

此处可将待放大图片作为静态元素直接写入 HTML 中，但建议通过 JS 进行动态创建。

```html
<!DOCTYPE html>
<html lang="en">
    <head>
        <meta charset="utf-8">
        <title>敬老院志愿服务活动—照片墙</title>
        <link rel="stylesheet" type="text/css" href="css/picture.css">
    </head>
    <body>
        <div class="images">
            <ul class='list'>
                <li><img src="images/zpq1.jpg" alt=""></li>
                <li><img src="images/zpq2.jpg" alt=""></li>
                <li><img src="images/zpq3.jpg" alt=""></li>
                <li><img src="images/zpq4.jpg" alt=""></li>
                <li><img src="images/zpq5.jpg" alt=""></li>
                <li><img src="images/zpq6.jpg" alt=""></li>
            </ul>
        </div>
        <div class="see">
            <div class="content">
            </div>
        </div>
    </body>
    <script type="text/javascript" src="js/picture.js"></script>
</html>
```

2. CSS 代码

在此任务中，CSS 的重点在于对特效放大区中每个模块的位置、动画等进行设计，部分核心代码如下：

```css
#photoWall li.current {
    left: 50% !important;
    top: 50% !important;
    transform: rotate(0deg) translate(-50%, -50%) scale(1.6, 1.6) !important;
    z-index: 1;
}
```

3. JS 代码

（1）完成特效放大区中<div>元素及<img>元素的动态创建与添加。创建元素使用

createElement()方法，若要将元素添加到指定位置，则使用 appendChild()方法。在插入元素之前，需要先确定父元素，在之前的任务中通常使用 getElementBy 的方式来获取元素。JS 还提供了一种更强大的 DOM 选择器，即 querySelector()，使用此方法可以实现根据指定的 CSS 选择器名字来获取匹配元素，但仅返回匹配指定选择器的第一个元素，若需要返回所有元素节点，则可使用 H5 新增的 querySelectorAll()。

```
//特效放大区
let divConst = document.querySelector('.content');
for(var i=0; i<9; i++){
    var divSon = document.createElement("div");
    divSon.className = 'son';
    divConst.appendChild(divSon);
    var creatImg = document.createElement('img');
    divSon.appendChild(creatImg);
}
let ul = document.querySelector('.list');
let images = document.querySelector('.see');
let lis = divConst.querySelectorAll('.son');
```

（2）JS 的核心在于鼠标移入/移出事件的绑定及事件处理。在图 7-2-2 所示的效果中，图片存放区中包含 6 张图片，且每张图片均可执行相同的事件操作，所以可将循环次数设置为 6，但为增强代码的适用性，通常利用 ul.children.length 来获取图片个数，从而设定循环次数。

由于放大和图片分割都是由 CSS 完成的，所以 JS 代码对于特效放大区的交互相对简单，只需要进行该区域中 6 张图片的添加，可使用 getAttribute()和 setAttribute()方法来获取和设置图片路径。

```
for (let i = 0; i < 6; i++) {
//给 ul 中 li 里面的 img 循环添加鼠标经过事件
    var pic = ul.children[i].querySelector('img');
    pic.addEventListener('mouseenter', function(e){
        e.target.setAttribute('data-index', i);
        let srcValue = this.getAttribute('src');
        for (let j = 0; j < divConst.children.length; j++) {
            lis[j].querySelector('img').setAttribute('src', srcValue);
        }
        images.style.display = 'block';
    });
//鼠标离开事件
    pic.onmouseleave = function(){
        images.style.display = 'none';
    };
}
```

在上述代码中，当绑定事件侦听函数时，函数括号内引入了 e，即 event 事件对象，此处可将其当作形参看待。请自行分析代码中的 e.target 和 this 分别指代哪个元素。target 是事件对象的常用属性之一，返回触发该事件的节点，而 this 会产生冒泡，返回绑定事件的元素。在本例代码中，两者返回的元素相同，都指向了图片存放区中的<img>。

请参照所给出的代码进行改进、优化，完成本任务。

四、创新训练

1. 观察与发现

本任务用到了 ES6 新增的 let 关键字声明变量，也用到了 var，请思考两个关键字的区别以及各自的适用场景。试着分析自己已完成的代码，深入思考上述问题。

在实际项目开发中，箭头函数的使用日益广泛，前面所定义的函数能否用箭头函数来改写？总结箭头函数的语法、特点、使用场景等关键要素，并尝试完成代码的优化。同时思考若使用箭头函数来代替 function()，this 关键字指代的对象是否会发生变化？

2. 探索与尝试

通过 console.log() 来观察代码运行时控制台的事件情况，发现鼠标移入事件频繁触发，虽然对于效果的实现没有影响，但会造成性能损耗，如何解决这个问题呢？对比 mouseenter 和 mouseover 两种鼠标经过事件来深入理解事件冒泡，从而解决该问题。

3. 职业素养的养成

本任务所给出的示例代码虽然能够实现图片特效放大的效果，但并不是最优的，请自行对代码进行迭代优化，甚至是代码重构。前端开发工程师需要创新精神，而创新从提出问题开始，在解决问题的过程中得到锻炼。另外，前端开发工程师还应透过现象看本质，做到眼睛亮、见事早、行动快。

五、知识梳理

1. 事件对象

在触发 DOM 上的某个事件时会产生一个事件对象 event，这个对象中包含了所有与事件有关的信息，例如导致事件的元素、事件类型以及其他与特定事件相关的信息。所有浏览器都支持 event 对象，但支持方式不同。如图 7-2-4 所示为通过 Chrome 浏览器查看到的本任务中某鼠标事件的详细信息。

```
▼ MouseEvent {isTrusted: true, screenX: 396, screenY: 109, clientX: 89, clientY: 5, …}
    isTrusted: true
    altKey: false
    bubbles: false
    button: 0
    buttons: 0
    cancelBubble: false
    cancelable: false
    clientX: 89
    clientY: 5
    composed: true
    ctrlKey: false
    currentTarget: null
    defaultPrevented: false
    detail: 0
    eventPhase: 0
    fromElement: null
    layerX: 89
    layerY: 5
    metaKey: false
    movementX: 0
    movementY: 0
    offsetX: 60
    offsetY: 6
    pageX: 89
    pageY: 5
  ▶ path: (8) [img, li, ul.list, div.images, body, html, document, Window]
```

图 7-2-4　某鼠标事件的详细信息

触发的事件类型不一样，可用的属性和方法也不一样，但所有事件都会有表 7-2-1 中所列出的属性或方法。

表 7-2-1　事件对象的属性和方法

属性/方法	类　　型	说　　明
bubbles	Boolean	表明事件是否冒泡
cancelable	Boolean	表明是否可以取消事件的默认行为
currentTarget	Element	事件处理程序当前正在处理的元素
defaultPrevented	Boolean	为 true，表明已调用 preventDefault()
detail	Integer	与事件相关的细节信息
eventPhase	Integer	调用事件处理程序的阶段：1 表示捕获阶段，2 表示目标阶段，3 表示冒泡阶段
preventDefault()	Function	取消事件的默认行为。若 cancelable 为 true，可使用此方法
stopImmediatePropagation()	Function	取消事件的进一步捕获或冒泡，同时阻止任何事件处理程序被调用
stopPropagation()	Function	取消事件的进一步捕获或冒泡。若 bubbles 为 true，可使用此方法
target	Element	事件的目标
trusted	Boolean	为 true 表示事件是由浏览器生成的；为 false 表示事件是由开发人员通过 JS 创建的
type	String	被触发的事件的类型
view	AbstractView	与事件关联的抽象视图，等同于发生事件的 window 对象

　　前面所给出的方法为访问 DOM 中的 event 对象，如果要访问 IE 中的 event 对象，则存在不同方式，但基于两者之间的相似性可以给出跨浏览器的兼容方案，即通过 "var event = event || window.event;" 来进行代码的完善。

　　2. this 关键字

　　在事件处理程序的内部，对象 this 始终等于 currentTarget 的值，而 target 只包含事件的实际目标。如果直接将事件处理程序指定给了目标元素，则 this、currentTarget 与 target 三者包含相同的值。大家可以通过修改绑定事件处理的元素来进行观察、尝试。

　　3. 任务总结

　　本任务的知识树如图 7-2-5 所示。

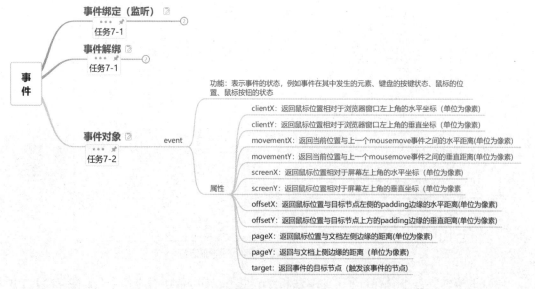

图 7-2-5　知识树

4. 拓学内容

jQuery 框架。

六、思考讨论

（1）getxxxByxxx()是常用的获取元素的方法，大家在代码实现中所用到的 querySelector()
与其有什么区别？它们各自的特点是什么？

（2）不同场景下 this 的指向分别是什么？如何更改普通函数的 this 指向？

七、自我检测

（1）以下选项中不适合 JavaScript 代码与 HTML 代码相分离的是（　　）。

    A. 行内绑定式　　B. 动态绑定式　　C. 事件监听　　D. 嵌入式

（2）以下关于 this 的几种描述中错误的是（　　）。

    A. this 所在函数是事件处理函数，this 是事件源

    B. this 所在函数没有明确的隶属对象，那么 this 是 window 对象

    C. "let a = 123;"，那么 this.a 中的 this 表示 window 对象

    D. 当 this 所在函数是构造函数时，this 是 new 出来的对象

（3）下列选项中不是事件对象 event 的属性的是（　　）。

    A. clientX　　B. offsetX　　C. offsetLeft　　D. target

（4）event 对象用于描述一个 JavaScript 程序中的（　　）。

    A. 程序　　B. 事件　　C. 对象　　D. 以上均错误

（5）下列不属于 JS 事件类型的是（　　）。

    A. 动作事件　　B. 鼠标事件　　C. 键盘对象　　D. 页面事件

八、挑战提升

项目任务工作单

课程名称　前端交互设计基础　　　　　　　　任务编号　　7-2

班　级　＿＿＿＿＿＿＿　　　　　　　　　　学　期　＿＿＿＿＿＿

项目任务名称	鼠标位置处理	学　时	
项目任务目标	（1）掌握用多种方式完成事件的绑定。 （2）掌握事件对象的常用属性与方法。		
项目 任务 要求	实现效果： （1）实现鼠标位置的坐标记录。 （2）实现 div 跟随鼠标移动。 注意： （1）浏览器的兼容问题。 （2）可通过计算改变距离。		
评价 要点	（1）实现项目的基础功能（50分）。 （2）代码规范、界面美观（30分）。 （3）结题报告书写工整等（20分）。		

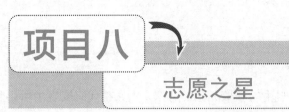

项目八

志愿之星

任务 8-1　认识 jQuery

知识目标

❑ 理解 jQuery 的概念
❑ 了解 jQuery 的优点
❑ 理解 jQuery 的使用方法

技能目标

❑ 掌握 jQuery 的引入方式
❑ 掌握 ready 函数的使用方法
❑ 理解 ready 函数与 onload 函数的区别

素质目标

❑ 培养主动学习能力
❑ 提升"兼容性"

重点

❑ 掌握 jQuery 的下载和引用
❑ 掌握 jQuery 的编码规则
❑ 掌握 jQuery 中 ready 函数的使用方法

难点

❑ 理解 jQuery 的编码规则

一、任务描述

在校园志愿服务网站的开发过程中主要使用 JavaScript 技术实现页面展示和交互功能,但 JS 技术存在一定的局限性,例如展示某位志愿者参与的所有志愿服务项目及其评价,若以普通列表的样式列举,网页风格会过于单一,如图 8-1-1 所示;若使用 JS 技术实现列表的隔行变色,则代码实现过于复杂。因此引入 jQuery 技术,在完成同样功能的情况下代码结构更加简洁。

图 8-1-1　列表展示风格单一

二、思路整理

1. 为什么需要学习 jQuery

1）JS 的实现比较复杂

这里以隔行变色的列表为例，实现效果如图 8-1-2 所示。

图 8-1-2　隔行变色的列表风格

　　JS 的实现需要去遍历列表中的每一行，判断奇偶数行，再为其设置不同的颜色。在这个过程中用到了循环、选择结构，代码量较多。jQuery 的实现仅用一行代码就完成了这个效果，jQuery 比 JS 实现起来要简单一些。

　　2）浏览器的兼容问题

　　浏览器的种类繁多，根据内核区分如表 8-1-1 所示。

表 8-1-1　浏览器根据内核区分

内　　核	代表的浏览器
Trident	IE
Gecko	Firefox
Presto	Opera
Webkit	Safari
Blink	Chrome

　　每种浏览器都有自己的标准，对 JS 的解析方式有所差别，语法支持也不同，例如 eval() 函数在除 IE 以外的浏览器中均不支持,getElementsByClassName()在 IE8 以下版本的浏览器中也不支持。这些都是浏览器的兼容问题，而 jQuery 可以很好地缓解兼容问题。

　　3）jQuery 的优点

　　jQuery 的优点如下：

　　（1）语法简单。

　　（2）通过封装多种 JS 解决方案，提供了统一函数接口，解决了浏览器的兼容问题。

　　除 jQuery 以外，还有 Prototype、ExtJS 等框架，但 jQuery 独树一帜，逐渐成为开发者的最佳选择。

　　2. 什么是 jQuery

　　jQuery 是一个快速、小型且功能丰富的 JavaScript 库，集 JavaScript、CSS、DOM 和 AJAX 于一体，它使 HTML 文档遍历和操作、事件处理、动画和 AJAX 等操作变得更加简单，并且具有易于使用的 API，可在多种浏览器中使用，广泛应用于 Web 应用开发。结合多功能性和可扩展性，jQuery 改变了数百万人编写 JavaScript 的方式。

　　3. 如何下载 jQuery

　　jQuery 有多种下载方式，下面分别进行介绍。

　　（1）通过链接地址下载，如图 8-1-3 所示。

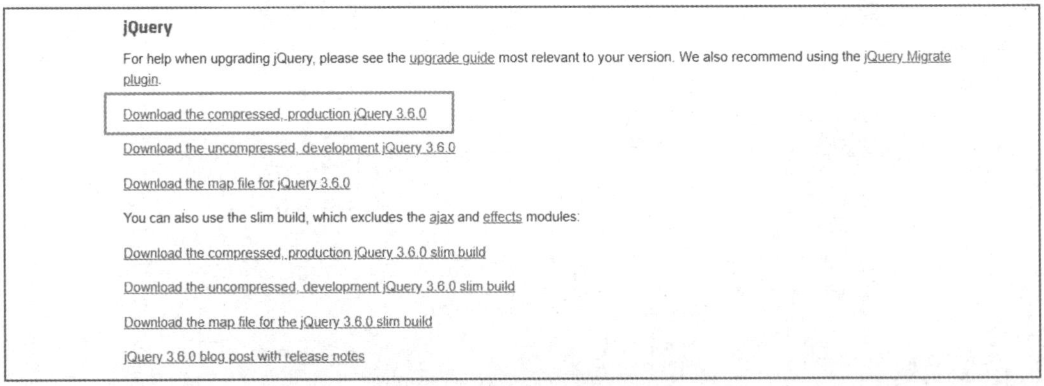

图 8-1-3　通过链接地址下载

　　其中，compressed, production jQuery 3.6.0 表示压缩的生产版本，去掉了所有代码的格式，适用于调用库；uncompressed, development jQuery 3.6.0 表示未压缩的开发者版本，保留了代码缩进、空格等，适用于需要阅读、修改调试库。

　　用户可任选一种下载，打开后的内容如图 8-1-4 所示。

code.jquery.com/jquery-3.6.0.min.js
/*! jQuery v3.6.0 | (c) OpenJS Foundation and other contributors | jquery.org/license */

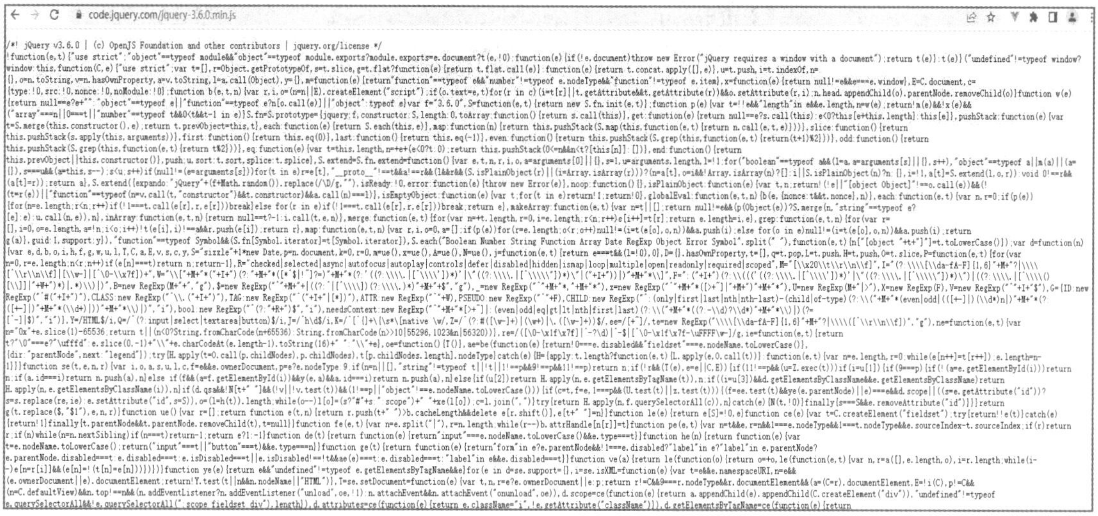

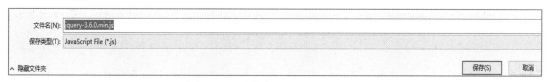

图 8-1-4　链接打开后的内容

上述代码其实就是 jQuery 封装代码，结合 jQuery“封装”这个概念来看，大家对于代码中的实现逻辑不必过于在意，只要学会调用即可。

如图 8-1-5 所示，将上述代码另存为 jquery-3.6.0.min.js，或者直接按 Ctrl+S 组合键保存到任意位置。

文件名(N): jquery-3.6.0.min.js
保存类型(T): JavaScript File (*.js)
隐藏文件夹
保存(S)
取消

图 8-1-5　另存为 jquery-3.6.0.min.js

（2）通过 NPM 或者 Yarn 下载。

通过 NPM 下载：

npm install jquery

通过 Yarn 下载：

yarn add jquery

（3）通过 Bower 下载：

bower install jquery

（4）通过 CDN 下载。

用户可通过 Google CDN、Microsoft CDN、CDNJS CDN、jsDelivr CDN 下载 jQuery。

（5）通过以往版本下载。

如果想下载以往版本，可在下载网页中拉至页面底部，如图 8-1-6 所示。

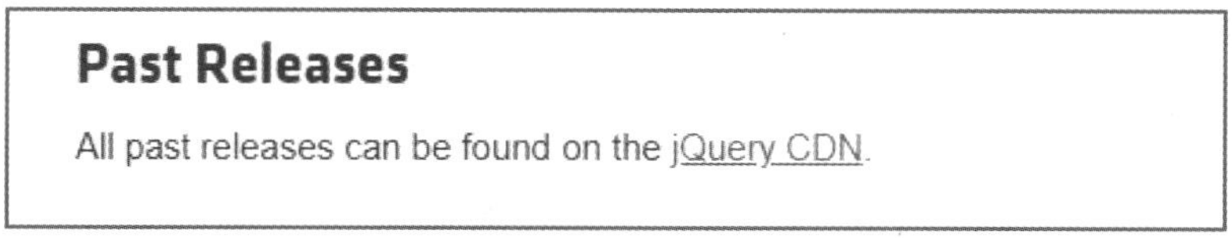

Past Releases
All past releases can be found on the jQuery CDN.

图 8-1-6　以往版本

单击 jQuery CDN 跳转至其他版本下载页面下载即可，如图 8-1-7 所示。

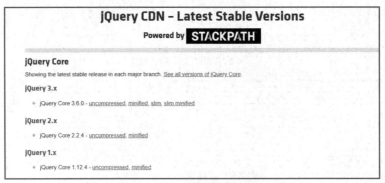

图 8-1-7　其他版本下载页面

三、代码实现

为测试保存在本地的 jQuery 框架的可用性，使用该框架实现第一个 HelloWorld 程序。编写 index.html 文件如下：

```
//index.html
<!DOCTYPE html>
<html>
    <head>
        <meta charset="utf-8">
        <title></title>
        <script src="js/jquery-3.4.1.min.js"></script>
        <script>
        $(document).ready(fuction(){
        alert("Hello,world!")
        });
        </script>
    </head>
    <body>
    </body>
</html>
```

图 8-1-8 所示为 JS 和 jQuery 的对比。

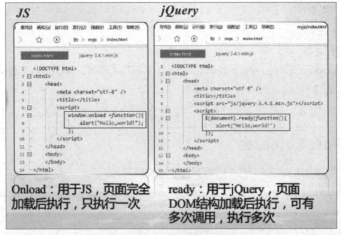

图 8-1-8　代码实现

四、创新训练

1. 观察与发现

目前 jQuery 版本有 1.X 到 3.X 几种，通过对浏览器、插件等的支持情况，了解不同版本 jQuery 的使用特性和特点，为在今后的网站开发中选择合适的 jQuery 框架奠定基础，助力自己成为一名优秀的 Web 开发工程师。

2. 探索与尝试

尝试一下不同版本的 jQuery 框架在同一段代码中的表现情况。

3. 职业素养的养成

在使用 JS 编写程序时，判断代码的兼容性是程序员必须面对的一个问题，也就是说在使用一个函数之前要详细了解对这个函数提供支持的浏览器，如果使用了兼容性不好的函数，会导致程序在某些浏览器中无法运行。大家作为新时代的青年，要努力学习各方面的知识，提升自己的兼容性，增强自己的才干，提高自己的核心竞争力，这样才能适应社会和行业的复杂变化，才不会被社会淘汰。

五、知识梳理

1. jQuery 的优点

jQuery 具有以下优点：

（1）功能丰富的选择器。几乎所有的选择器都可以被 jQuery 使用，包括 jQuery 自己较为复杂的选择器，网站开发人员可以利用选择器实现更为丰富的功能。

（2）通过封装多种 JS 解决方案，jQuery 提供了统一函数接口，解决了浏览器的兼容问题。

（3）jQuery 具有可扩展性。jQuery 可以使用各种功能丰富的插件，为开发者提供了诸多便利。

（4）jQuery 具有高可用性。jQuery 中封装了海量且使用频率较高的 DOM 操作，使得初学者也可以利用 jQuery 完成复杂的操作。

2. 下载 jQuery

用户可以通过以下几种方式下载 jQuery。

（1）通过官网链接直接保存文件。

（2）通过 NPM 等包管理工具下载。

（3）通过官网获得其他版本的 jQuery。

3. 下载版本的选择

jQuery 有两个常用版本，即未压缩的源代码版本（development version）和压缩过的精简版本（production version）。

（1）未压缩的源代码版本具有规范的统一格式及格式标准，其代码可读性高，对初学者、开发人员友好。

（2）压缩过的精简版本是原版经压缩后的精简版，常在程序发布的场景下使用。

4. 使用 jQuery

1）引入 jQuery

引入 jQuery 有两种方式，即本地引入和利用 CDN 引入。

本地引入的代码如下：

```
<!--引入本地文件夹下的 jQuery-->
```

```
<script src="js/jquery-3.4.1.min.js"></script>
```

通过 CDN 引入的代码如下：

```
<!--通过 CDN 引入 jQuery-->
<script src="https://code.jquery.com/jquery-3.4.1.min.js"></script>
```

2）jQuery 的语法

使用 jQuery 的目的是选取网页中的 HTML 元素，并对其进行操作。

基础语法：$(selector).action()

使用$符号来定义 jQuery；使用 selector 选取 HTML 元素；使用 action()对该元素进行操作。

5. 任务总结

本任务所涉及的 jQuery 基本知识如图 8-1-9 所示。

图 8-1-9　jQuery 知识树

6. 拓学内容

（1）$()工厂函数；

（2）selector；

（3）action()。

六、思考讨论

（1）不同版本的 jQuery 有什么区别？

（2）高版本 jQuery 是否能够兼容低版本 jQuery？

七、自我检测

（1）在 jQuery 中指定一个类，如果存在就执行删除功能，如果不存在就执行添加功能，下面可以直接完成该功能的是（　　）。

　　　A. removeClass()　　B. deleteClass()　　　　C. toggleClass()　　　　D. addClass()

（2）"$a='3';$b=(integer)$a" 属于（　　）转换。

　　　A. 强制类型　　　　B. 自动类型　　　　C. setType 类型　　　　D. 引用类型

（3）以下代码的运行结果是（　　）。

```
<br>$A=array("Monday","Tuesday",3=&gt;"Wednesday");<br>echo $A[2];
```

　　　A. Monday　　　　B. Tuesday　　　　C. Wednesday　　　　D. 没有显示

（4）用 jQuery 将服务器端返回的 JSON 格式的字符串转换为 JS 对象，下列语法中正确的是（　　）。

  A. $.parseJSON(data)　　　　　　B. $.ParseJson(data)

  C. #.parseJSON(data)　　　　　　D. #.ParseJson(data)

（5）以下说法中正确的是（　　）。

  A. $attr 代表数组，那么数组长度可以通过$attr.length 获取

  B. unset()方法不能删除数组里面的某个元素

  C. PHP 的数组里面可以存储任意类型的数据

  D. PHP 里面只有索引数组

八、挑战提升

项目任务工作单

课程名称　前端交互设计基础　　　　　　　　　任务编号　　8-1

班　　级　_____　　　　　　　　学　　期　_____

项目任务名称	认识 jQuery	学　时	
项目任务目标	（1）掌握 jQuery 的引入方式。 （2）掌握 ready 函数的使用方法。 （3）理解 ready 函数与 onload 函数的区别。		
项目任务要求	（1）掌握 jQuery 的下载方法、使用方法。 （2）正确部署 jQuery 框架。 （3）使用 jQuery 框架编写一个简单的"Hello,World！"程序。 （4）阐述部署 jQuery 框架过程中遇到的问题。		
评价要点	（1）完成了项目的所有功能（50 分）。 （2）代码规范、界面美观（30 分）。 （3）结题报告书写工整等（20 分）。		

任务 8-2　服务宣言展示

知识目标

❑ 了解 jQuery 选择器

❑ 了解 CSS 选择器

❑ 了解层次选择器

技能目标

❑ 掌握 jQuery 选择器的使用方法

❑ 掌握 CSS 选择器的使用方法

❑ 掌握层次选择器的使用方法

素质目标

❑ 培养创新意识

❑ 敢于选择适合自己的人生道路

重点

- ☐ 掌握基本选择器的使用方法
- ☐ 掌握层次选择器的使用方法

难点

- ☐ 层次选择器的应用
- ☐ 基本选择器的应用

一、任务描述

为了激励广大志愿者的工作热情，评价志愿者的工作质量，校园志愿服务网站的志愿之星模块展示了对志愿者的服务的评价，其中包括该志愿者参与的服务项目及每个服务项目的评价和评分。服务宣言是对该志愿者参加志愿服务的介绍，为提高网页内容的简洁性和交互性，服务宣言部分默认设置为隐藏状态，当用户查看服务宣言时，使用鼠标指针指向"服务宣言"，下方就会出现服务宣言文本框，显示该志愿者的服务宣言。具体效果如图 8-2-1 所示。

图 8-2-1 服务宣言的显示

二、思路整理

一个 jQuery 语句主要由工厂函数、选择器和事件绑定方法构成，选择器的主要作用是匹配网页中的各种 DOM 对象。

1. 为什么要使用 jQuery 选择器

核心问题就是 JS 实现代码复杂。这里以交互式网页中的多选功能为例，使用 JavaScript 技术实现网页中的多选功能，在该功能的内部往往会存在一个判断，即当前单击的 DOM 对象是否已经链接到了选中的类，如果没有链接，则指定其 class，否则取消选择。最后，在每一个 li 上加入 onclick 事件，并关联至这个方法。通过上述流程可知，无论是事件的关联还是事件的处理都比较繁冗、复杂。若改用 jQuery 选择器批量选取 DOM 元素，上述问题将变得简单、易懂，具体代码如图 8-2-2 所示。因此，选择使用 jQuery 选择器可以在实现相同功能的情况下有效降低 JS 代码的复杂程度。

```html
<script src="js/jquery-3.4.1.min.js"></script>
<script type="text/javascript">
    $(document).ready(function(){
        $(".opt").click(function(){
            $(this).toggleClass("optsel");
        })
    })
</script>
</head>
<body>
    <ul>
        <li class="opt">音乐</li>
        <li class="opt">电影</li>
        <li class="opt">阅读</li>
        <li class="opt">运动</li>
        <li class="opt">旅游</li>
    </ul>
</body>
```

图 8-2-2 jQuery 实现代码

通过上述实例可以看到 jQuery 选择器中结合了 CSS，因此它继承了 CSS 获取页面元素便捷、高效的特点，jQuery 的成功是建立在 CSS 基础上的。jQuery 除了结合 CSS 的优势之外，也以其良好的浏览器兼容性和简洁的语法深受 Web 前端开发者的喜爱。

2. 使用 CSS 选择器

使用 CSS 选择器可以对网页中的元素进行查找，例如要获得页面中的所有 h2 元素，可以使用$("h2")；要获得页面中类名为 title 的元素，可以使用$(".title")；要获得页面中 id 为 title 的元素，可以使用$("#title")。

3. 使用层次选择器

除了基本的 CSS 选择器以外，通过 DOM 元素之间的层次关系获取元素也常被使用。如果要获得页面中某标签的所有后代，可以在父辈标签与后代标签之间加上空格；如果要获得页面中某标签下的子元素，可以在父标签与子标签之间加上 “>” 符号。相邻元素选择器可以用来选取 prev 元素之后的 next 元素；同辈元素选择器可以用来选取 prev 元素之后的所有 siblings（同辈）元素。

三、代码实现

在了解上述相关知识之后，下面通过在校园志愿服务网站下的志愿之星模块中展示服务宣言实现对 CSS 选择器和层次选择器的应用。

1. 剖析程序

先获取到服务宣言链接对应的标签，对其 mousemove 事件进行编码，如果文本框是隐藏的，则显示，反之亦然。如果要获取到服务宣言链接标签，则可以用$("#achortip")。调用其 mousemove 事件函数，编写匿名函数$("#tip").toggle()，意思是 id 为 tip 的标签出现或者隐藏。

2. 具体代码实现

具体代码实现如图 8-2-3 所示。

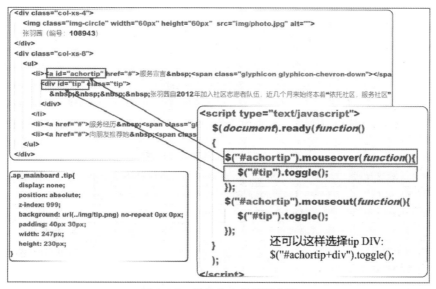

图 8-2-3 服务宣言的代码实现

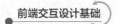

四、创新训练

1. 观察与发现

引入选择器使得在保障网页基本功能的情况下代码变得清爽、简洁，有利于开发人员对代码进行整理或维护。思考在 jQuery 中是否还有其他方法可以实现某个选择器的功能？例如子选择器、同辈元素选择器等能否用其他方法代替。

2. 探索与尝试

在 jQuery 中还存在其他方法可以替代子选择器、同辈选择器、后代选择器等。请尝试一下使用 children() 方法替代子选择器的用法；使用 find() 方法替代后代选择器的用法等。

3. 职业素养的养成

在 Web 前端设计中，实现相同的功能有不同的方法，选择正确的方法不仅能让代码变得简洁、清爽，还增加了代码的易读性。这对大家的人生也有很好的启迪，选择正确的路径，就等于成功了一半；选择正确的努力方向，努力才有价值。

五、知识梳理

1. jQuery 选择器

通过思路整理部分可知，在交互式网页中采用 JS 代码实现部分功能过于烦琐，因此引入了 jQuery 选择器，根据元素的 ID、类、属性等对元素组或网页中的单个元素进行操作，不仅丰富了网页开发中获取元素的方式，还可以为该元素添加事件。

jQuery 中的所有选择器均以 "$()" 符号开头，基本用法如下：

```
$("p")
```

上述代码的含义为选择当前页面中所有的 <p> 元素，执行后返回一个 jQuery 对象。其中"p"表示 <p> 元素，若替换为 "#testid"，则表示通过 id 选取元素，以此类推，可替换为 ".testclass"来表示通过指定类查找元素等。

2. CSS 选择器

CSS 选择器可以实现大多数页面元素的查找，用于选择需要添加样式的元素，通常包含标签选择器、类选择器、全局选择器、并集选择器、交集选择器等。并集选择器可同时获取多个选择器，使用逗号进行分隔，将一个选择器匹配到的元素合并后一起返回。

CSS 选择器中最常见的莫过于基本选择器，CSS 选择器中包含了标签选择器、类选择器、ID 选择器等，可以实现大多数网页页面元素的查找。各 CSS 选择器的语法构成、描述等如表 8-2-1 所示。

表 8-2-1　CSS 选择器的分类

名　　称	语法构成	描　　述	返　回　值	示　　例
标签选择器	element	标签名匹配元素	元素集合	$("h2")
类选择器	.class	类匹配元素	元素集合	$(".title")
ID 选择器	#id	ID 匹配元素	单个元素	$("#title")
并集选择器	selector1, selector2…	合并选择器匹配的元素	元素集合	$("div,p,.title")，选取所有 div、p 和 class 为 title 的元素
交集选择器	element.class 或 element#id	匹配指定 class 或 id 的某元素或元素集合	单个元素或元素集合	$("h2.title")，选取所有 class 为 title 的 h2 元素
全局选择器	*	匹配所有元素	元素集合	$("*")

3. 层次选择器

与 CSS 选择器不同,层次选择器按照层次关系获取指定 DOM 元素的子元素、同辈元素等。层次选择器可以完成对与选择元素有层次关系的元素的定位和操作。

各层次选择器的语法构成、示例等如表 8-2-2 所示。

表 8-2-2   层次选择器的分类

名 称	语法构成	描 述	返 回 值	示 例
后代选择器	ancestor descendant	标签名匹配元素	元素集合	$("#menu span"),选取#menu 下的所有\<span>元素
子选择器	parent>child	选取 parent 元素下的 child 元素	元素集合	$("#menu>span"),选取#menu 下的子元素\<span>
相邻元素选择器	prev+next	选取紧邻 prev 元素之后的 next 元素	元素集合	$("h2+dl"),选取紧邻\<h2>元素之后的元素\<dl>
同辈元素选择器	prev~siblings	选取 prev 元素之后的所有 siblings(同辈)元素	元素集合	$("h2~dl"),选取\<h2>元素之后的所有同辈元素\<dl>

4. 任务总结

本任务所涉及的 CSS 选择器和层次选择器的知识如图 8-2-4 所示。

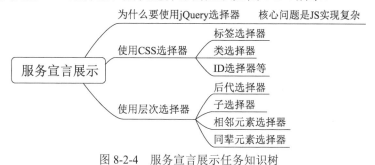

图 8-2-4   服务宣言展示任务知识树

5. 拓学内容

(1) siblings()方法;

(2) nextAll()方法。

六、思考讨论

在使用选择器时,若元素的 class 或者 id 中存在类似于"#"等的特殊字符,应该怎么处理?

七、自我检测

1. 单选题

以下不是 jQuery 选择器的是( )。

　　A. 类选择器　　　　B. 元素选择器　　　　C. 后代选择器　　　　D. 自定义选择器

2. 多选题

下列选项中属于 jQuery 属性选择器的是( )。

　　A. $("img[src$='.gif ']")　　　　　　　　B. $("img")

　　C. $("[class][title]")　　　　　　　　　　D. $("div>span")

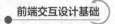

八、挑战提升

项目任务工作单

课程名称	前端交互设计基础		任务编号	8-2
班　级			学　期	

项目任务名称	实现图片展示效果	学　时	
项目任务目标	（1）掌握 CSS 选择器、层次选择器的使用方法。 （2）熟练使用属性选择器和过滤选择器定位元素。 （3）熟练使用两种选择器定位元素。		
项目任务要求	（1）依照图 8-2-5 设计 HTML 结构与样式。 （2）jQuery 特效实现（扫描二维码 8-2-1 观看），当鼠标指针移至左、右两边的文字上时，中间部分显示与之对应的图片。   图 8-2-5　不同选择状态图　　 二维码 8-2-1　特效效果		
评价要点	（1）完成了项目的所有功能（50 分）。 （2）代码规范、界面美观（30 分）。 （3）结题报告书写工整等（20 分）。		

任务 8-3　列表风格切换（一）

知识目标

☐ 掌握属性选择器
☐ 掌握过滤选择器

技能目标

☐ 熟练使用属性选择器和过滤选择器定位元素
☐ 熟练使用两种选择器定位元素

素质目标

☐ 培养理论联系实际的思维能力
☐ 培养创新思维
☐ 提升自主学习和探求新知的能力

重点

☐ 属性选择器的使用

❑ 过滤选择器的使用

难点

❑ 在不同的应用场景下准确应用或组合使用适合的选择器

一、任务描述

志愿者参加过的志愿项目的名称、时间及评分以列表的形式被展示在志愿服务评价网页中，如图 8-3-1 所示，传统列表形式的展示效果过于单一。为丰富网页的表现形式，结合选择器完成评价网页中切换列表风格的效果。如图 8-3-2 所示，当单击切换列表风格链接时，志愿活动列表发生了两个变化，一是奇数行的背景颜色变为红色；二是行首的图片框变为椭圆形。

图 8-3-1　传统列表风格

图 8-3-2　隔行变色列表风格

二、思路整理

如果要实现上述隔行变色列表的展示效果，分别使用属性选择器实现图片的样式变化；使用过滤选择器筛选奇数行元素的对应标签，然后对其进行操作。

1. 使用属性选择器

顾名思义，以 HTML 元素的属性和值的对应关系进行元素的选择，包括=、!=、^=、$=等类型。属性选择器采用属性和值的匹配关系来定位元素，在实际应用中也可以把多个匹配关系组合在一起来定位元素。

一个典型的属性选择器示例：在网页中有很多图片，如何选择某目录中对应的图片？使用 src*='img/list'选择器文本，实现当列表风格改变时只改变列表中的图片。

2. 使用过滤选择器

通过索引、奇偶等特征选择元素，包括:first、:last、:odd、:even 等类型。过滤选择器的类型很多，包括索引、奇偶等过滤方法。

在示例中采用奇偶过滤方法对表格中的奇偶行进行区分。大家需要注意的是，索引过滤"eq(index)"常被用到，其中 index 是从 0 开始编号的。

三、代码实现

1. HTML 设计

在 HTML 中整个列表由 ul 和 li 标签组成。li 表示一行，行首的图片由 li 中的 img 标签提供。在默认状态下，列表各行的 CSS 样式一致，形成了风格统一的志愿服务项目展示。

2. 隔行变色效果的实现

如果要实现单击按钮改变奇数行的背景颜色，在按钮的事件处理函数中先利用过滤选择器 even 选中奇数行，再调用 toggleClass()函数实现两重效果，即当标签链接到某 CSS 类时该函数取消链接，未链接到 CSS 类时增加该链接。具体代码如图 8-3-3 所示。

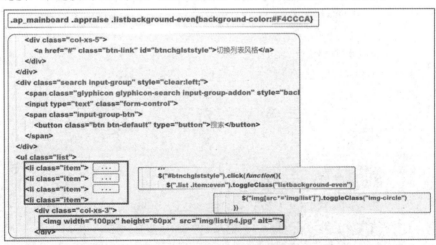

图 8-3-3　隔行变色的实现代码

当单击"切换列表风格"按钮时，如果奇数行未指定背景颜色，则为其设置背景颜色，否则取消背景颜色的样式设置。同理，使用属性选择器找到列表中的 img 标签，因为只有列表中 img 标签的 src 属性指向 img/list 文件夹，所以 img[src*='img/list']选中的就是列表中的 img，再利用 toggleClass() 函数实现图片在椭圆形和矩形之间的切换。代码中的 img-circle 是 bootstrap 中定义的圆形边框图片类。

四、创新训练

1. 观察与发现

思考下列问题：

（1）在过滤选择器中:nth-child(index)和:eq(index)有何区别？

首先，eq 选择器的索引从 0 开始，而 nth-child 从 1 开始；其次，eq 在一个文档树中选择排行第 index 的元素，而 nth-child 选择各层排行第 index 的所有元素，因此 nth-child 可能得到多个元素，而 eq 只有一个元素。

（2）能否取消"切换列表风格"按钮，当鼠标指针悬停在列表区域上时实现相同的风格切换效果？或者用其他方式实现同样的效果？

2. 探索与尝试

在实现功能的基础上提升自主学习和探求新知的能力，完成二维码 8-3-1 中所展示的列表效果。

（1）完成列表删除效果。

（2）完成列表选择效果。

扫描二维码 8-3-1 查看效果。

3. 职业素养的养成

结合实际生活中的事情可以更好地帮助大家学习使用选择器，培养理论联系实际的思维能力。2021 年 10 月 16 日，神舟十三号载人航天飞船顺利地将翟志刚、王亚平、叶光富 3 名航天员送入太空，他们在执行为期 6 个月的任务后顺利返回。如果编写伪代码访问神舟十三号飞船，则可以以$[".神舟飞船:eq(12)"]方式进行。在实际生活中还有各种各样的例子，可用于选择器的学习举例，培养大家的创新思维能力，助力自己成为一名优秀的 Web 前端开发工程师。扫描二维码 8-3-2 观看视频。

二维码 8-3-1　列表效果　　　　二维码 8-3-2　把理想编进代码

五、知识梳理

1. 属性选择器

如果要通过属性选择标签，比如选择包含 src 属性的标签，无论值是什么，都可以用 $("[src]") 的方式选择。属性及其值有多种匹配方式，例如等于、不等于，以某值开头、结尾，或包含某值，比如筛选 href 属性为#的标签，可以用 $("[href='#']")。此外，一个标签有多个属性，如果要选择满足多个条件的元素，可以使用表 8-3-1 中最后一行的示例，用多个中括号包含多个属性值。

表 8-3-1　属性选择器

名　称	语法构成	描　述	返 回 值	示　例
属性选择	[attribute]	选择包含特定属性的元素	元素集合	$("[src]")
属性值等于选择	[attribute=value]	选择属性等于某特定值的元素	元素集合	$("[href='#']")
属性值不等选择	[attribute!=value]	选择属性不等于某特定值的元素	元素集合	$("[href!='#']")
属性值前匹配选择	[attribute^=value]	选择属性以某值开头的元素	元素集合	$("[src^='img/']")
属性值后匹配选择	[attribute$=value]	选择属性以某值结尾的元素	元素集合	$("[src$='.jpg']")
属性值包含选择	[attribute*=value]	选择属性包含某值	元素集合	$("[src*='.jpg']")
多条件复合	[selector][selector1]…[selectorN]	选择满足多个条件的元素	元素集合	$("input[type='text']")

2. 过滤选择器

在某些情况下使用 CSS 选择器、层次选择器和属性选择器筛选出多个符合条件的元素时，可使用过滤选择器访问某一个或某一部分元素。比如，$["div"]得到的是网页中所有的 div 标签，如果只需要第一个，可以用$["div:first"]。同理，如果只需要 3 号位置的 div，可以用$["div:eq(2)"]，需要注意的是，此处的序号从 0 开始。过滤选择器如表 8-3-2 所示。

表 8-3-2　过滤选择器

语法构成	描述（涉及的序号均从 0 开始）	返 回 值
:first	选取第一个元素	单个元素
:last	选取最后一个元素	单个元素
:not(selector)	选取与给定选择器不匹配的元素	元素集合
:even	选取奇数元素	元素集合
:odd	选取偶数元素	元素集合
:eq(index)	选取索引等于 index 的元素	元素集合
:gt(index)	选取索引大于 index 的元素	元素集合
:lt(index)	选取索引小于 index 的元素	元素集合
:header	选取所有标题元素（h1～h6）	元素集合
:focus	选取当前获得焦点的元素	元素集合
:visible	选取未隐藏元素	元素集合
:hidden	选取隐藏元素	元素集合

3. 任务总结

在实际开发中，大家要注意组合使用多种选择器，使用的选择器不同，定位到元素的路径也不同。

本任务所涉及的属性选择器和过滤选择器的知识如图 8-3-4 所示。

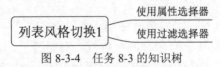

图 8-3-4　任务 8-3 的知识树

4. 拓学内容

（1）类选择器；

（2）通配符选择器。

六、思考讨论

属性选择器不同定义方式之间的区别是什么？

七、自我检测

（1）关于 jQuery 选择器，下列描述中正确的是（ ）。

A. $(div span)表示匹配所有后代元素

B. $('div>span')表示匹配直接子元素

C. $('div + next')表示匹配紧接在 div 元素后的 next 元素

D. 无法匹配元素的所有同辈元素

（2）以下关于 jQuery 选择器使用正确的是（ ）。

A. 对于 "<div id="id#a">welcome</div>" 的正确方法是$("#id\\#a")

B. 对于 "<div id="id[2]">welcome</div>" 的正确方法是$("#id\\[2\\]")

C. 对于 "<div id="id#a">welcome</div>" 的正确方法是$("#id//#a")

D. 对于 "<div id="id[2]">welcome</div>" 的正确方法是$("#id//[2/]")

八、挑战提升

项目任务工作单

课程名称 前端交互设计基础 　　　　　　　　　　**任务编号** ___8-3___

班　级 _____　　　　　　　　　　　　　　**学　期** _____

项目任务名称	实现菜单导航栏功能	学　时	
项目任务目标	（1）熟练使用属性选择器和过滤选择器定位元素。 （2）熟练使用两种选择器定位元素。		
项目 任务 要求	（1）实现简单的菜单导航功能。扫描二维码 8-3-3 观看视频。 （2）jQuery 特效实现，如图 8-3-5 所示，当单击第一个菜单标题时，该级菜单展开，右侧加号变为减号；当单击第二个菜单标题时，第一个菜单收回，减号变为加号，同时第二个标题的菜单展开，第二个菜单的加号变为减号。  二维码 8-3-3　折叠菜单　　　图 8-3-5　折叠菜单效果		
评价 要点	（1）完成了项目的所有功能（50 分）。 （2）代码规范、界面美观（30 分）。 （3）结题报告书写工整等（20 分）。		

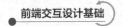

任务 8-4　列表风格切换（二）

知识目标

❏ 掌握 DOM 的基本知识

技能目标

❏ 掌握在 DOM 中操作样式的方法
❏ 掌握在 DOM 中操作元素的方法
❏ 了解在 DOM 中操作节点的方法

素质目标

❏ 选出适合自己的正确的人生道路
❏ 敬畏法律底线、遵守道德底线

重点

❏ 操作 DOM 元素

难点

❏ 操作 DOM 元素

一、任务描述

完善切换列表风格任务，学习 DOM 操作样式和内容。

在任务 8-3 中通过单击"切换列表风格"按钮实现了对列表隔行变色的切换，虽然列表风格发生了变化，但链接按钮并没有随之变化。如图 8-4-1 所示，在控制列表风格变化的同时将链接按钮更改为图 8-4-2 中不同的风格。

图 8-4-1　初始列表和链接风格

图 8-4-2　链接按钮的风格变化

网页效果是单击"切换列表风格"按钮时列表风格改变，同时按钮文本变为"还原列表风格"，按钮前的图标也发生了变化。当再次单击该按钮时，按钮的文本和图标恢复。

二、思路整理

如果要实现上述链接按钮风格随列表风格变化，需要利用 DOM 的有关操作。

1. DOM 操作概述

DOM 是文档对象模型，DOM 用于访问网页从服务器获取数据后在内存中形成的节点树。

DOM 操作包括操作样式、操作元素和操作节点。操作样式包括设置、获取、删除、修改样式等。操作元素包括设置 HTML、文本、value 等与元素表现相关的各种操作。操作节点包括对节点的增、删、改、查等操作，可访问子元素、前辈元素、同辈元素，并可以获取和设置常用 CSS 属性的方法。

2. 操作样式

使用 CSS 方法操作的是 style 属性对应的内联样式，使用 addClass 或 removeClass 操作的是样式的类引用。

addClass 或 removeClass 在组合使用时可以用 toggleClass 代替，程序逻辑更简单。

3. 操作元素

这里以设置元素内容为例，如果传入的是一个 a 标签，html()方法将在元素中显示该超链接，text()方法将在元素中显示 anchor 标签的完整文本。

最后要获取或设置一个标签的 value 值，可以调用 val()方法。

html()方法和 text()方法的区别在于，html()方法获取或设置的是超文本，而 text()方法获取或设置的是普通文本，如图 8-4-3 所示。

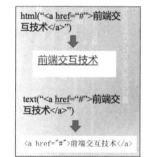

图 8-4-3　html()方法和 text()方法的不同

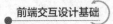

三、代码实现

当链接按钮被单击时，首先要判断链接按钮前的<span>元素是否引用了 glyphicon-th-list 类，该类是 bootstrap 中表示列表图标的类。如果已经是列表图标，则把列表图标类移除，引用 glyphicon-th 类图标，其外观有点像九宫格图标，并把链接按钮的文本改为"还原列表风格"。相应代码如图 8-4-4 所示。

```
<div class="col-xs-5">
    <span class="glyphicon glyphicon-th-list"></span>
    <a href="#" class="btn-link" id="btnchglststyle">切换列表风格</a>
</div>
```

囯 她（他）参与的志愿服务评价   评价过滤 ▾   ⊞ 还原列表风格

```
if($(this).prev().hasClass("glyphicon-th-list"))
{
    $(this).prev().removeClass("glyphicon-th-list")
    $(this).prev().addClass("glyphicon-th")
    $(this).text("还原列表风格")
}
```

⊞ 切换列表风格

```
else
{
    $(this).prev().addClass("glyphicon-th-list")
    $(this).prev().removeClass("glyphicon-th")
    $(this).text("切换列表风格")
}
})
```

图 8-4-4　代码实现

四、创新训练

1. 观察与发现

请思考一下，除了九宫格图标和列表式图标以外，还能否替换成其他图标？

2. 探索与尝试

在完成案例的基础上再试一试如何实现搜索框效果。在搜索框中显示"请输入查询的志愿者信息"，当在搜索框输入区中单击时，文本被清空，此时可以输入搜索信息，如果没有任何输入，当焦点从搜索框离开时，搜索框中将还原"请输入查询的志愿者信息"。

扫描二维码 8-4-1 观看视频。

二维码 8-4-1　查询志愿者信息

3. 职业素养的养成

在 DOM 中操作样式既可以增加类引用也可以移除类引用，就像人在一生中会遇到很多"双向开关"，按下去可能"去恶从善"，也可能"去善从恶"。正如一位哲人说过：人生道路上有很多开关，轻轻一按，便把人带进光明或黑暗。青年人要懂得是非善恶标准，一日三省，常常按下"去恶从善"的开关，绝不触碰"去善从恶"的开关，敬畏法律底线，遵守道德底线，学会做出正确的选择。

五、知识梳理

1. DOM 概述

DOM 是 W3C 组织推荐的处理可扩展标记语言的标准编程接口。它是一种与平台和语言无关的应用程序接口，当一个页面被服务器发送到浏览器时，DOM 就悄然而生，网页被转换为一个文档对象，并在内存中形成一棵节点树，如果要访问这棵树上的节点，就要使用到文档对象模型——DOM。

族谱就是以树形方式提供的，要想查看族人的信息，就可以通过族谱查阅到。同理，要想访问到网页中的标签信息，就可以通过网页存储在内存中的 DOM 访问到。

2. DOM 操作样式

为标签设置样式可以调用 jQuery 对象的 CSS 方法，这个方法的作用是设置 HTML 标签的 style 属性，两个参数分别为样式名和样式值。如果要设置多个样式，可以将样式名和样式值用冒号隔开，并将多个样式对用花括号括起来。获取标签样式也可以用 CSS 方法，此时只传入一个样式名参数，然后返回样式值。除了可以采用 CSS 方法设置样式以外，还可以使用类引用的方法设置样式，这和在 HTML 中设置 class 属性是一致的。如果要增加类引用可以采用 addClass 方法，参数为类名；如果要引用多个类，可以将多个类名传入。

既然可以增加类引用，当然也可以移除类引用，一般采用 removeClass 方法移除类引用。在增加和移除类引用之前，可以通过 hasClass 判断该类引用是否已经存在。此外，可以使用 toggle 方法自动增加或移除类引用，当引用不存在时，toggleClass 起到的作用是增加类引用，反之是移除类引用。

在 jQuery 中有许多以 toggle 开头的函数，toggle 表示切换，就像 toggleClass 函数一样，可能切换到增加类，也可能切换到移除类。

3. DOM 操作元素

使用 html() 方法可以获取或设置元素内容，在调用该方法时传入参数表示设置元素开始标签和结束标签之间的 HTML 文本；不传入参数表示获取元素开始标签和结束标签之间的 HTML 文本。text() 方法是获取或设置开始标签和结束标签之间的文本，text() 方法与 html() 方法类似，区别在于不能设置或获取 HTML 标签。

4. 任务总结

本任务是在任务 8-3 基础上的提升，除了操作表格中的元素风格变化以外，还要兼顾按钮图标和文字的变化。为了修改按钮图标，首先要定位到按钮前的图标，采用 DOM 方法 prev，注意这里的 prev 是基于当前对象 this。

本任务所涉及的 DOM 知识如图 8-4-5 所示。

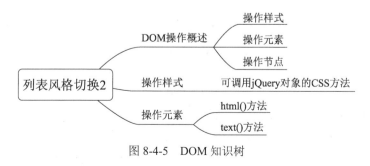

图 8-4-5　DOM 知识树

5. 拓学内容

（1）glyphicon-th-large 类；

（2）glyphicon-align-left 类。

六、思考讨论

（1）jQuery 对象和 DOM 对象一样吗？

（2）jQuery 对象能否使用 DOM 对象的方法？

七、自我检测

1. 单选题

（1）把所有 p 元素的背景色设置为红色的正确的 jQuery 代码是（　　　）。

    A. $("p").manipulate("background-color","red");

    B. $("p").layout("background-color","red");

    C. $("p").style("background-color","red");

    D. $("p").css("background-color","red");

（2）在 jQuery 中能够操作 HTML 代码及其文本的方法是（　　　）。

    A. attr()　　　　　　　　　　　　　　B. text()

    C. html()　　　　　　　　　　　　　　D. val()

2. 判断题

（1）在 DOM 中已知一个节点，并且知道它们的位置关系，就可以操作任何一个节点。

                                                    （　　　）

（2）在 jQuery 中使用 addClass()可以增加多个样式，各样式间用":"隔开。　（　　　）

八、挑战提升

项目任务工作单

课程名称　　前端交互设计基础　　　　　　　　　　　　　　任务编号　　　　8-4　　　

班　级　　　　　　　　　　　　　　　　　　　　　　　　　学　期　　　　　　　　　

项目任务名称	实现权限的添加或移除操作	学　时	
项目任务目标	（1）了解 DOM 是什么。 （2）熟练操作 DOM 样式。 （3）熟练操作 DOM 元素。		
项目 任务 要求	模拟网站管理员的增/减权限功能。 （1）设计如图 8-4-6 所示的 HTML 结构。 （2）实现效果：左侧为全部权限，可以选择一项或多项，然后单击按钮进行添加或移除，也可以添加或移除全部。扫描二维码 8-4-2 观看效果。		

项目 任务 要求	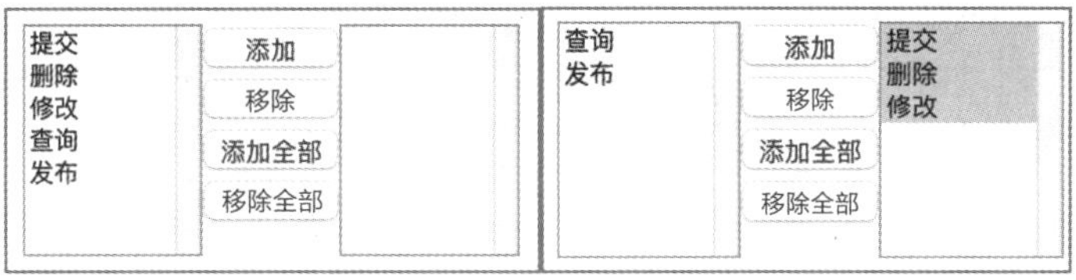 图 8-4-6　HTML 结构	 二维码 8-4-2　实现 权限操作
评价 要点	（1）完成了项目的所有功能（50 分）。 （2）代码规范、界面美观（30 分）。 （3）结题报告书写工整等（20 分）。	

任务 8-5　服务评星与留言板点评

知识目标

❑ 掌握访问和遍历 DOM 节点的方法
❑ 掌握增加和删除 DOM 节点的方法

技能目标

❑ 能够编写代码访问和遍历 DOM 节点
❑ 能够编写代码增加和删除 DOM 节点

素质目标

❑ 培养工程意识、创新能力
❑ 培养独立思考、深挖项目亮点的职业素养

重点

❑ 访问和遍历 DOM 节点
❑ 增加和删除 DOM 节点

难点

❑ 遍历 DOM 节点的方法

一、任务描述

在校园志愿服务网站中，用户可在服务评价页面中对志愿者的服务项目进行评价。通过志愿服务列表中的志愿服务项目即可跳转至服务评价页面，如图 8-5-1 所示，在该页面中能够发表点评并为志愿服务评星，可以看到在评分位置默认有 5 颗星星被点亮，用户可根据志愿者的服务情况选择为其评价几星。

在文本框中输入姓名，选择评价星级，输入点评意见，最后单击"我要评价"按钮，点评内容将被组合成一个留言项显示在下方的评价列表中，如图 8-5-2 所示，由此完成为服务评星、评价的全过程。

上述流程的实现对应着访问和遍历节点、增加和删除节点的 DOM 操作，实现服务星级评价案例，在此基础上实现服务评价和评价列表的展示。

图 8-5-1　服务评价页面

图 8-5-2　评价列表

二、思路整理

1. 访问节点和遍历节点

访问节点包括通过层次关系访问节点和通过筛选器访问节点。

通过层次关系访问节点：后辈、同辈、前辈。

通过筛选器访问节点：顺序关系、索引。

遍历节点使用 each()方法。

2. 增加和删除节点

对节点的操作包括增加节点、插入节点、删除节点和复制节点等。

增加节点：工厂函数，将 HTML 文本或 JS 对象转换为 jQuery 节点对象。

插入节点：内部插入和外部插入，注意两种方式的区别。

三、代码实现

在实现服务评价的全过程之前，先梳理一下服务评价页面 HTML 代码与界面表单元素之间的对应关系。其中，姓名输入对应于一个 input，评星选择对应于一个 ul 和 5 个 li，点评内容输入对应于一个 textarea，"我要评价"按钮对应于一个 button。

服务评价页面 HTML 代码与界面表单元素之间的对应关系：一个用户评价被组合成了 li，li 中有显示姓名的 span 标签，显示星级的 ul、li 标签，显示点评内容的 div 标签，这样若干评价就被置于 ul 中构成了评价列表。

1. 评星的实现

如图 8-5-3 所示，用于评价的 5 颗星星使用 ul 中的 li 为容器，每个 li 中采用 HTML URL 编码&#9733 表示五角星。当 li 被单击时，通过 siblings() 得到该 li 的所有同辈元素，利用 each() 方法清除所有同辈元素的 class 类引用，即将所有星星样式还原为初始状态，如图 8-5-4 所示。然后采用链式调用的方法，对当前单击的 li 增加 lightstar 类引用，实现该颗星星被点亮的效果。接下来单击 li 的 prevAll() 方法，得到当前 li 前面的所有同级元素，为每个同级元素添加 lightstar 类引用，由此实现了被单击星星位置前方的所有星星均被点亮的效果，如图 8-5-5 所示。

图 8-5-3　星星初始状态表示

图 8-5-4　首先熄灭所有星星

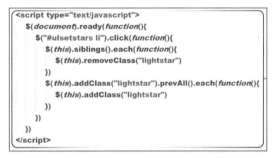

图 8-5-5　实现点亮被单击星星前的所有星星

2. 实现服务评价的全过程

当"我要评价"按钮被单击时，通过 val() 方法取得 input 和 textarea 标签的输入内容，即姓名和点评内容。接下来遍历提供星级显示的 li，构造 startxt 文本。在遍历中，根据是否引用了 hasClass 类去判断每个 li 的状态，点亮和未点亮星星的 HTML 不相同，最终构造的 startxt 文本也不一样。最后将姓名、展示星级的 startxt 文本和点评内容通过 span、ul、div 进行组合，得到了一条用户评价的 HTML 文本，使用工厂函数生成 jQuery 对象，调用 append() 函数插入节点，加入评价列表。服务评价代码的实现如图 8-5-6 所示。

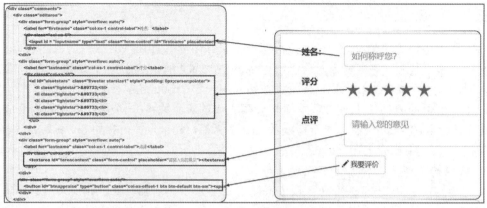

图 8-5-6　服务评价的代码实现

四、创新训练

1. 观察与发现

请思考一下在 jQuery 中使用 each()遍历数组的方法。

2. 探索与尝试

操作 DOM 节点是网页客户端程序设计中非常重要的技能,也被广泛应用于各类交互应用中,大家需要重点关注和掌握。购物车是比较典型的 DOM 节点操作案例,包括了节点的增加、插入和删除操作,在实现案例的过程中请认真体会购物车中物品价格的合计是如何进行的。

模拟购物车,输入商品的名称、价格和数量,单击"加入购物车"按钮,在上方列表中会加入商品项信息,对于已加入的项,也可以单击项后面的"删除"按钮将其删除。

二维码 8-5-1　模拟
购物车

扫描二维码 8-5-1 观看视频。

3. 职业素养的养成

进行 Web 前端开发,在实现页面交互功能的同时更要注重人机交互的便利性,站在用户的角度去提高交互体验,让每一位用户可以在最短的时间内找到自己想要的信息。

作为新时代的大学生、新青年,应该做一名有理想、有抱负的主动型前端开发工程师,端正工作态度、发掘项目亮点,在实现基本功能的同时加入个人对项目实现的理解,为今后成为一名优秀的前端开发工程师打下坚实的基础。

五、知识梳理

1. 在 DOM 中访问节点的方法

（1）访问某节点的后辈元素,可以采用 children()方法返回子元素,也可以采用 find()方法返回符合条件的所有后辈元素。大家要注意子元素和后辈元素的区别。

（2）访问某节点的同辈元素有多个方法可以选择,比如 prev()返回上一个同辈元素, prevAll()返回该元素前的所有同辈元素;next()和 nextAll()返回下一个或此后的所有同辈元素; siblings()返回所有同辈元素。

（3）访问某节点的前辈元素,parent()和 parents()分别能得到父辈和前辈元素。

（4）除了可以通过层次关系访问到元素以外，还可以通过筛选器进行元素的定位，first()返回筛选器得到的元素集合中的第一个元素，last()得到最后一个，如果要得到其中某一个，使用 eq()方法，传入从 0 开始的该元素的位置。

访问节点的常用方法如表 8-5-1 所示。

表 8-5-1　访问节点的常用方法

节点类型	方　　法	描　　述
后辈元素	$(selector).children(selector)	返回子元素，参数可选
	$(selector).find(selector)	返回符合条件的所有后辈元素，参数必需
同辈元素	$(selector).prev(selector)	返回上一个同辈元素，参数可选
	$(selector).prevAll(selector)	返回当前元素之前的所有同辈元素，参数可选
	$(selector).next(selector)	返回下一个同辈元素，参数可选
	$(selector).nextAll(selector)	返回当前元素之后的所有同辈元素，参数可选
	$(selector).siblings(selector)	返回所有同辈元素，参数可选
前辈元素	$(selector).parent(selector)	返回父辈元素，参数可选
	$(selector).parents(selector)	返回前辈元素，参数可选
元素过滤	$(selector).first()	返回过滤元素的首个元素
	$(selector).last()	返回过滤元素的最后一个元素
	$(selector).eq(index)	返回过滤元素中指定索引位置的元素，参数必需

2. 在 DOM 中遍历节点的方法

通过访问节点的常用方法得到若干节点后，需要使用 each()方法逐个遍历这些节点，在该方法中要求定义匿名函数，用于在每次循环中对遍历到的对象进行额外操作，如图 8-5-7 所示。

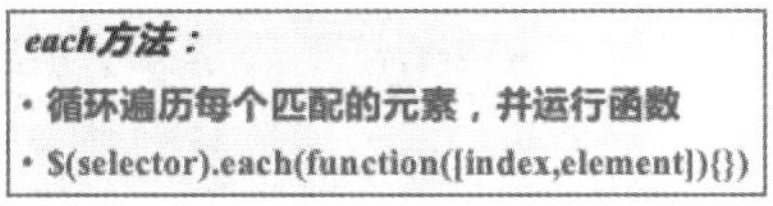

图 8-5-7　each 方法

3. 在 DOM 中增加节点的方法

如果要增加节点，首先要使用工厂函数生成 jQuery 对象，jQuery 对象不等同于 JavaScript 对象，要从 JavaScript 对象得到 jQuery 对象有两种方法，一是通过工厂函数传入 JS 节点对象，二是通过工厂函数传入节点的 HTML 文本，大家应根据实际情况选择相应方法，工厂函数返回对应的 jQuery 节点对象。正如表 8-5-2 所示，要将 id 为 mydiv 的 JS 对象转换为 jQuery 对象，首先要用 getElementById 得到 JS 对象，再通过工厂函数得到其 jQuery 对象。

表 8-5-2　用两种方法创建节点

描　　述	示　　例
基于 JS 对象创建 jQuery 对象	d = document.getElementById("mydiv"); jq_d = $(d);
基于 HTML 代码创建 jQuery 对象	$("<div></div>")

在生成 jQuery 节点以后，可以将节点插入适当的位置。该操作分为内部插入和外部插入，如表 8-5-3 所示。append()和 pretend()属于内部插入，它们都是将新节点插入父节点内部，append()是将该节点排在其他子节点的最后面，pretend()是将该节点排在其他子节点的最前面。外部插入是指将新节点插入该节点的前面或后面。另外还有 before()和 after()方法，是将新节点插入节点的前面或后面，它是作为同级节点插入的。

表 8-5-3　节点插入方式

插入方式	方法	描述
内部插入	$(A).append(B)	B 加入 A 内部的最后面
	$(A).appendTo(B)	A 加入 B 内部的最后面
	$(A).prepend(B)	B 加入 A 内部的最前面
	$(A).prependTo(B)	A 加入 B 内部的最前面
外部插入	$(A).after(B)	B 加入 A 之后
	$(A).insertAfter(B)	A 加入 B 之后
	$(A).before(B)	B 加入 A 之前
	$(A).insertBefore(B)	A 加入 B 之前

4. 在 DOM 中删除节点的方法

删除节点有 remove()方法和 empty()方法，empty()方法可以删除该节点的所有后代节点，remove()方法则删除该节点包含的后代节点，并且删除这个节点本身。复制节点可以使用 clone()方法，该方法接收一个布尔值参数，通过该参数可以设置在复制节点的同时是否一并复制节点的事件处理函数。

5. 任务总结

本任务主要涉及访问和遍历节点的 DOM 操作，增/删节点操作，这些操作在前端开发中的使用频率较高，成为本任务的重点。本任务涉及的 DOM 操作如图 8-5-8 所示。

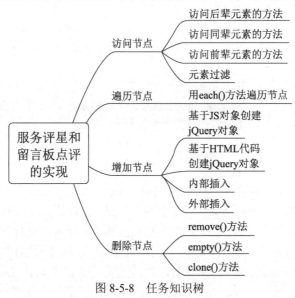

图 8-5-8　任务知识树

6. 拓学内容
链式调用。

六、思考讨论

（1）在删除节点的操作中，remove()和 empty()有什么区别？

（2）parent()、parents()和 closest()有什么区别？

七、自我检测

1. 单选题

（1）以下关于 jQuery 节点的说法中错误的是（　　）。

  A. 在 jQuery 中用\$(".box").insertBefore(ele1,ele2)给指定 ele2 前添加 ele1 元素

  B. 在 jQuery 中用\$(".box").append(ele)给 box 类后添加 ele 元素

  C. 在 jQuery 中用\$(".box").appendTo(ele)给 box 类后添加 ele 元素

  D. 在 jQuery 中用\$(".box").insertAfter(ele1,ele2)给 ele2 后添加 ele1 元素

（2）在 jQuery 中，如果想从 DOM 中删除匹配的所有元素，下面（　　）是正确的。

  A. delete()   B. empty()   C. remove()   D. removeAll()

2. 多选题

（1）以下关于 jQuery 中遍历节点的方法中，错误的是（　　）。

  A. next()取得匹配元素后面紧邻的同辈元素

  B. prev()取得匹配元素的所有同辈元素

  C. siblings()取得匹配元素前的所有同辈元素

  D. closest()取得元素紧邻的后一个元素匹配

（2）下面（　　）不是 jQuery 对象的访问方法。

  A. each(callback) B. size()   C. index(subject)   D. index()

八、挑战提升

项目任务工作单

课程名称	前端交互设计基础		任务编号	8-5
班　级			学　期	

项目任务名称	留言板的制作	学　时	
项目任务目标	（1）能够编写代码访问和遍历 DOM 节点。 （2）能够编写代码增加和删除 DOM 节点。		
项目任务要求	留言板是网站中常见的功能之一，用户可在留言板（如图 8-5-9 中的左图）的文本框中输入相关内容，之后单击"发表留言"按钮，将该留言内容进行展示，同时显示发表该条留言的用户的名称；当有新留言时会自动放置在上一条留言的上方（如图 8-5-9 中的右图），模仿留言板在校园志愿服务网站中实现留言板的功能。请扫描二维码 8-5-2 观看视频。 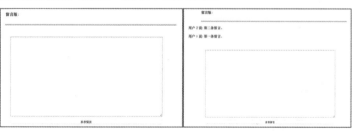 　　　　　　图 8-5-9　留言板　　　　　　　　　　二维码 8-5-2　实现留言板		
评价要点	（1）完成了项目的所有功能（50 分）。 （2）代码规范、界面美观（30 分）。 （3）结题报告书写工整等（20 分）。		

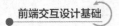

任务 8-6　丰富网页交互效果

知识目标
- ❑ 了解事件的绑定和移除
- ❑ 了解内置动画和自定义动画

技能目标
- ❑ 掌握事件的绑定和移除绑定的方法
- ❑ 掌握自定义动画的调用方法
- ❑ 了解绑定自定义动画的方法

素质目标
- ❑ 培养新时代青年的爱国主义情怀
- ❑ 培养分析问题和解决问题的能力

重点
- ❑ 事件的静态绑定方法
- ❑ 内置动画的调用方法

难点
- ❑ 事件的动态绑定方法
- ❑ 自定义动画的绑定方法

一、任务描述

本任务分别使用事件和动画两种方法对评星和服务宣言部分赋予新的效果。

1. 事件

在任务 8-5 中对志愿项目进行评星，需要单击星星才可以点亮该星星及其前面的星星，在本任务中将以一种全新的交互效果实现评星操作，当将鼠标指针移至星星上时即可点亮该颗星星及其前面的星星；当将鼠标指针移至服务宣言上时显示宣言的内容。请扫描二维码 8-6-1 观看效果。

2. 动画

对评星和服务宣言加入动画效果进行展现方式的改变，一是服务宣言渐现和渐隐，请扫描二维码 8-6-2 观看效果；二是服务评星的起伏动画效果。

二维码 8-6-1　事件实现效果　　　二维码 8-6-2　服务宣言渐现和渐隐

二、思路整理

1. 绑定事件的方法
静态绑定方法很简单，本任务利用 bind()方法实现动态绑定。

2. 内置动画的调用方法
内置动画的调用方法如下。

（1）显示与隐藏：show([speed],[function])、hide([speed],[function])。

（2）淡入与淡出：fadeIn([speed],[function])、fadeOut([speed],[function])。

（3）滑动：sildeDown([speed],[function])。

动画函数调用常用 speed 和 function 两个参数。

（1）speed：规定动画的速度，默认为 0，可选数字（毫秒），可选指定值"slow"、"normal"、"fast"。

（2）function：动画完成后执行的回调函数。

3. 自定义动画的方法
利用 CSS 属性定义简单的自定义动画，使用 animate({params},speed,function)方法。

params 参数定义形成动画的 CSS 属性，与 CSS 书写不同的是，属性名遵循 Camel 标记法。

4. 常用鼠标事件的区别
除 mouseover 和 mouseout 事件以外，用户也可以使用 mouseenter 和 mouseleave 事件。注意它们的区别：两组事件在绑定事件的元素含有子元素时表现不同，mouseover 和 mouseout 支持事件冒泡，mouseenter 和 mouseleave 不支持事件冒泡，即不论鼠标指针进入或离开元素/子元素都会触发 mouseover 和 mouseout 事件，而同样的情况 mouseenter 和 mouseleave 事件只会触发一次。

三、代码实现

1. 事件
1）评星新效果的实现
评星操作，当鼠标指针移入星星时点亮该星星及其前面的星星。可以在表示星星的 li 上绑定 mouseover 事件，一旦鼠标指针移入 li，首先遍历所有的同级节点，用 removeClass()方法清除已点亮的星星，再用 prevAll()遍历并为每一个节点调用 addClass()方法，点亮该星星前面的星星。评星新效果的实现代码如图 8-6-1 所示。

图 8-6-1 评星新效果的实现代码

2）服务宣言新效果的实现
如果要实现移入显示服务宣言、移出隐藏服务宣言的效果，可以为服务宣言链接绑定 mouseover 和 mouseout 事件，在匿名函数中调用服务宣言文本容器的 toggle()方法，实现显示或隐藏。服务宣言新效果的实现代码如图 8-6-2 所示。

```
<ul>
  <li><a id="achortip" href="#">服务宣言 <span clas
    <div id="tip" class="tip">
          张羽茜自2012年加入社区
    </div>
  </li>
  <li><a href="#">服务经历 <span class="glyphicon
  <li><a href="#">向朋友推荐她 <span class="glyphic
</ul>
```

```
$(document).ready(function()
{
  $("#achortip").mouseover(function(){
    $("#achortip~div").toggle();
  });
  $("#achortip").mouseout(function(){
    $("#achortip~div").toggle();
  });
```

图 8-6-2　服务宣言新效果的实现代码

2. 动画

1）对服务宣言的出现和隐藏加入动画

对服务宣言的出现和隐藏加入动画，实现代码如图 8-6-3 所示。在 mouseover 和 mouseout 的事件处理函数中调用了 div 的 fadeIn()和 fadeOut()方法，可以看到 div 的出现和隐藏变得更加平缓。

```
<ul>
  <li><a id="achortip" href="#">服务宣言 <s
    <div id="tip" class="tip">
          张羽茜自2012
    </div>
  </li>
  <li><a href="#">服务经历 <span class="gl
  <li><a href="#">向朋友推荐她 <span class
</ul>
```

```
$("#achortip").mouseover(function(){
  $("#achortip~div").fadeIn();
});
$("#achortip").mouseout(function(){
  $("#achortip~div").fadeOut();
});
```

图 8-6-3　对服务宣言的出现和隐藏加入动画

2）在评星操作中加入动画

在评星操作中加入动画，实现代码如图 8-6-4 所示。对星星的容器 li 加入自定义动画，由于星星是通过字符提供的，可以在 animate()方法中指定当鼠标指针指向星星时把字号调整为1.2em，当鼠标指针离开星星时把字号还原为 1em。

```
$("#ulsetstars li").mouseover(function(){
  $(this).siblings().each(function(){
    $(this).removeClass("lightstar")
  })
  $(this).addClass("lightstar").prevAll().each(function(){
    $(this).addClass("lightstar")
  })
  $(this).animate({fontSize:'1.2em'},"fast")
})
$("#ulsetstars li").mouseout(function(){
  $(this).animate({fontSize:'1em'},"fast")
})
```

图 8-6-4　在评星操作中加入动画

四、创新训练

1. 观察与发现

在自定义动画时可以尝试一下如何使用链式调用实现动画队列。

2. 探索与尝试

在完成功能的基础上提升自己的思维能力，完成主菜单动画的设计任务。请扫描二维码 8-6-3 查看效果。

二维码 8-6-3　完成主菜单动画

3. 职业素养的养成

为了便于记忆，把一个 jQuery 语句中用到的工厂函数、选择器、事件绑定方法称为 jQuery 的"三原色"，一个 jQuery 语句大致就是由这 3 个部分组成的。红、黄、蓝是色彩的"三原色"，通过融合、调配就能绘制出大千世界。新时代是大有作为的时代，可谓机遇与挑战交织、动力与压力并存，青年要想在这大有作为的时代绘制出多姿多彩的人生，就要守住青春的"三原色"，即永葆爱国爱党的本色、保持朝气蓬勃的底色、勇做改革创新的亮色。

五、知识梳理

1. 事件

jQuery 事件机制的内容包括事件简介、绑定事件和移除事件。

1）事件简介

网页中的事件多种多样，以京东购物平台为例，其中就包含了丰富的网页事件，例如鼠标移入按钮变色、鼠标移出按钮恢复、输入文字查询列表改变、鼠标移入图片链接改变等。

jQuery 事件有很多，大致可以分为简单事件和复合事件两类。

简单事件包括页面载入（ready）、标签被单击（click）、鼠标移进标签（mouseover）、鼠标移出标签（mouseout）、在标签上按下某个键（keydown）、按键弹起（keyup）以及按下和弹起之间的 keypress。

复合事件如 hover 事件，鼠标移入标签触发第一个匿名函数执行，移出触发第二个匿名函数执行；再如 toggle 事件，当元素第一次被单击时第一个匿名函数执行，第二次被单击时第二个匿名函数执行，以此类推。

2）绑定事件

如果要使用简单事件和复合事件，必须知道如何将 jQuery 事件绑定到标签。最基本的方法就是通过工厂函数得到 jQuery 对象，然后调用其事件绑定方法，并指定其匿名事件处理函数，比如$("mydiv").click(function(){})。此外还有一种方法是动态绑定，可以使用 bind()方法完成绑定，bind()方法支持将一个事件绑定到多个事件处理函数。

3）移除事件

根据实际项目需求移除事件，可以调用 unbind()方法，如果参数不指定移除哪个事件的绑定，则默认将该事件的所有绑定移除。图 8-6-5 展示了某菜单设计中鼠标进入标签以及移出标签时采用的动态绑定，用 bind()方法绑定了 mouseenter 事件和 mouseleave 事件。

```
$("#menu>li").bind({mouseenter:function(){
    $(this).children("span").css("background-
color","burlywood")
    $(this).children("ul").css("display","block")
},
mouseleave:function(){
    $("#menu>li>span").css("background-color","")
    $("#menu>li>ul").css("display","none")
}})
```

图 8-6-5　某菜单设计中的事件

2. 动画

1）内置动画

jQuery 中的内置动画分为 3 类，一是显示与隐藏，可调用 jQuery 对象的 show()与 hide()方法实现；二是淡入与淡出，可调用 fadeIn()和 fadeOut()方法实现；三是滑动效果，可调用 slidedown()方法实现。这 3 类方法均可传入两个参数，第一个参数是 speed，规定动画的速度，单位为毫秒，默认为 0，也可选择指定的枚举值"slow"、"normal"、"fast"；第二个参数是动画完成后需要执行的回调函数。当然，如果动画完成后无须进行其他动作，该参数可以省略。

2）自定义动画

自定义动画与内置动画相比具有更加丰富的动画效果。通过调用 jQuery 对象的 animate()实现自定义动画效果，该方法具有 3 个参数，第一个参数 params 可以由开发者自行设定，该参数代表动画完成后 jQuery 对象的外形，可以使用 CSS 来定义，与 CSS 书写不同的是，属性名遵循 Camel 标记法，比如使用 paddingLeft 而不是 padding-left，使用 marginRight 而不是 margin-right。第二个、第三个参数 speed 和 function 与内置动画相同，这里不再赘述。

3. 任务总结

本任务所涉及的 jQuery 事件和动画知识如图 8-6-6 所示。

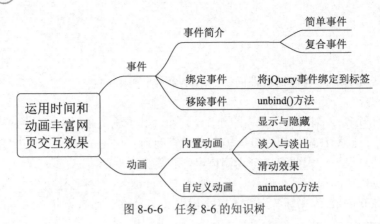

图 8-6-6　任务 8-6 的知识树

4. 拓学内容

（1）键盘事件 keypress、keydown、keyup；

（2）表单事件 submit、change、focus、blur。

六、思考讨论

（1）mouseover 和 mouseenter 的触发条件各是什么？

（2）简述 jQuery 中 delegate()方法的使用方法及作用。

七、自我检测

1. 单选题

（1）下面（　　）不是鼠标/键盘事件。

　　　A. onclick 事件　　　　　　　　　　　　B. onmouseover 事件

　　　C. oncut 事件　　　　　　　　　　　　　D. onkeydown 事件

（2）onscroll 事件是指（　　）。

　　　A. 移动鼠标　　　　B. 按下按钮　　　　C. 移动滚动条　　　　D. 单击鼠标

2. 判断题

（1）getElementById()用来获取 id 标签属性为指定值的第一个对象。　　　　　　（　　）

（2）slide 系列方法修改的是元素的 height。　　　　　　　　　　　　　　　（　　）

八、挑战提升

项目任务工作单

课程名称　前端交互设计基础　　　　　　　　　　　　　　任务编号　　　8-6　　

班　　级　　　　　　　　　　　　　　　　　　　　　　　学　　期　　　　　　　

项目任务名称	文字单行滚动	学　时	
项目任务目标	（1）掌握事件的绑定和移除绑定方法。 （2）掌握内置动画和自定义动画的调用方法。		

项目
任务
要求
	为节省网页空间资源，往往会将内容以滚动的形式呈现，如图 8-6-7 中的左、右两图为文字滚动的两个状态，请模拟实现文本框中的文字上下滚动的效果。
	
	文字上下--单行滚动　　道德规范
	文字上下--单行滚动　　工匠精神
	
	图 8-6-7　文字滚动前后
	
	HTML 代码提示如图 8-6-8 所示。
	
	``html
	<div class="scrollDiv" id="s1">
	    <ul>
	        <li><a href="javascript:;">职业素养</a></li>
	        <li><a href="javascript:;">道德规范</a></li>
	        <li><a href="javascript:;">工匠精神</a></li>
	        <li><a href="javascript:;">创新意识</a></li>
	        <li><a href="javascript:;">法律常识</a></li>
	    </ul>
	</div>
	``
	
	图 8-6-8　HTML 代码提示

评价 要点	（1）完成了项目的所有功能（50 分）。 （2）代码规范、界面美观（30 分）。 （3）结题报告书写工整等（20 分）。

任务 8-7　列表展示

知识目标

❏ 理解 AJAX 的含义

❏ 理解 AJAX 的优点

❏ 掌握 jQuery 中$.ajax()方法的使用

❏ 理解 JSON

技能目标

❏ 能够运用 AJAX 请求与处理数据

素质目标

❏ 培养拓展学习的能力

❏ 培养精益求精的思想

重点

❏ 对 jQuery 中提供的 AJAX 方法的使用

难点

❏ 对 AJAX 方法的使用

❏ 对返回数据的处理

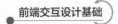

一、任务描述

本任务运用 AJAX 实现志愿者页面的列表数据的展示。请扫描二维码 8-7-1 观看其效果。

二维码 8-7-1
列表展示效果

二、思路整理

如果要使用 AJAX，首先要了解什么是 AJAX。

1. 什么是 AJAX

AJAX 即 Asynchronous JavaScript And XML（异步 JavaScript 和 XML），它是在 2005 年被 Jesse James Garrett 提出的新术语，用来描述一种使用现有技术集合的新方法，包括 HTML 或 XHTML、CSS、JavaScript、DOM、XML、XSLT 以及最重要的 XMLHttpRequest。使用 AJAX 技术，网页能够快速地将更新呈现在用户界面上，而不需要重载（刷新）整个页面，这使得程序能够更快地回应用户的操作。

这样的示例非常多，比如人们经常使用的百度搜索，当在搜索框中输入文字时就会出现一个下拉列表，列表会根据搜索框的文字进行匹配，显示匹配出来的条目。这个时候虽然只是输入了数据，并没有刷新页面，但是仍然实时获取到了数据。这就是 AJAX 技术的一个体现。

AJAX 的使用示例如图 8-7-1 所示。

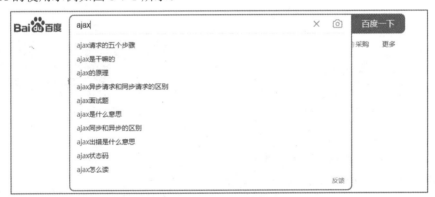

图 8-7-1　AJAX 的使用示例

2. AJAX 的优点

AJAX 的优点如下。

（1）不需要任何浏览器插件：用户只需要允许 JavaScript 在浏览器上执行即可。

（2）优秀的用户体验：能在不刷新整个页面的前提下更新数据，这使得 Web 应用程序能迅速回应用户的操作。

（3）提高 Web 程序的性能：AJAX 的模式只是通过 XMLHttpRequest 对象来向服务器端提交需要提交的数据，即按需发送。

（4）减轻服务器和宽带的负担：AJAX 的工作原理相当于在用户和服务器之间加了一个中间层，使用户操作与服务器响应异步化，在客户端创建 AJAX 引擎，把传统方式下的一些由服务器负担的工作转移到客户端，便于客户端来处理资源，减轻了服务器和宽带的负担。

当然，AJAX 也有缺点，但仅仅是无刷新获取数据这一点就让 AJAX 有了自己的市场。

3. jQuery 中的$.ajax()方法

$.ajax()是底层的方法。

（1）语法格式：

```
$.ajax(options)
$.ajax(url,[options])
```

其中 url 表示发送请求的地址，options 是对象，里面存放的是一个个 key-value，具体参数见表 8-7-1。

表 8-7-1　$.ajax()的参数列表

参数名称	说　　明	类　　型
url	发送请求的地址	String
type	请求方法（GET、POST）	String
data	发送到服务器的数据	Object|String
dataType	服务器返回的数据类型	String
success	请求成功后调用的回调函数	function
error	请求失败时被调用的函数	function
contentType	内容编码类型	String

（2）使用示例：

在页面上有一个按钮，如果单击这个按钮会通过$.ajax()方法向服务器发送请求，将服务器返回的数据打印在控制台上，运行结果如图 8-7-2 所示。

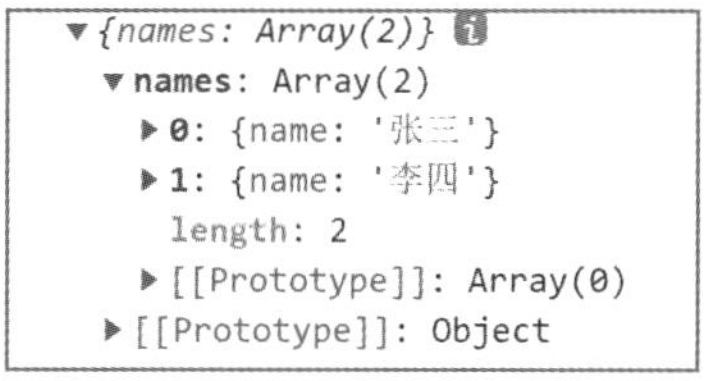

图 8-7-2　示例运行结果

由于没有服务器，这里请求的是一个本地的 JSON 文件。list.json 文件如下：

```
{
    "names":[
        {"name":"张三"},
        {"name":"李四"}
    ]
}
```

实现代码如下：

```
<!DOCTYPE html>
<html>
    <head>
        <meta charset="utf-8">
        <title></title>
    </head>
    <body>
```

```
            <button type="button" id="btn">单击获取 JSON 文件</button>
            <script src="./L&R/js/jquery.min.js" type="text/javascript" charset="utf-8">
</script>
            <script type="text/javascript">
              $('button').click(function(){
                console.log('a')
                $.ajax({
                    url:'list.json',
                    dataType:'json',
                    success:function(data){
                        console.log(data)
                    },
                    error:function(xml,testStatus,error){
                        console.log(error)
                    }
                })
              })
            </script>
        </body>
    </html>
```

页面上只有一个 id 为 btn 的按钮。给按钮添加单击事件，在这个事件中运用$.ajax()方法向服务器发送请求。本例采用的是直接传入对象的形式，url 是请求的地址，这里就是 list.json 的文件地址，大家一定要注意路径，如果存放的位置不一样，路径也要发生变化。dataType 表示请求返回的数据类型，此处设置为 json，也就是服务器返回的数据是一个 JSON 格式的数据。success 表示访问成功后的处理，回调函数中的 data 不是用户向服务器所传的数据，而是用户从服务器中获取的数据（也可以自行命名），在回调函数中仅打印了 data 的值，用于测试获取到的数据。error 表示请求失败，在回调函数中主要用于打印出错信息。

在 jQuery 中还有其他的请求方法，例如 load()、$.get()、$.post()、$.getScript()、$getJSON()。

4. 案例分析

在本案例中要实现以下两个效果：

（1）实现页面列表效果。

（2）通过 AJAX 请求，并将获取的数据渲染至页面。

通过 AJAX 获取数据，然后处理数据并渲染页面，首先要将 JSON 格式的数据转换为数组，遍历数组，每次创建一个列表项的元素，将获取的数据应用在创建的元素上，再将这个元素添加到整个列表项的末尾。

三、代码实现

根据以上分析，代码如下。

HTML 代码：

```
<div id="wrapper">
    <div class="media">
    <div class="media-left">
    <img class="media-heading"
src="https://static.runoob.com/images/mix/img_avatar.png" >
    </div>
```

```
        <div class="media-body">
            <h4 class="='media-heading">软件 204</h4>
            <p>张三</p>
            <form>
                <input class="rating" value="5" type="text" data-theme='keajee-fas' data-min=0
data-max=10 data-step=0.2 data-size='xs'/>
            </form>
        </div>
        </div>
    </div>
```

页面的 DOM 结构主要是一个 div 容器，里面是一个又一个列表项，而每一个列表项中又包含了两个部分，一个是 media-left 的头像显示区域，另一个是 media-body 的信息展示区域，form 表单中的内容是星级评价。

JS 代码的实现：

```
success:function(data){
    var listObj=eval(data)
    var list=listObj.volunteers
    for(var i=0;i<list.length;i++){
        var mediaDiv=`
        <div class="media">
        <div class="media-left">
        <img class="media-heading" src="https://static.runoob.com/images/mix/img_
avatar.png" >
        </div>
        <div class="media-body">
        <h4 class="='media-heading">
            var item=mediaDiv+list[i].class+
    '</h4><p>'+list[i].name+'</p><form><input  class="rating"  value='+list[i].starsNum+
`type="text"data-theme='keajee-fas'data-min=0 data-max=10 data-step=0.2 data-size='xs'/>
</form>`
            $('#wrapper').append(item)
            }
        }
```

list.json 文件如下：

```
{
    "volunteers":[
        {
        "name":"张三",
        "class":"软件 204",
        "starsNum":7.8
        },
        {
        "name":"李四",
        "class":"软件 205",
        "starsNum":8
        },
        {
        "name":"王五",
        "class":"软件 202",
        "starsNum":7.8
```

```
        },
        {
            "name":"赵六",
            "class":"软件 201",
            "starsNum":9.2
        },
    ]

}
```

这里访问的是本地 list.json 文件，形式比刚才的示例要稍微复杂一些，它主要是根据实现要求来定。在获取到数据后，要先对数据进行处理，通过 eval()方法将返回的 JSON 数据转换成一个对象，然后获取 volunteer 的值，运用 for 循环去遍历数组，创建列表项，其中人名、班级、评分星级都是要从这个 list 去获取的，例如人名需要用 list[i].name，将读取来的数据跟元素做字符串拼接。最后使用 append()方法将创建好的列表项加在容器的末尾。

四、创新训练

1. 观察与发现
目前我们通过按钮的形式发起请求，而实际情况它通常是在下拉或者上拉列表时触发的。

2. 探索与尝试
大家可以尝试能否实现下拉列表的刷新。

3. 职业素养的养成
AJAX 的使用场景很多，有许多新的技术都含有 AJAX，大家要在已学知识的基础上根据新技术文档进行学习，不断更新知识库，要善于比较方法的优劣，合理利用。

五、知识梳理

1. AJAX 的含义与特点
AJAX 可以获取服务器的数据，在不刷新整个页面的情况下，通过一个 URL 地址来获取服务器的数据，然后进行页面的局部刷新。

2. jQuery 中的 AJAX 方法及其使用
1）load()方法的基本使用
用途：请求 HTML 内容，并将获得的数据替换到指定元素的内容中。
语法：

```
`load(url, [data], [callback]);`
```

参数：
第一个参数 url 必选，用于规定加载资源的路径。
第二个参数 data 可选，设置发送至服务器的数据。
第三个参数 callback 可选，设置请求完成时执行的函数。
示例：

```
$(selector).load('index.html');
```

功能：将路径对应的文件内容插入 selector 中。

2）GET 方法的基本使用

用途：按照 GET 方式与服务器通信。

语法：

`$.get(url, [data], [function(data, status, xhr), [dataType]]);`

参数：

第一个参数 url 必选，用于规定加载资源的路径。

第二个参数 data 可选，设置发送至服务器的数据。

第三个参数 function(data, status, xhr)可选，设置请求完成时执行的函数。

第四个参数 dataType 可选，设置预期的服务器响应的数据类型。

在 function(data, status, xhr)中，data 表示从服务器返回的数据；status 表示请求的状态值；xhr 表示与当前请求相关的 XMLHttpRequest 对象。

3）POST 方法的基本使用

用途：按照 POST 方式与服务器通信。

语法：

`$.post(url, [data], function(data, status, xhr), [dataType]);`

参数：

第一个参数 url 必选，用于规定加载资源的路径。

第二个参数 data 可选，设置发送至服务器的数据。

第三个参数 function(data, status, xhr)可选，设置请求完成时执行的函数。

第四个参数 dataType 可选，设置预期的服务器响应的数据类型。

4）get() & post()的不同

（1）GET 方式是从服务器上获取数据，POST 方式是向服务器传送数据。GET 和 POST 只是传递数据的两种方式，GET 方式也可以把数据传到服务器，它们的本质都是发送请求和接收结果，只是组织格式和数据量有所差别。

（2）GET 方式是把参数数据队列加到提交表单的 Action 属性所指的 URL 中，值和表单内的各个字段一一对应，这在 URL 中可以看到。POST 方式是通过 HTTP POST 机制，将表单内的各个字段与其内容放置在 HTML Header 内一起传送到 Action 属性所指的 URL 地址，用户看不到这个过程。因为 GET 方式被设计成传输小数据，而且最好是不修改服务器的数据，所以浏览器一般都可以在地址栏里面看到，但 POST 方式一般用来传递大数据或比较隐私的数据，所以在地址栏中看不到，能不能看到不是协议规定的，而是浏览器规定的。

（3）对于 GET 方式，服务器端用 Request.QueryString 获取变量的值；对于 POST 方式，服务器端用 Request.Form 获取提交的数据。对于怎么获得变量和用户的服务器有关，和 GET 或 POST 无关，服务器对这些请求都做了封装。

（4）GET 方式传送的数据量较小，不能超过 2KB。POST 方式传送的数据量较大，一般被默认为不受限制。但理论上，IIS4 中最大量为 80KB，IIS5 中最大量为 100KB。POST 方式基本没有限制，大家都上传过文件，可能采用的都是 POST 方式，只不过要修改 form 里面的 type 参数。

（5）GET 方式的安全性非常低，POST 方式的安全性较高。GET 方式将数据作为查询字符串加在了请求地址的后面，比较容易被他人读取。POST 方式将数据作为请求实体发送，所以更加安全。

5）$.getJSON()方法的使用

用途：获取 JSON 数据。

语法：

```
$.getJSON(url, [data], [callback]);
```

参数：

第一个参数 url 必选，用于规定加载资源的路径。

第二个参数 data 可选，设置发送至服务器的数据。

第三个参数 callback 可选，设置请求完成时执行的函数。

3. JSON

JSON 是 JavaScript Object Notation（JavaScript 对象表示法）的简称。JSON 是一种轻量级的数据交换格式，语法简单、语义明确，易于用户理解，它独立于语言和平台，支持多种不同的编程语言，是一种理想的数据交换语言。

（1）JSON 的语法：

① JSON 数据在名称-值对中，名称与值之间使用冒号分隔，每条数据以逗号分隔。

② JSON 可以是数字、字符串、布尔值、对象、数组和 null。

③ 对象保存在"{}"中。

④ 数组保存在"[]"中。

（2）JSON 对象的表示：

```
var student={"name":"张三","age":18}
```

（3）JSON 数组的表示：

```
var stus=[
{"name":"张三","age":18}
{"name":"张三","age":18}
{"name":"张三","age":18}
]
```

（4）JSON 的使用。

使用 eval()方法将 JSON 文本转换成 JavaScript 对象：

```
var student={"name":"张三","age":18}
Var stu=eval(student)
```

使用 parse()方法将文本字符串解析为对象：

```
JSON.parse("name:'zhangsan'")
```

使用 stringify()方法将对象编码为 JSON 文本：

```
JSON.stringify(userObj)
```

4. 拓学内容

（1）上拉刷新；

（2）下拉加载；

（3）JSON 格式；

（4）模板字符串。

5. 任务总结

本任务实现了使用 AJAX 向服务器端请求数据，完成列表的展示。本任务的知识点如图 8-7-3 所示。

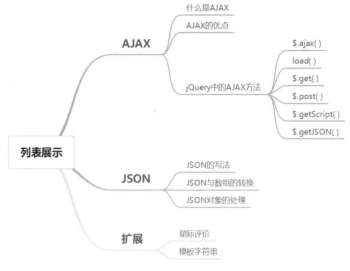

图 8-7-3　本任务的知识点

六、思考讨论

如何运用 AJAX 实现下拉刷新？

七、自我检测

1. 判断题

（1）XMLHttpRequest 对象的 send()方法用于创建一个新的 HTTP 请求。　　　（　　）

（2）XMLHttpRequest 对象的 abort()方法用于取消当前请求。　　　（　　）

（3）JSON.parse()用于将一段 JSON 字符串转换为对象。　　　（　　）

（4）JSON 是独立于语言的数据交换格式。　　　（　　）

2. 单选题

（1）下面关于 setRequestHeader()方法的描述中正确的是（　　）。

  A. 用于发送请求的实体内容

  B. 用于单独指定请求的某个 HTTP 头

  C. 此方法必须在请求类型为 POST 时使用

  D. 此方法必须在 open()之前调用

（2）对于以下代码，输出结果为"李白"的选项为（　　）。

```
var data = [{"name":"李白","age":5},{"name":"杜甫","age":6}];
```

  A. alert(data[0].name);   B. alert(data.0.name);

  C. alert(data[0]['name']);   D. alert(data.0.['name']);

（3）以下不能在不同用户之间共享数据的方法是（　　）。

  A. 通过 cookie   B. 利用文件系统

  C. 利用数据库   D. 通过 ServletContext 对象

（4）下面对 HTTP 请求消息使用 GET 和 POST 方式的描述中正确的是（　　）。

  A. POST 方式提交信息可以保存为书签，担 GET 方式不行

B. 可以使用 GET 方式提交敏感数据

C. 在使用 POST 方式提交时对数据量没有限制

D. 使用 POST 方式提交数据比使用 GET 方式快

（5）在使用 Response 对象进行重定向时使用的方法是（　　）。

A. getAttribute()　　B. setContentType()　　C. sendRedirect()　　　D. setAttribute()

（6）下面关于 JSON 对象形式的描述错误的是·（　　）。

A. JSON 对象是以 "{" 开始，以 "}" 结束

B. 在 JSON 对象的内部只能保存属性，不能保存方法

C. 键与值之间使用英文冒号 ":" 分隔

D. 通过 "对象['属性名']" 的方式获取相关数据

八、挑战提升

项目任务工作单

课程名称　前端交互设计基础		任务编号	8-7
班　　级 _____		学　期	_____

项目任务名称	AJAX 注册表单验证	学　时	
项目任务目标	掌握 AJAX 的请求，能够处理返回数据。		
项目任务要求	在注册页面中通过 AJAX 请求提交账号信息，对比账号是否重复，如果重复则提示"用户已存在，请更换账号名称"，否则完成注册。		
评价要点	（1）内容完成度（60 分）。 （2）文档规范性（30 分）。 （3）拓展与创新（10 分）。		

任务 9-1　响应式导航

知识目标

☐ 理解什么是响应式

☐ 掌握响应式导航栏的页面元素的显示与隐藏

☐ 掌握 resize()方法的使用

☐ 掌握 z-index 的使用

技能目标

☐ 能够运用所学知识完成响应式导航

☐ 能够完成蒙版的效果

素质目标

☐ 培养拓展学习的能力

☐ 培养精益求精的思想，突破自我的意识

重点

☐ 分析响应式导航效果的实现原理

☐ 运行 resize()等方法监视窗口的变化

☐ 控制元素的显示与隐藏

难点

☐ 理解响应式导航的实现原理

☐ 监视窗口变化的方法

一、任务描述

本任务运用之前所学的知识实现整个项目的响应式导航，即当网页窗口小到一定程度时改变导航栏的效果。请扫描二维码 9-1-1 观看其演示效果。

二维码 9-1-1
响应式导航

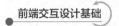

二、思路整理

1. 正常情况下的导航栏

正常情况下的导航栏包含 Logo、网址名称、导航列表以及搜索按钮等，如图 9-1-1 所示。

图 9-1-1　正常情况下的导航栏

2. 当窗口小到一定程度时

当窗口小到一定程度时，原来的 Logo 移动至中间，搜索等按钮仍然显示在右侧，而在整个导航栏的左侧出现了一个新的按钮，并且这个按钮是可以单击的，当单击这个按钮时会弹出一个侧边菜单栏，原来的导航列表被隐藏，转而出现在了这个侧边菜单栏中，这个菜单栏在弹出的同时整个页面出现了一个灰色的蒙版效果，并且单击这个蒙版，侧边菜单栏就会消失。其效果如图 9-1-2 所示。

3. 总结分析

根据这些内容大致可以总结出要实现的效果，主要包含以下 3 个。

（1）根据页面大小控制导航内容的显示与隐藏，比如正常情况下显示的导航列表，当窗口小到一定程度时要被隐藏。

图 9-1-2　当窗口小到一定程度时

（2）侧边菜单栏的构建与触发，注意这个侧边菜单栏里的内容就是正常情况下的导航列表，它是由单击新出现的按钮所展现的。

（3）灰色蒙版效果，需要实现这个效果以及单击时将侧边菜单栏隐藏。

三、代码实现

根据以上分析，代码如下。

1. 构建正常情况下的基础页面

HTML 代码：

```html
<nav style="background-color: #FDF6F5;">
    <div id="logo">
        <img src="img/logo2.png" class="normal">
    </div>
    <ul id="navigation" class="normal">
        <li>首页</li>
        <li>志愿项目</li>
        <li>志愿之星</li>
        <li>风采展示</li>
        <li>校园文明</li>
    </ul>
</nav>
```

导航栏内所有的内容都包含在 nav 标签里，Logo 与导航列表依次放在这个容器中。

CSS 代码：

```
#navigation{
    height: 50px;
}
#navigation li{
    list-style: none;
    float: left;
    margin-left: 100px;
    line-height: 50px;
}
img{
    width: 50px;
    height: 50px;
    float: left;
}
```

2. 添加窗口变小时出现的新元素

HTML 代码：

```
<nav style="background-color: #FDF6F5;">
    <div id="logo">
        <img src="img/logo2.png" class="normal">
        <img src="img/nav1.png" class="collapse">
    </div>
    <div id="logo_collapse">
        <img src="img/logo2.png">
    </div>
    <ul id="navigation" class="normal">
        <li>首页</li>
        <li>志愿项目</li>
        <li>志愿之星</li>
        <li>风采展示</li>
        <li>校园文明</li>
    </ul>
</nav>
```

CSS 代码：

```
.collapse{
    display: none;
}
#logo_collapse{
    width: 50px;
    height: 50px;
    margin: 0 auto;
    display: none;
}
```

此时添加了两个新元素，一个是左侧新出现的小图标，另一个是居中的 Logo。在 CSS 样式中，为了不影响正常情况下的显示，默认将这些新增元素的显示都设置为 none。

3. 窗口大小变化时元素的显示与隐藏

其代码如下：

```
$(window).resize(function(){
    var windSize = $(window).width();
    if(windSize>876){
        $('.normal').show()
        $('.collapse').hide()
        $('#logo_collapse').hide()
    }else{
        $('.normal').hide()
        $('.collapse').show()
        $('#logo_collapse').show()
    }
})
```

通过 jQuery 的 resize()方法监听窗口变化，先获取到窗口的宽度值，判断窗口的宽度是否大于 876 像素，如果大于，代表该窗口是正常情况下的窗口，这时要将正常显示的列表、Logo 等元素通过 show()方法显示出来，而将其他要隐藏的元素使用 hide()方法隐藏起来；如果小于，则要做相反的操作。

4. 构建窗口变小时出现的侧边菜单栏

HTML：

```
<div class="outleft">
    <div class="navleft">
        <a><div class="text">首页</div></a>
        <a><div class="text">志愿项目</div></a>
        <a><div class="text">志愿之星</div></a>
        <a><div class="text">风采展示</div></a>
        <a><div class="text">校园文明</div></a>
    </div>
</div>
```

CSS：

```
.outleft{
    position: fixed;
    top: 0px;
    display: none;
    z-index: 999;
    height: 100%;
    width: 250px;
    background-color: #FDF6F5;
    padding-left: 50px;
}
.outleft .navleft{
    position: relative;
    top: 20%;
}
.navleft .text{
    font-size: 16px;
    letter-spacing: 3px;
    font-weight: 600;
    color: #B94844;
    margin-bottom: 30px;
}
```

弹出的侧边菜单栏，其内容比较简单，也就是原来的导航列表。CSS 中菜单栏的基本样式，同样也设置了默认显示为 none，这里要注意对整个菜单栏设置了固定定位，并且设置了 z-index 的值为 999。

5. 蒙版效果的实现

其代码如下：

```
<div class="gray"></div>
```

CSS:

```
.gray{
    height: 100%;
    width: 100%;
    position: fixed;
    top: 0px;
    left: 0px;
    background-color: rgba(0, 0, 0, 0.6);
    z-index: 998;
    display: none;
}
```

蒙版其实就是给页面蒙上一层"纱"的样式，目的是让用户知道现在的焦点处在什么位置，在通常情况下设置蒙版之后，蒙版遮住的部分将不可被单击，除非取消蒙版。它的实现代码很简单，就是一个 div，样式主要是铺满整个页面，并且同样设置了 position 为固定定位，颜色是黑色，0.6 的透明度，在默认情况下不显示。注意，这里还给它设置了 z-index，值为 998，比刚才为菜单栏设置的值要小一些，这是为了让蒙版的层级比菜单栏的层级高，这样蒙版才不会遮住菜单栏。

6. 侧边菜单栏与蒙版的交互实现

其代码如下：

```
$(".collapse").click(function(){
    $(".outleft").fadeIn(400)
    $(".gray").fadeIn(400);
});
$(".gray").click(function(){
    $(".outleft").fadeOut(400);
    $(".gray").fadeOut(400);
});
```

单击新图标，控制菜单栏与蒙版的显示，这里用到了 fadeIn()，有一个缓慢进入的效果。与之相对应，当单击蒙版时运用 fadeOut() 将菜单与蒙版缓慢隐藏。

四、创新训练

1. 观察与发现

窗口变化是否比以前固定宽、高的效果要好一些？如何通过响应式思维同时适应多窗口尺寸呢？

2. 探索与尝试

在前端开发中为了提高开发效率，人们提供了各种前端框架，其中不乏有响应式布局的框架，大家不妨去搜索看有哪些框架？各有什么优势？试着运用框架来实现这个案例，并认真体会。

3. 职业素养的养成

代码的写法不止一种，人生的道路也不止一条，大家要寻找适合自己的道路，并且不断追求、不断突破，这样人生才会走向辉煌。

五、知识梳理

1. 响应式的含义

响应有回应、反应、支持、追随的意思。前端谈到的响应式网页、响应式布局、响应式导航，强调的都是响应的敏捷性。这个概念是伴随移动互联网浏览器的出现而产生的，即一个网站能同时兼容多个终端，为每个终端（PC、手机、iPad 等）做特定的版本。

根据窗口的变化，响应式导航会出现相应的变化。这种响应式的效果在前端开发中其实是常见的需求，对于用户来说体验感更好，对于开发者来说，可以使用一套代码满足多个平台的需求。以前的开发，为了满足不同的平台需求，分别为这些平台开发一套应用。响应式可以将前端的内容进行跨平台展示，根据窗口的大小动态修改页面效果。

2. 响应式导航栏的特点

对于不同的分辨率，不同的窗口大小，快速适应，灵活响应，这是响应式导航栏的优点。其缺点是由于兼容多情况、多设备，效率降低，代码量大，导致加载时间长等。

3. resize()的使用

resize()用于监视窗口的变化。

4. 任务总结

本任务根据 resize()以及媒体查询等方法对窗口进行了监视，实现了窗口变化时触发响应式导航的效果。本任务的知识点如图 9-1-3 所示。

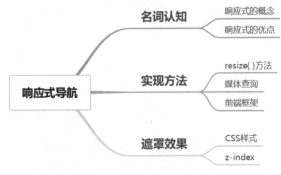

图 9-1-3 本任务的知识点

5. 拓学内容

（1）响应式布局；

（2）绝对定位；

（3）媒体查询；

（4）响应式框架。

六、思考讨论

（1）响应式布局的常用方案有哪些？

（2）在定义长度时通常有哪些单位？哪种最常用在响应式布局中？

七、自我检测

（1）show()/hide()修改的是元素的 height、width、opacity。　　　　　（　　）

（2）slide 系列方法修改的是元素的 height。　　　　　　　　　　　　（　　）

（3）fade 系列方法修改的是元素的 opacity。　　　　　　　　　　　　（　　）

（4）在同一个元素上执行多个动画，那么对于这个动画来说，后面的动画会被放到动画队列中，等前面的动画执行完了才会执行。　　　　　　　　　　　　（　　）

（5）show()/slideDown()/fadeIn()是隐藏效果、hide()/slideUp()/fadeOut()是显示效果。（　　）

八、挑战提升

项目任务工作单

课程名称	前端交互设计基础		任务编号	9-1
班　级			学　期	
项目任务名称	显示器分辨率的检测		**学　时**	
项目任务目标	（1）实现当前窗口的宽、高展示。 （2）掌握 resize()方法的使用。 （3）掌握 z-index 的使用。			
项目任务要求	（1）实时展示当前窗口的宽度和高度，并将信息显示在页面中。 （2）对课堂任务实现的响应式菜单添加蒙版效果，如图 9-1-4 和图 9-1-5 所示。扫描二维码 9-1-2、9-1-3 观看展示效果。   图 9-1-4　菜单蒙版状态（1）　　图 9-1-5　菜单蒙版状态（2） 二维码 9-1-2　移入菜单效果　　二维码 9-1-3　单击菜单效果			
评价要点	（1）内容完成度（60 分）。 （2）文档规范性（30 分）。 （3）拓展与创新（10 分）。			

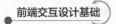

任务 9-2 飘落的枫叶

一、任务描述

如图 9-2-1 所示，本任务运用 jQuery 动画来实现动态背景——飘落的枫叶。枫叶叶片的数量、位置以及飘落的速度等可以自由设计，具体效果请扫描二维码 9-2-1 观看。

图 9-2-1 飘落的枫叶

二维码 9-2-1 飘落的枫叶效果

二、思路整理

1. jQuery 的 animate()方法

（1）语法：

```
$(selector).animate({params},speed,callback);
```

（2）参数说明：

必选的 params 参数定义生成动画的 CSS 属性。

可选的 speed 参数规定效果的时长。它可以取"slow"、"fast"或具体的毫秒。

可选的 callback 参数是动画完成后所执行的函数的名称。

二维码 9-2-2　单个枫叶飘落效果

2. 实现对枫叶的移动控制（其效果请扫描二维码 9-2-2 观看）

（1）枫叶的显示：

```
<div id="leaf"></div>
```

这里用一个 div 来装载枫叶图片。

CSS 样式如下：

```
#leaf{
    background-image: url(img/mapleleaf.png);
    width: 50px;
    height: 50px;
    background-size: 100% auto;
    position: absolute;
}
```

以上通过 background-image 将图片引入，设置整个 div 的大小为 50 像素。注意这里为了显示图片还必须加上 background-size 属性，设置元素的 position 为 absolute 是为了实现动画效果，如果不设置，元素将不会移动。

（2）动画控制：

在页面上加一个按钮 button，通过 button 来触发动画。其代码如下：

```
$("button").click(function(){
    $('#flower').animate({
    'left':200,
    'top':200
    },2000)
})
```

给按钮添加单击事件，将 animate()方法放在里面，主要设置了两个配置项，其中 left 为 x 坐标、top 为 y 坐标，这里的 2000 就是整个动画持续的时间，单位是毫秒，因此是两秒的时长，如此就实现了一个枫叶飘动的效果。

3. 飘落枫叶的动态背景的实现

（1）问题分析：

① 任务中飘落的枫叶有很多。

② 位置随机。

③ 枫叶不间断飘落。

（2）解决办法：

① 创建枫叶节点。

② 通过 random()自动生成每个节点的初始位置以及移动位置。

③ 通过 setInterval()完成每隔一定的时间再次创建节点并完成移动效果。

三、代码实现

根据以上分析，代码如下。

1. HTML 代码的实现

HTML 代码：

```
<div id="wrapper"></div>
```

由于现在的页面节点是动态创建的，所以页面中只有一个 div，就是装整个枫叶飘落动画的容器。

2. CSS 代码的实现

CSS 代码：

```
body{
    background-color: #FDF6F5;
    width: 100%;
    height: 100%;
}
.flower{
    background-image: url(img/mapleleaf.png);
    width: 50px;
    height: 50px;
    background-size: 100% auto;
    position: absolute;
}
#wrapper{
    position: relative;
    overflow: hidden;
    width: 100%;
    height: 500px;
}
```

在 CSS 样式中，body 设置一个整体的背景色，类名为 flower 的是需要添加的节点，也就是每一个枫叶的样式，其设置与前面的单个枫叶飘落效果是一样的。另外还给整个 div 容器加了这样的样式，设置该容器的宽度为 100%，也就是整个窗口的宽度，将高度设置为固定的 500 像素，是因为如果此时仍然设置为 100%，外层没有任何元素支撑，那么整体的高度并不是大家所认为的窗口高度，而是 0，解决这个问题的办法有两个，要么给容器固定宽度，也就是这里的写法，要么给外层固定宽度。这里同样设置 position 为 relative，主要是为了控制枫叶的位置是相对这个容器来进行布局的，而 overflow 的设置是为了控制枫叶的飘落在超过容器时不显示。

3. JS 代码的实现

JS 代码：

```
$(function() {
    function show(){
        var startleft = parseInt(Math.random() * 1920)
        var starttop = parseInt(Math.random() * 50 )
        var durationTime = parseInt(Math.random() * 300 + 2000)
        var site = parseInt(Math.random() * 300 + 300)
        $item=$('#wrapper')
        $item.prepend('<div class="flower"></div>')
        $item.children('div').css({
            'left': startleft,
            'top': starttop
            })
```

```
$item.children('div').animate({
    'left': startleft-site,
    'top': $(window).height(),
    },durationTime,function(){
        this.remove()
    })
}
setInterval(function() {
    show();
}, 300);
```

因为要不断创建节点，所以将节点的创建和动画都放在 show() 方法中。首先来看 show() 方法，共设置了 4 个变量，第一个变量 startleft 是节点的初始位置的 x 坐标值，这里设置的比较大，控制节点基本上都是从整个窗口的右上角向左下角移动；第二个变量 starttop 是节点的初始位置的 y 坐标值；第三个参数 durationTime 设置了动画的时长；第四个参数 site 设置了动画的 x 方向的偏移量。然后获取到容器元素，并通过 prepend() 方法向这个元素添加节点，给这个节点添加初始的 CSS 样式。枫叶动画效果的实现，x 坐标值的变化是初始值减去偏移量，以保证 x 轴的运动方向，而将 top 设置为整个窗口的高度，主要控制 y 轴的运动方向，值得注意的是这里运用了 animate() 的第三个参数——回调函数，在这个函数中将创建的节点删掉了。虽然不设置也不会影响整体的效果，但是请大家思考一下，由于是不断向容器中添加新的节点，意味着节点将会被无限增加，为了控制节点的数量，就需要在动画执行完毕之后再将这个节点删掉。通过设置，每 300 毫秒就执行了一次 show() 方法。

四、创新训练

1. 观察与发现

如果不断地创建节点、删除节点，是否会增加内存的消耗？这是否为一个合理的解决办法？目前的移动效果是直线运动，大家是否可以自定义移动路径呢？

2. 探索与尝试

大家可以尝试用更好的办法去解决问题。

3. 职业素养的养成

其实这些都是基础，只有打好了基础，才能以不变应万变。就像诗词中所说，"宝剑锋从磨砺出，梅花香自苦寒来"，大家在学习基础的时候要不怕困难、不怕麻烦，坚持学习、坚持训练，这样才能给自己夯实基础。

五、知识梳理

1. animate() 的使用

jQuery 通过 animate() 实现自定义动画。

（1）格式：

```
$(selector).animate({params}, [speed], [easing], [callback])
```

（2）参数说明：

{params}：要执行动画的 CSS 属性，带数字（必选）。

speed：执行动画的时长（可选）。

easing：执行效果，默认为 swing（缓动），可以使用 linear（匀速）。

callback：动画执行完后立即执行的回调函数（可选）。

（3）使用：

```
$(selector).animate({left: 400})
.animate({top: 400})
.animate({width: 300, height: 300})
.animate({top: 30})
.animate({left: 8})
.animate({width: 100, height: 100});
});
```

2. 图片的显示

在页面中展示图片通常使用 img 标签，如果引入的图片不做设置，图片将以原图大小进行展示，但一般需要按一定的尺寸比例显示。

3. 定时器的使用

JavaScript 的定时器主要分为两种，一种是一次性的定时器（setTimeout()方法），另一种是周期性的定时器（setInterval()方法）。由于开启定时器会一直占用内存资源，所以大家要注意在不用时关闭定时器。

4. 节点的创建与删除

DOM 节点的操作如表 9-2-1 所示。

表 9-2-1　DOM 节点的操作

节点操作	方　　法
创建元素节点	createElement()
创建文本节点	createTextNode()
添加节点	appendChild()
删除节点	removeChild()

如果频繁地使用 DOM 来删除或创建节点，会影响页面的响应。

5. 任务总结

本任务结合 animate()、定时器、DOM()节点的操作完成了动态背景的设置。本任务的知识点如图 9-2-2 所示。

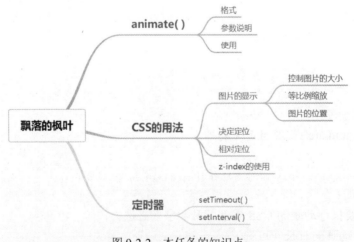

图 9-2-2　本任务的知识点

6. 拓学内容

（1）相对定位；

（2）z-index 的应用。

六、思考讨论

（1）自定义动画路径效果如何实现？

（2）如何改善本案例造成的频繁删除与创建节点的问题？

七、自我检测

1. 判断题

删除节点的 removeChild() 方法返回的是一个布尔类型值。　　　　　　　　（　　）

2. 单选题

setTimeout("move() ",20) 语句的含义是（　　　）。

    A. 每隔 20 秒 move() 函数就会被调用一次

    B. 每隔 20 分钟 move() 函数就会被调用一次

    C. 每隔 20 毫秒 move() 函数就会被调用一次

    D. move() 函数被调用 20 次

八、挑战提升

项目任务工作单

课程名称　<u>前端交互设计基础</u>　　　　　　　　　　　任务编号　<u>　9-2　</u>

班　　级　<u>　　　　　　　　</u>　　　　　　　　　　　学　　期　<u>　　　　　　</u>

项目任务名称	校园文明	学　时	
项目任务目标	动画技术综合训练。		
项目任务要求	（1）实现文字效果。 　　如图 9-2-3 中的左图所示，文字从左开始两个一组，当鼠标指针移入某组文字时，该组文字显示如图 9-2-3 中右图所示"的校"字的效果。鼠标移出后，恢复如初。  <div align="center">图 9-2-3　文字效果</div>（2）实现图片过渡效果。 　　随着鼠标或窗口滚动条的移动，图 9-2-4 中的左图逐渐全部出现，同时伴随着白色背景图片的过渡，变化至右图所示的效果，右图中被白色背景图片遮挡的图片逐渐显露。 　　同理，随着网页继续上移，如图 9-2-5 所示，图形逐渐进入视窗，该图左侧逐渐过渡到右侧。 　　校园文明网页的视频效果请扫描二维码 9-2-3 观看。		

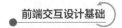

续表

| 项目任务要求 | 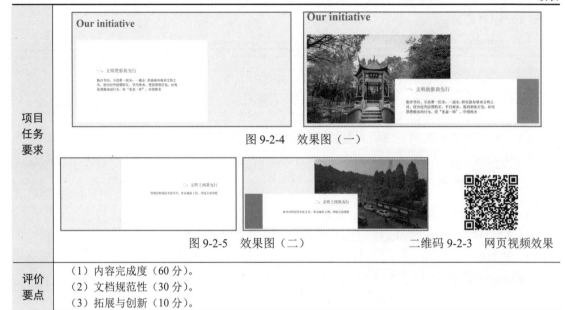 |

图 9-2-4　效果图（一）

图 9-2-5　效果图（二）　　　　二维码 9-2-3　网页视频效果

| 评价要点 | （1）内容完成度（60 分）。
（2）文档规范性（30 分）。
（3）拓展与创新（10 分）。 |

任务 9-3　图片 3D 特效展示

知识目标
❑ 理解插件的含义
❑ 理解插件的应用

技能目标
❑ 掌握插件的使用方法
❑ 熟练掌握 flux slider 插件的用法

素质目标
❑ 培养拓展学习的能力
❑ 培养精益求精的思想
❑ 不断积累，提升开发速度
❑ 以开发者的角度思考

重点
❑ flux slider 插件的使用

难点
❑ flux slider 插件的使用

一、任务描述

本任务运用插件实现首页新闻链接到图片展播，其效果请扫描二维码9-3-1观看。

这种炫酷、复杂的效果用原生 JS 实现是比较困难的，可以使用 flux slider 插件来完成。对于它可以呈现的效果，请大家扫描二维码 9-3-2 观看。

二维码 9-3-1　案例效果展示　　二维码 9-3-2　flux slider 效果展示

二、思路整理

1. flux slider 插件介绍

flux slider 插件使用 CSS3 动画，具有出色的过渡效果，例如条形、拉链、百叶窗、块、同心、翘曲等。现在它还支持 3D 过渡（bars3d、cube、tiles3d、blinds3d 效果），但是在使用时大家一定要注意，并不是所有的浏览器都支持 3D 过渡，因此在处理 3D 动画时经常要考虑浏览器是否支持。

2. flux slider 插件的使用方法

（1）HTML 创建图片区域：

```
<div id="slider">
  <img src="img/avatar.jpg" alt=""/>
  <img src="img/ironman.jpg" alt="" title="Ironman Scrrenshot/>
  <a href=""><img stc="img/imagewithlink.jpg" alt=""/></a>
  <img src="img/tron.jpg" alt=""/>
</div>
```

运用 div 进行图片元素的包裹，并且给 div 容器一个 id，这主要是为了方便获取该区域。其中包含了 4 张图片，图片还可以加载到 a 标签中，以便在单击图片时响应。

（2）创建 slider 对象：

```
$(function(){
  window.myFlux=new flux.slider('#slider');
})
$(function(){
  window.myFlux=$('#slider').flux();
})
```

用户可以使用 new 关键字通过 flux.slider()方法创建名为 myFlux 的 slider 对象，传递的参数就是 slider 图片区域，也可以使用 jQuery 创建。这个方法还有配置选项，选项的名称与含义如表 9-3-1 所示。

表 9-3-1　flux.slider()方法的配置选项

选 项 名	取　值	含　义
autoplay	boolean(true)	自动效果
pagination	boolean(false)	分页显示

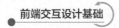

续表

选 项 名	取 值	含 义
controls	boolean(false)	显示前后翻页控件
captions	boolean(false)	显示标题栏，内容是图片的 title 属性值
transitions	Array(所有可用效果)	效果数组
delay	integer(4000)	图片之间的转换时间

（3）flux.slider API 的使用。

flux.slider API 如表 9-3-2 所示。

表 9-3-2　flux.slider API

API	说 明
start()	启动自动播放
stop()	禁用自动播放
isPlaying()	返回关于当前是否启用自动播放的布尔值
next()	显示下一张图片
prev()	显示上一张图片
showImage(index)	在 index 处显示图片

代码实现如下：

```
$(function(){
window.myFlux=new flux.slider('#slider',{
autoplay:false,
pagination:true
});
})
```

这里选择不自动播放、不分页的形式。

三、代码实现

根据以上分析，代码实现如下。

1. HTML 代码的实现

HTML 代码：

```
<div id="slider">
  <img src="imgs/test1.jpg/>
  <img src="imgs/test2.jpg/>
  <img src="imgs/test3.jpg/>
</div>
<ul class="transitions">
  <li><button type="button" data-transition="expalode" data-params='{"rows":4}'>Explode
</button>
  </li>
  <li><button type="button" data-transition="tiles3d" data-params='{"columns":6}'>Tile
</button>
  </li>
  <li><button type="button" data-transition="bars3d" data-params='{"rows":4}'> Bars
</button>
  </li>
  <li><button type="button" data-transition="cube">Cube
```

```
      </button>
    </li>
    <li><button type="button" data-transition="turn">Turn</button>
    </li>
  </ul>
```

div 包裹的就是图片区域，里面包含了 3 张图片。按钮区域采用列表的方式，主要是为了方便设置按钮的 CSS 样式。在按钮中有两个属性，一个是 data-transition，另一个是 data-params，这两个属性都是为了使用 API 而设置的。导航栏内所有的内容都包含在 nav 标签中，Logo 与导航列表依次放在这个容器中。大家不需要给图片设置样式，只需要按照插件的使用方式来应用即可，插件会帮大家渲染样式。

2. JS 代码的实现

JS 代码：

```
$(function(){
  if(!flux.browser.supportsTransitions)
    alert("该浏览器不支持 flux slider")
  window.f = new flux.slider('#slider',{
    pagination:false,
    controls:false,
    transitions:['explode','tiles3d','bars3d','cube','turn'],
    autoplay:false
  })
  $('.transitions').click(function(event){
    event.preventDefault() window.f.next($(event.target).data('transition'),$(event.target).data('params'))
  })
})
```

首先判断浏览器是否支持 CSS3 动画，然后创建了 slider 对象 f，要操作的对象就是图像区域，在后面的选项中设置了不显示分页、不显示向前/向后控件、不自动播放，以及要显示的 5 种 3D 效果。由于希望单击不同的按钮进行不同的效果控制，同时完成一个按钮被连续单击时进行图片的切换，所以对每个按钮做了单击事件的监听，调用 next()方法来切换图片，图片的动画效果是通过发生事件的按钮的 data 来取得的，这就对应了 HTML 中按钮的 data-transition 属性值，如此就可以控制这个按钮仅实现一个效果。后面获得的 params 属性用来控制动画的行数和列数。

四、创新训练

1. 观察与发现

插件有很多，大家在使用插件时首先需要引入插件，要注意这个插件是否还有其他依赖关系。

2. 探索与尝试

在此项目中学习了如何使用别人的插件，那么插件又是怎样形成的呢？

3. 职业素养的养成

学习使人进步，在工作中大家要不断学习、不断积累经验，这样才能提高自己的开发效率，才能提升自身的实力，而不仅仅是一个初级的程序员。

五、知识梳理

1. 插件的概念

插件是一种遵循一定规范的应用程序接口编写出来的程序。在日常生活中人们经常用到插件，比如在浏览器中，有时大家会收到一些提示是否要加载某个插件的消息，以便网页的运行等。

2. 插件的作用

插件的作用如下：

（1）复用性高。

（2）避免代码重复。

（3）有利于开发。

插件是将某些功能封装起来，实现安装即可使用的目的，因此它的复用性高，并且避免了代码的重复。插件的出现使开发变得容易，大家不需要关注实际的实现，只需要按照插件的使用方式则来应用即可。在实际开发中，为了加快开发效率，插件的使用率是比较高的。

3. 插件的使用场景

插件的形式是多种多样的，插件的用途也是非常广泛的。这里列出了一些插件，比如框架和库，还提供了一些工具，比如包管理器、加载器。

包管理器：NPM、Bower、Component 等。

加载器：RequireJS、SeaJS、ModuleJS 等。

框架和库：angular.js、vue.js 等。

Web 数据可视化工具：char.js、three.js 等。

4. 任务总结

本任务运用 flux slider 插件实现图片的动态展示效果。本任务的知识点如图 9-3-1 所示。

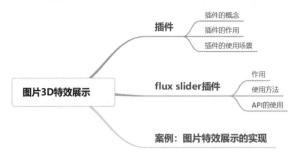

图 9-3-1　本任务的知识点

5. 拓学内容

（1）封装；

（2）模块化；

（3）flux.slider API；

（4）Modernizr。

六、思考讨论

（1）如何自定义插件？

（2）模块化是什么？

（3）封装是什么？如何进行封装？

七、自我检测

（1）在 jQuery 中，想从 DOM 中删除所有匹配的元素，下面正确的是（　　　）。

    A. delete()　　　　　　B. empty()　　　　　　C. remove()　　　　　　D. removeAll()

（2）在 jQuery 中，要给第一个指定的元素添加样式，下面正确的是（　　　）。

    A. first()　　　　　　B. eq(1)　　　　　　C. css(name)　　　　　　D. css(name,value)

（3）下列 jQuery 事件绑定正确的是（　　　）。

    A. bind(type,[data],function(event Object))

    B. $('#demo').click(function(){})

    C. $('#demo').on('click',function(){})

    D. $(('#demo').one('click',function(){})

（4）要想隐藏下面的元素，下列选项中正确的是（　　　）。

```
<input id="id_txt" name="txt" type="text" value=""/>
```

    A. $("id_txt").hide()　　　　　　B. $(#id_txt).remove()

    C. $("#id_txt").hide()　　　　　　D. $("#id_txt").remove()

（5）在 jQuery 中，选择使用 myClass 类的 CSS 的所有元素是（　　　）。

    A. $(".myClass")　　B. $("#myClass")　　C. ${*}　　　　D. ${'body'}

八、挑战提升

项目任务工作单

课程名称	前端交互设计基础		任务编号	9-3

班　级	_____		学　期	_____

项目任务名称	网页交互提升	学　时	
项目任务目标	学习 jQuery UI 的入门级使用。		
项目任务要求	（1）团队自行选择网页交互、特效等提升效果。 （2）制定团队学习计划，记录学习过程，做出学习总结。 （3）准备分享的相关资料（包括演讲稿、PPT、音频或视频）。 （4）学习分享时间为 5 分钟，答辩为 10 分钟。		
评价要点	（1）内容完成度（60 分）。 （2）文档规范性（30 分）。 （3）拓展与创新（10 分）。		

参考文献

[1] [美]John Resig. 精通 JavaScript[M]. 陈贤安，江疆，译. 北京：人民邮电出版社，2008.

[2] [美]尼古拉斯·泽卡斯. JavaScript 高级程序设计[M]. 李松峰，曹力，译. 3 版. 北京：人民邮电出版社，2017.

[3] 黑马程序员. JavaScript 前端开发案例教程[M]. 北京：人民邮电出版社，2018.

[4] [美]KYLE SIMPSON. 你不知道的 JavaScript 上卷[M]. 赵望野，梁杰，译. 北京：人民邮电出版社，2015.

[5] [美]KYLE SIMPSON. 你不知道的 JavaScript 中卷[M]. 单业，姜南，译. 北京：人民邮电出版社，2016.

[6] https://blog.csdn.net/Zheng_xinle/article/details/108435630.

[7] https://developer.mozilla.org/zh-CN/.

[8] jQuery UI 教程.w3cschool.

[9] 菜鸟教程（JavaScript、JSON、AJAX、jQuery UI）. https://m.runoob.com/.